旅游专业系列教材

宴席设计与运营管理

YANXI SHEJI YU YUNYING GUANLI

贺习耀 编著

北京·旅游教育出版社

图书在版编目（CIP）数据

宴席设计与运营管理 / 贺习耀编著. -- 北京 : 旅游教育出版社, 2022.1

旅游专业系列教材

ISBN 978-7-5637-4349-0

Ⅰ. ①宴… Ⅱ. ①贺… Ⅲ. ①宴会－设计－高等职业教育－教材②宴会－运营管理－高等职业教育－教材 Ⅳ. ①TS972.32②F719.3

中国版本图书馆CIP数据核字(2021)第261468号

旅游专业系列教材

宴席设计与运营管理

贺习耀　编著

责任编辑	何　玲
出版单位	旅游教育出版社
地　　址	北京市朝阳区定福庄南里 1 号
邮　　编	100024
发行电话	（010）65778403　65728372　65767462（传真）
本社网址	www.tepcb.com
E - mail	tepfx@163.com
排版单位	北京旅教文化传播有限公司
印刷单位	三河市灵山芝兰印刷有限公司
经销单位	新华书店
开　　本	710毫米×1000毫米　1/16
印　　张	14.25
字　　数	216 千字
版　　次	2022 年 1 月第 1 版
印　　次	2022 年 1 月第 1 次印刷
定　　价	36.00 元

（图书如有装订差错请与发行部联系）

前 言

在线习题

在烹饪与营养教育、酒店服务与管理、烹饪工艺与营养专业的人才培养方案中，宴席设计与管理是一门应用性较强的专业必修课。目前，本课程的教学工具书很多，有的偏重于资料收集，着重展示各式筵席宴会菜单；有的强调宴会设计管理理论，侧重于理论知识传授而轻视实践能力培养；而真正以专业能力需求为导向，以培养学生认知能力、分析能力和创新能力为目标，体现工学结合、产教融通的教学理念，强化职业素质修炼，突出应用能力培育的配套教材并不多见。

为弥补上述缺憾，本书作者历时数年主持完成湖北省教育厅教学科研项目《筵席与菜单设计课程教学改革与实践研究》（2011B384）、人文社会科学研究项目《湖北筵席文化研究》（2012G346）、《荆楚风味筵席创新设计研究》（16G105）、四川省教育厅人文社会科学研究项目《节约型餐饮与中餐筵席创新设计研究》（CC14SW02）、武汉市教育科学规划项目《湖北民间特色宴席研究》（武教高 [2009]10 号 –147）等教科研课题。联合全国知名餐饮企业开展产学研用合作，组团研制出数十款特色风味创新筵宴，指导学生设计《荆风楚韵宴席》，荣获第三届全国高等学校烹饪技能竞赛金奖。在宴席创新发展研究领域，发表学术论文二十余篇，出版《宴席设计理论与实务》《餐饮菜单设计》《荆楚风味筵席设计》《中国年节筵席》等书籍。多年不懈的探索与研究，力促本教材付梓刊印。

《宴席设计与运营管理》是湖北省高等学校哲学社会科学研究重大项目——《荆楚风味筵席文化传承与创新发展研究》（21ZD153）阶段性研究成果。全书共8 章 30 节，主要由三部分内容构成：第一部分（第 1 章）是宴席与宴席设计基本知识；第二部分（第 2~6 章）是宴席设计理论与实务，涵盖宴席菜品设计、宴席酒水及餐具设计、宴席菜单设计、宴席场景与台面台型设计以及特色主题风味宴席创新设计五方面内容；第三部分（第 7~8 章）是宴席业务组织与实施以及宴席成本与质量控制等宴席运营管理理论与实务。三部分内容环环相扣，层层递进，形成了本教材的基本架构。

与同类书籍相比，本教材的主要特色及创新之处表现为：

第一，内容新颖，注重实用。本教材集理论与实践于一身，其宴席设计与运营管理理论来自生产实践，是无数能工巧匠实践技能的总结、积累和升华；它凝聚了业界专家的最新研究成果，具有新颖性、适用性等特性，对生产实践具有较强指导作用。

第二，点面结合，重点突出。宴席设计与管理的相关资料浩如烟海。为突出重点，体现效率，本教材在教学内容的安排上强调与工作岗位相适应，并以点面结合的方式，着重介绍与宴席生产运营联系紧密的知识技能，注重学生职业素质修炼，突出学生实践能力的培育。

第三，务本求实，突出创新。本教材在典型材料取舍上，力图将最新研究成果融入教材之中，以培养学生的应用能力和创新能力；在结构编排上，以工作岗位职责为切入点，遵照产教融通、必须够用的原则构建教材架构，避免了理论知识过多过深而实践能力培养不足的现象。

本教材适于高等院校烹饪与营养教育、酒店服务与管理、烹饪工艺与营养专业的学生使用。相关院校可根据专业特色对其内容进行合理取舍，安排32~48节教学（含实训）课时。

本教材由武汉商学院贺习耀教授主持编撰。编写过程中参考了陈光新、杜莉、丁应林、邵万宽、方爱平、张红云、叶伯平、周妙林、茅建民、周宇、张水芳等专家的书籍和文献，得到了武汉商学院领导及同人的大力支持与帮助，在此表示感谢！

我们虽然一直从事宴席设计与管理课程的教学工作，但由于水平有限，书中的缺点和疏漏在所难免，诚盼各位专家学者提出宝贵意见，以便修订完善。

作　者

2021年12月于武汉

目 录

第1章

宴席与宴席设计概述

宴席，又称筵席、筵宴、宴会或酒席。它是多人围坐聚餐、聊欢共乐的一种饮膳方式，是按一定规格和程序编排的一整套菜点，是人们进行交往、庆祝、纪念、游乐等活动的一种社交礼仪。我国宴席品类繁多、款式万千，它们是菜点有计划、按比例的艺术组合，遵循一定的设计原则，注重美食和美境、美趣的关系，礼食的色彩相当浓郁。

宴席的生产运营离不开宴席设计。宴席设计是对宴席主题、菜品酒水、宴席菜单、宴席场景、台面台型、服务规则、运营流程等进行统筹规划的创作过程。宴席设计者应具备一定的职业素养和专业技能，遵守宴席设计的基本原则，按照规范设计程序操作，以充分发挥宴席设计的计划、指导和保障作用，确保各项宴席接待任务圆满完成。

第一节　宴席概述

一、宴席定义与特征

（一）宴席的定义

宴席，是指人们为着某种社交的需要，以一定规格的菜品酒水和礼节仪程来款待客人的聚餐方式，是宴饮活动时人们食用的肴馔及其台面的总称。它既是菜品的组合艺术，又是礼仪的表现形式，还是人们进行社交活动的工具。

宴席是“筵席”与“宴会”的总称，还有筵宴、酒宴等不同称谓。这些称谓的含义大体相同，通常等同起来使用，但严格说来，筵席与宴会具有一定的区别。

“筵席”一词，强调的是内容，即筵席是具有一定规格质量的一整套菜点，是菜品的艺术组合。无论哪类筵席，都有酒有菜，有主食、点心、水果或饮料。筵席中的菜品冷热、干稀、荤素、咸甜兼备，显得丰盛、充实而又精美。

“宴会”一词，则更注重宴饮的形式和聚餐的氛围，其含义较广。它是因民间习俗和社交礼仪的需要而举行的宴饮聚会，是饮食、社交、娱乐相结合的一种高级宴饮形式。由于宴会必备筵席，两者的性质功能相近，因而常常被合称为“宴席”或“筵宴”。

从表面看，筵席是人们精心设计与制作的一整套菜点，但筵席中的这套菜点还与聚餐目的、办宴规格以及待客的礼仪程序有着内在的联系。人们使用“宴席”一词，既强调了筵宴是由丰盛的菜品所构成，又兼顾到宴会的功利性、规格化和社交礼仪。

关于筵席与宴会的区别与联系，详见表 1–1 筵席与宴会对照表。

表 1–1 筵席与宴会对照表

对照点	筵席	宴会
含义	筵席是指一定规格程式的整套菜品，引申为整桌酒菜的代称，含义较窄	宴会是主办者为实现一定目的而设计与实施的整场宴饮活动；涵盖宴会环境、厅房布置、服务仪程、接待礼仪、菜品酒水等内容
内容形式	筵席注重菜品内容，讲究菜品组合，是宴饮活动的重要组成部分	宴会既强调菜品内容，又注重聚餐形式，需要进行整体策划，突出宴会主题
经营环节	筵席仅有宴席预订、菜单设计、菜点制作和接待服务等环节	宴会经营环节复杂，除筵席经营环节外，还包括宴会场景设计、台面台型设计、服务仪程设计、娱乐设计、宴会运营管理等内容

（二）宴席的特征

宴席既不同于日常膳饮，又有别于普通聚餐，就在于它具有聚餐式、计划性、规格化和社交性这四个鲜明特征。

所谓聚餐式，是指宴饮聚餐形式。我国宴席历来是多人围坐，在欢快的气氛中聚饮会食。中国传统宴席习惯于 8 人、10 人或 12 人一桌，以 10 人一桌为主。桌面有方形、圆形和长方形等形制，以圆桌居多。赴宴者有主要宾客、随行人员、陪客和主人之分。主人是举办酒宴的东道主，主要宾客是宴会的中心人物，随行人员是伴随主宾而来的客人，陪客由主人请来陪伴招待客人，在劝酒、敬菜、攀谈、交际、烘托宴席气氛等方面起着积极作用。此外，由于是隆重聚会，又有特定目的，所以菜点丰盛，接待热情，不像家常便饭那样简单随便，“礼食”的气氛颇为浓郁。

所谓计划性，是指宴席的生产运营手段。凡宴饮聚餐都有一定的目标指向，人们举办宴席都需实现某种社交目的。宴席举办方在操办酒宴之前，必须根据举宴人的意愿，结合既有的客观条件，提出宴席生产运营计划和宴饮接待实施方案。承办一场大型宴席，宴席设计师要根据举办方的要求，对整场接待活动进行整体规划与精细设计，如宴饮主题设计、宴席菜单设计、菜品酒水设计、宴席场景设计、台面台型设计、餐饮服务设计、礼节仪程设计、运营流程设计等。一次成功的宴饮接待，其首功便是宴席设计。

所谓规格化，是指宴席内容。宴席不同于普通便餐，十分强调规格化。它要求菜品配套成龙，应时当令，制作精美，调配均衡，餐具雅丽，仪程井然。整个席面的冷碟、热菜、汤品、点心、水果、茶酒等均须按一定质量与比例，分类组合，前后衔接，依次推进，形成某种格局和规程。与此同时，在办宴场景装饰上，在宴席节奏掌握上，在礼节仪程规划上，在接待服务配合上，都要考虑周全，使宴饮始终保持祥和、欢快、轻松的格调，给人美的享受。

所谓社交性，是指宴席的社会交际作用。宴席是菜品酒水的艺术组合，它既提供美酒佳肴，满足人们口腹之需，又营造良好气氛，给人精神上的享受。尤其是在社会交际方面，宴席可以聚会宾朋，敦亲睦谊；可以纪念节日，欢庆大典；可以洽谈工作、商务，开展交际等。所以，宴席是人们进行社交活动的工具，是中华民族好客尚礼的表现形式，是中国传统礼俗的重要内容之一。

正因如此，古往今来，我国宴席强调主题鲜明，追求精美热烈，注重情感交流，突出礼节仪程。不论国宴、专宴，还是家宴、便宴，都强调突出主旨和统筹规划，注意菜单设计和仪程调排，讲究餐室美化和席面安排，重视菜品质量和服务风范。

二、宴席的类别

在我国，宴席源远流长，品目繁多。目前，我国餐饮行业和旅游接待部门通常运用三种体系对宴席进行归类：一是按宴席菜式风格分，宴席常被分为中式宴席、西式宴席和中西合璧式宴席；二是按宴席性质与主题分，宴席可分为公务宴（含国宴）、商务宴、亲情宴等正式宴会席和家宴、便席等简式便餐席。三是按照宴席接待规格进行划分，有普通宴席、中档宴席、高级宴席和特等宴席。

（一）按宴席菜式风格分类

宴席，按其菜式风格归类，主要有中式宴席、西式宴席和中西合璧式宴席之分。

1. 中式宴席

中式宴席按照中华民族的聚餐方式、宴饮礼仪和审美观念编成，上中国菜点，用中国餐具，摆中式台面，反映中国风俗习惯，展示中国饮食文化，具有儒家伦理道德观念和五千年文明古国风情。如图 1-1 所示。

中式宴席品目众多，体系纷繁。如按时代分，有古代宴席、现代宴席；按规模分，有大型宴席、中型宴席、小型宴席；按地方风味分，有鲁菜席、苏菜席、川菜席、粤菜席等；按头菜名称分，有燕窝席、海参席、甲鱼席、鱼糕席等；按烹制原料分，有山珍席、海错席、水鲜席、蔬菜席等；按时令季节分，有端午宴、中秋宴、新年宴、除夕宴等；按举办时间分，有午宴、晚宴等；按办宴目的分，有婚庆宴、寿庆宴、丧葬宴、迎送宴、谢师宴、祝捷宴等；按菜品数目分，有三蒸九扣席、九九上寿席、十大碗席、四喜四全席等。此外，还可按风景胜迹分类，如洞庭君山宴、西湖十景宴；按宴席举办地点分类，如室内宴、户外宴、舟船宴等；按饮食文化分类，如东坡宴、三国宴、红楼宴、洛阳水席和四川田席等。

图 1–1　中式宴席

2. 西式宴席

西式宴席，是指菜点饮品以西餐菜品和西洋酒水为主，使用西餐餐具就餐，并按西式礼节仪程服务的宴席。西式宴席的菜点常以欧美菜式为主，饮品使用西洋酒水，其餐具用品、厅堂风格、环境布局、台面设计等均突出西洋格调，如使用刀、叉等西餐用具，餐桌多为长方形。此外，西式宴席的服务规范和礼节仪程都有严格要求，与中式宴席相比有着较大区别。

目前，西式宴席在我国的涉外酒店较为流行，根据其菜式特色和服务方式的不同，可分为法式宴席、俄式宴席、意式宴席、英式宴席和美式宴席等，此外，随着日、韩菜式的兴起，日、韩宴席在我国也有广阔市场，有人将其纳入西式宴席的范畴。

3. 中西合璧式宴席

中西合璧式宴席，是指鸦片战争之后，随着西餐西点的传入，西式宴席的一些菜式和食礼慢慢向中国传统宴席渗透，并在此基础上融汇而成一种结合型酒筵。

这种结合型酒筵是在中国传统宴席的基础上，吸取西式宴席的某些长处融汇而成，它有席位固定的餐桌服务式宴席和席位不固定（或不设席位）的酒会席之分。

特别是中西结合的酒会席，它有冷餐酒会、鸡尾酒会等不同形式，其特点是气氛活泼，洒脱自然，客人允许迟到早退，用餐时间可长可短；主人周旋于宾客之间，服务员巡回服务；冷菜为主，热菜、点心、水果为辅。各式菜点集中放置在一张长方桌上，席位则散置于餐厅各处（有时不设座椅），宾主随意走动，取食喜爱的菜点或饮料，自由攀谈。它是中西饮食文化交流的产物，充分尊重宾客自由，不受席规酒礼约束，便于交流思想感情和广泛开展社交活动。同时，食品利用率高，较之正式宴席节约。

（二）按宴席性质与主题分类

根据宴席性质与主题的不同，宴席可分为正式宴会席和简式便餐席两类。宴会席包括公务宴（含国宴）、商务宴和亲情宴，便餐席则分家宴和便宴。

表 1-2　宴席按宴席性质与主题分类表

宴席	正式宴会席	公务宴	宴席主题与公务活动相联系
		商务宴	宴席因为商务活动而举行
		亲情宴	民间个体之间因情感交流而举办宴席
	简式便餐席	家宴	在家中设置酒菜款待客人的宴席
		便宴	非正式宴请的简约型酒宴

1. 正式宴会席

宴会席是我国民族形式的正式宴席，它可细分为公务宴（包含国宴）、商务宴和亲情宴等类型。宴会席的特点是形式典雅，气氛浓重，注重档次，突出礼仪。每桌人数固定，席位多是主人事先排定，也可由宾客相互推让就座。整套菜品由冷碟、热菜、点心和水果等组成，以热菜为主。上菜讲究程序，宴饮重视节奏，服务强调规范；适合于举办喜事、欢庆节日、洽谈贸易、款待宾客等社交场合。餐饮行业所经营的宴席，以宴会席居多。

公务宴，是指政府部门、事业单位、社会团体以及其他非营利性机构或组织因交流合作、庆功庆典、祝贺纪念等有关重大公务事项接待国内外宾客而举行的餐桌服务式宴席。这类宴席的主题与公务活动有关，主办或主持人员与宴席参与人员以公务身份出现，整场宴饮活动注重礼仪形式，宴席环境布置同宴席主题相协调，宴饮的接待规格常与宾主双方的身份相一致，宴请程序相对固定。

国宴，是国家元首或政府首脑为国家重大庆典，或为外国元首、政府首脑到访以国家名义举行的宴席，是一种规格最高的公务宴席。国宴多在国家会堂、国宾馆或高级饭店举行，由国家领导人主持，相关内阁成员作陪，宴请的对象主要是到访的国家元首或政府首脑，邀请各国使节及相关知名人士参加。国宴的政治性较强，礼节仪程庄重，宴席环境典雅，宴饮气氛热烈。国宴所用的菜品档次不一定很高，但其菜单设计、菜品制作和接待服务都要符合最高规格的礼仪要求，同时在清洁卫生和安全保卫方面也有一系列严格要求。

商务宴，是指各类企业和营利性机构或组织为了一定的商务目的而举行的餐桌服务式宴席。商务宴请的目的十分广泛，既可以是各企业或组织之间为了建立业务关系、增进了解或达成某种协议而举行，也可以是企业或组织与个人之间为了交流商业信息、加强沟通与合作或达成某种共识而进行。随着我国市场经济的确立，商务宴请在社会经济交往中日益频繁，商务宴席亦成为餐饮企业的主营业务之一。

亲情宴，主要是指民间个体与个体之间以情感交流为主题的餐桌服务式宴席。这类宴席的主办者和宴请对象均以私人身份出现，它以体现私人情感交流为目的，与公务活动和商务活动无关。由于人与人之间情感交流十分复杂，涉及人们日常生活的各个方面，如亲朋相聚、接风洗尘、红白喜事、乔迁之喜、周年志庆、添丁祝寿、逢年过节等，人们常常借用宴席来表达各自的思想感情和精神寄托，因此，亲情宴的主题十分丰富，常见的有婚庆宴、寿庆宴、丧葬宴、迎送宴、节日宴、纪念宴、乔迁宴、酬谢宴、欢庆宴等。

2. 简式便餐席

便餐席是宴会席的简化形式，它可细分为家宴、便宴等类型。其特点是菜品不多，宾客有限，不拘形式，灵活自由。肴馔不要求成龙配套，可根据宾主爱好确定（如临时换菜），聚餐场所也能改变，还可自行服务。它类似家常聚餐，经济实惠，轻松活泼，去掉了许多繁文缛节，适于接待至亲好友，可以充分畅叙友情。

家宴，是指在家中设置酒菜款待客人的宴席。与正式的宴会席相比，家宴主要强调宴饮活动在办宴者家中举行，其菜品往往由主妇或家厨烹制，由家人共同招待，它没有复杂烦琐的礼仪与程序，没有固定的排菜格式和上菜顺序，甚至菜点的选用也可根据宾主的爱好来确定。这类宴席温馨和谐，轻松自如，最能增进人与人之间的情感交流。

便宴，是指企事业单位、社会团体或民众个体在餐馆、酒店或宾馆里所举办的一种普通宴饮活动。这类宴席是一种非正式宴请的简易酒席，规模一般不大，形式较为随便，菜式可丰可俭，地点也可自由选定。因其不如宴会席那么正规、隆重，故又名“便筵”。

（三）按宴席接待规格分类

宴席的接待规格，即宴席档次，这是就其等级而言的。我国饮食行业和接待部门通常依据宴饮的不同接待规格，将宴席分为四个类别，即普通宴席、中档宴席、高级宴席和特等宴席。衡量宴席等级的标尺，一看菜点的质量，二看原料的优劣，三看烹制的难易，四看餐馆的声誉，五看餐室的设备，六看接待的礼仪。其中，关键是菜点的质量，它直接决定着宴席规格。

1. 普通宴席

中式普通宴席的原料多是禽畜肉品、普通鱼鲜、四季蔬菜和粮豆制品，常有少量低档的山珍海味充当头菜。肴馔以乡土菜品为主，制作简易，讲求实惠，菜名朴实，多用于民间的婚、寿、喜、庆以及企事业单位的社交活动。

2. 中档宴席

中档宴席的原料以优质的禽肉、畜肉、鱼鲜、蛋奶、时令蔬果和精细的粮豆制品为主，可配置 20% 左右的山珍海味。菜品多由地方名菜组成，取料精细，重视风味特色，餐具整齐，席面丰满，格局较为讲究，常用于较隆重的庆典或公关宴席。

3. 高级宴席

高级宴席的原料多取用动植物原料的精华，山珍海味约占 40%。常配置知名度较高的风味特色菜品，花色彩拼和工艺大菜占较大的比重，菜品调理精细，味重清鲜，餐具华美，命名雅致，文化气质浓郁，席面丰富多彩。多用于接待知名人士或外宾、归侨，礼仪隆重。

4. 特等宴席

特等宴席的原料多为著名的特产精品，山珍海味高达 60% 左右，常配置全国知名的美酒佳肴，工艺菜的比重很大，宴席排菜格局讲究，菜名典雅，盛器名贵，席面跌宕多姿，雄伟壮观。多用以接待显要人物或贵宾，礼仪隆重。

上述四类宴席的划分，只是大致的标准，没有绝对的界限。为了清楚显示宴席的规格，认真贯彻“按质论价”的销售原则，在我国，宴席的规格通常用售价（或成本）来表示。在同一时间、地域和环境内，用销售价格（或生产成本）来表示宴席接待规格，既简洁明了，又方便实用。

三、宴席环节与结构

(一)宴席的环节

在餐饮行业里，宴席是一种特殊商品，同时具有物质生产劳动和服务性劳动，兼有加工生产、商品销售、消费服务三种职能，经营服务过程与消费过程统一，并且在同一时间、同一空间内进行，这就决定了宴席运营管理必须存在宴席预订、菜品制作、接待服务及营销管理这四个前后承接的环节。

1. 宴席预订

宴席预订工作属于设计环节，多由宴席预订部协同餐厅主管和厨师长(主厨)合作完成。其主要任务是：根据客人的要求和餐馆的条件，拟定宴席的主旨和总体规划，编排宴席菜单和接待服务程序，审议餐厅布置方案和餐台装饰，选定主厨和安排其他人员。凡此种种，都要简明扼要地记入宴席预订单中，将它作为“宴席施工示意图”下发给有关部门分头执行，并督促检查。

2. 菜品制作

宴席菜品制作属于生产环节，由烹调师、面点师共同负责。这一环节应考虑的是：食物原料的选购、烹制技法的运用、菜品风味的确立、上菜程序的衔接、宴饮节奏的掌握以及餐饮成本的控制等，至于各项协调工作，则由有经验的厨师长负责。厨师长要按照席单的要求，安排好采购、炉子、案子、碟子和面点五方面的人员，一一落实任务，使每道菜点都能按质、按量、按时地送上餐桌。

3. 接待服务

宴席的接待与服务工作属于服务环节，由宴席设计师和餐厅服务员负责。它考虑的是餐室美化、餐桌布局、席位安排、台面装饰、接待规程和服务礼仪。要求做到衣饰整洁、仪容端庄、语言文雅、举止大方、态度热情、反应敏捷、主动、热忱、细心、周到。由于服务人员是代表整个酒店面对面为顾客提供消费服务的，餐厅的声誉、菜点的质量和接待的风范都要通过他们反映出来，因此，这一环节更为重要。

4. 营销管理

宴席营销管理工作属于管理环节，多由宴席销售管理部门负责。其岗位职责是负责宴席的销售及管理工作，包括制订销售计划、实施营销措施、确定销售毛利率、降低生产损耗及营销成本、掌控菜品质量与服务质量以及营销结算与核算等。开展积极的营销活动，合理控制经营成本，有效吸引客源，提高设备设施的利用率，确保宴席的质量，提高宴席的销量，获取最大的经济效益和社会效益，是营销管理部门的工作目标，是宴席成功的重要保证。

上述四个环节，是宴席运营管理这一统一部件中的四个有机链条，彼此相辅相成，缺一不可，其中任何一个环节出了差错，都会影响全局。只有四者协调一致，配合默契，才能使宴席发挥出最佳效益。

（二）宴席的结构

1. 中式宴席的构成

中式宴席包括正式的宴会席和简式的便餐席两类，便餐席可根据宾主爱好灵活配置各式菜品，没有固定的排菜格式。这里的宴席结构仅针对中餐正式宴会席。

中式宴会席尽管种类繁多、风味有别，但多由酒水、冷菜、热炒、大菜、饭点、蜜果等食品组成。综合起来，这些食品大体上分作酒水冷碟、热炒大菜、饭点蜜果三大部分。它们有计划、按比例地依次入席，构成一整套宴席食品。

（1）酒水冷碟。这是宴席的"前奏曲"，主要包括冷碟、酒水，间或辅以手碟、开席汤。要求开席见喜，小巧精细，诱发食欲，引人入胜。

冷碟又称冷盘、冷菜或拼盘，有单碟、双拼、三镶、什锦拼盘和花色彩碟等多种形式，讲究配料、调味、拼装和盘饰，要求量少质精、以味取胜，起到先声夺人、导入佳境的作用。

俗语说：无酒不成席。中式宴会席中常见的酒水有白酒、黄酒、啤酒、葡萄酒和药酒以及果汁、牛奶、可乐、茶水等各种饮料。适量饮酒，可以兴奋精神、增进食欲、增添谈兴、活跃宴间气氛。

（2）热炒大菜。这是宴席的"主题歌"，全由热菜组成（有时可带入点心、小吃）。它们属于宴席的躯干，质量要求较高，排菜跌宕变化，好似浪峰波谷，逐步把宴饮推向高潮。

热炒菜是指以细嫩质脆的动植物原料为主料，运用炒、炸、爆、熘等方法制成的一类无汁或略有芡汁的热菜。它有单炒、双炒、三炒等形式，以单炒为主，其最大特色是色艳味鲜、嫩脆爽口。中式宴席中的热炒菜一般安排 2~6 道，或是分散跟在大菜之后，或是安排在冷碟与大菜之间，起承上启下的过渡作用。

大菜，又称大件，它是宴席的主菜，素有"宴席台柱"之称，其总体特征是做工考究、量大质优，能体现宴席规格。宴席中的大菜一般包括头菜、荤素大菜、甜食和汤品四项；如按上菜程序细分，则又有头菜、烤炸菜、二汤、热荤（可灵活编排、数目不定、原料各异）、甜菜、素菜和座汤之别。

（3）饭点蜜果。这是宴席的"尾声"，包括饭菜、主食、点心和果品等，目的是使宴席锦上添花、余音绕梁。

饭菜是为佐饭而设置的小菜，以素为主，兼及荤腥，还可精选名特酱菜、泡菜或腌菜，以小碟盛装，刻意求精，给赴宴者口角噙香的余韵。

点心在正式宴会席中必不可少。其品种较多，注重档次，讲究用料和配味。

中式宴会席中的点心要求小巧玲珑，以形取胜。

果品有鲜果、干果及果品制品之分，宴席中的水果主要指鲜果，一些高级宴会中有时也加配蜜饯或果脯等水果制品。宴席中合理配用果品，可以起到解腻、消食、调配营养等作用。

香茗通常只用一种，有时将红茶、绿茶、花茶、乌龙茶齐备，凭客选用。上茶多在客人入席前或撤席之后，宾主既品茶，又谈心，其乐融融。

总之，中式宴会席是个统一的整体，三大部分应当枝干分明，匀称协调。

2. 西式宴席的构成

现代西式宴席菜品通常包括开胃品、汤、副菜、主菜、甜食五大类。

（1）开胃品。开胃品是指少量起到开胃作用的小食品，类似于中餐的冷菜。开胃品有冷、热之分，冷的开胃品较酸、冷，是第一道菜；热的开胃品味较浓烈，是跟在汤后面的菜。

（2）汤。在西餐宴会中，汤菜主要起开胃、促进食欲作用，通常跟在冷开胃品后面，一般中午不上汤。汤在西餐中有冷汤、热汤、清汤、浓汤之分；浓汤又有白、红之分。另外还有一种称为茶的汤，清澈见底，味浓鲜美，如牛茶、鸡茶。西餐的汤盛放在汤盆内，牛茶、鸡茶盛放在大号咖啡杯内。

（3）副菜。副菜在西餐中也称为小盆，它可以是野味、海鲜等，一般使用8寸平盘，也可以是长盘、烤斗、烙盘、罐等餐具。副菜在西餐中烹调方法很多，可以是烩、烧、煎、炸、煮、烘等。副菜是西餐中表现力最丰富多彩的菜式。

（4）主菜。主菜包括海鲜、家禽、肉类、面食，一般量大，造型美观，装盘讲究。在法式小型宴会中，主菜是一道表演菜，可将宴会推向高潮，同时经常跟上有清口解腻作用的蔬菜色拉。

（5）甜食。甜食包括甜色拉、水果、奶酪、甜点心及冰激凌，可起到饱腹和助消化的作用。

四、宴席的基本要求

了解宴席的环节，把握宴席的结构，只是宴席设计制作与运营管理的基础，要承办好宴席，还须符合以下要求。

（一）主题的鲜明性

宴席不是菜点的简单拼凑，而是一系列食品的艺术组合。它要求主题鲜明，即设计与制作宴席时，应分清主次、突出重点、发挥所长、显示风格。分清主次指主行宾从，格调一致，第一、三组菜品要视第二组菜品的需要而定。突出重点就是全席菜品中突出热菜，热菜中突出大菜，大菜中又要突出头菜，使其用料、工艺与质地都明显地高出一筹，以带动全席。发挥所长即施展技术专长，避开劣势，优先选用名特物料，运用独创技法，力求震人耳目。显示风格是指亮出名店、名师、名菜、名点、名小吃的招牌，展示当地饮食习惯和风土人情，使人一朝品食，终生难忘。以上四条是协调统一，水乳交融的。主题鲜明，本身就是一种明朗而和谐的美，自然具有美学价值，受人喜爱。

（二）配菜的科学性

配菜是设计与制作宴席的重要环节，它表现在菜品质与量的配合、外在感官配合以及营养配合三个方面。

菜品质与量的配合上，须遵循“按质论价、优质优价”的配菜原则，考虑时间、地点、客人需求等因素。菜肴的数量多少、原料的高低贵贱、取料的精细程度以及烹制的工艺难度，都应视宴席的规格而定。

菜品外在感官的配合上，要利用原料、刀口、烹法、味型、菜式的互相调配，使整桌宴席菜品色、香、味、形、质、器俱佳。其间，均衡、协调和多样化，是宴席配菜的总体要求。

宴席营养的配合上，要符合合理膳食的配餐要求，满足人体多方面需要。第一，作为宴席食品，必须无毒无害，一切含有毒素或在加工中容易产生毒素的原料，都应排除在用料之外。第二，整桌菜品要能提供人体所需要的各种营养素，营养素种类要齐全，搭配要合理。第三，各组食品均应有利于人体消化吸收，避免营养素的相互抑制。第四，适当限制脂肪和食盐的用量，克服重荤轻素、菜量过大、营养过剩的弊端。此外，国家明令保护的珍稀生物，一律不可选来做菜。

（三）工艺的丰富性

不论何种宴席，都应依据不同需要灵活安排菜单，在制订菜单时，既须注意主题的鲜明、风格的统一，又应避免菜式的单调和工艺的雷同，努力体现错综的美。这是因为一桌宴席通常都有多道菜点，不同菜点的品种、用料、滋味、质感、技法等丰富多彩，宴席才富于节奏感和动态美。所以，宴席贵在一个“变”字。

（四）形式的典雅性

宴席是吃的艺术，吃的礼仪，需要处理好美食与美境的关系。形式的典雅，就是要认真考虑进餐时的环境因素和愉悦情绪。为了吃得好，吃得有雅趣，应当讲究餐室布置、接待礼节、娱乐雅兴和服务用语。为了使宴席格调高雅，有浓郁的民族气质和文化色彩，承办者可将宴席安排在园林式雅厅；可在餐室适当点缀古玩、字画、花草、灯具，或配置古色古香的家具、酒具、餐具和茶具；可按主人设宴目的选用应时应境的吉祥菜名，穿插成语典故，寄托诗情画意。总之，在提供物质享受的同时，给人精神享受，使纤巧之食与大千世界相映成趣，让宾客感受到熏陶，品德受到涵养，有宾至如归的欢愉感。

（五）准备的周密性

宴席尤其是高级宴会，牵涉面广，难度大，费工多，历时长，要求高，真正办好颇不容易。周密的准备，是宴席成功的保证。宴席的预订，特别是编拟菜单，制订方案，必须慎之又慎，重要宴会的工作方案有时还得准备两套，以备发生意外时替补。菜品的制作应注意优选原料，整理设备，选定主厨，协调配合，确保菜品质量及上菜时机。接待服务更应按操作规程进行，餐室美化、餐桌布局、席位安排、台面装饰、宴间服务等，都应逐一落实。宴会设计师是宴席预订、菜品制作、接待服务和运营管理的指挥者与组织者，必须具备一定的经营管理才能，必须熟悉整套宴席业务，驾驭整个宴席进程。

（六）接待的礼仪性

中国宴席既是酒席、菜席，也是礼席、仪席。中国宴席注重礼仪由来已久，世代传承。古人强调："设宴待嘉宾，无礼不成席。"现代酒宴仍保留着许多健康而有益的礼节与仪式。例如，发送请柬，车马迎宾，门前恭候，问安致意，敬烟献茶，陪伴入席，彼此让座等。一般宴席如此，重大国宴、专宴更是如此。除了注意上述种种问题之外，还要考虑应时配菜、因需配菜，尊重宾客的民族习惯、宗教信仰、身体素质和嗜好、忌讳等，在原料筛选、菜式确定、餐具配置、进餐方式等方面都从尊重客人、爱护客人、方便客人出发，充分体现中华民族待客以礼的传统美德。

第二节　宴席设计概述

一、宴席设计的作用与内容

（一）宴席设计的定义

宴席设计是根据宴席举办方的具体要求和承办方的物质技术条件，对宴席主题、菜品酒水、宴席菜单、宴会场景、台面台型、服务礼仪、运营流程等进行统筹规划，有效实施宴席预订、菜品生产、接待服务及运营管理工作方案的各类规划活动。

宴席设计是先于筵宴生产与接待服务的规划活动，是保证宴饮活动圆满完成的前提条件。为保证宴席工作方案有效实施，在从事宴席设计时，必须对宴席设计中遇到的各种问题进行深入细致的分析研究，不能脱离宴席任务要求，不能脱离原料市场供应，不能脱离酒店的物质技术条件；与此同时，还须充分发挥宴席设计者的主观能动性，扬其特长，显示风格，精密细致，依规操作，确保各项宴席业务工作取得理想效果。

（二）宴席设计的作用

1. 计划作用

从本质上讲，宴席设计是对宴饮服务活动的内容、程序和形式等进行合理规划，宴席设计方案是宴饮服务工作的计划书。从确立宴席主题、设计菜品酒水、规划宴席菜单，到布置宴会场景、策划台面台型、展示服务礼仪、实施运营流程，涉及酒店餐饮部门的多个岗位，如无统一计划、统筹安排，宴席的预订、菜品的制作、接待与服务、运营及管理等将呈无序状态。

2. 指挥作用

宴饮活动，特别是大型宴席，不像普通聚餐那样简便随意。它牵涉面广，耗工费时，要求严格，只有精密安排，统一指挥，协调配合，依规操作，才能取得理想效果。宴席设计方案制订并下达以后，各部门、各岗位严格按照设计方案认真实施，确保所有员工的操作行为符合工作规范，从而实现宴席生产、营运目标。

3. 保证作用

宴席，作为餐饮企业生产与销售的一种特殊商品，既包含有形的物质内容——菜点酒水，又包含无形的劳动产品——餐饮服务。既然是商品，就有质量标准。宴席设计如同质量保证书，客观上规定了这一商品的产品质量，厨务人员、服务人员、管理人员必须根据已设计的质量标准去实施，方能保证宴席质量。

（三）宴席设计的内容

1. 宴席主题设计

宴席主题设计，是指根据宴席举办方的具体要求和承办方的物质技术条件，对宴席主题进行总体规划，形成宴席策划的总体思路，构建宴席设计的总体框架。宴席主题设计常以宴席整体创意设计为主体，有时也涵盖局部设计与规划。

2. 宴席菜品设计

宴席是菜品的组合艺术，菜品是宴席的主要表现形式。明晰宴席菜品的属性、类别、命名方法、质量要求、风味流派、价格核算，合理配置各式宴席菜品，有助于设计切实可行的宴席菜单，有助于确保宴席食品质量，满足顾客的聚餐意愿，实现既定的设宴目标。

3. 宴席酒水设计

“设宴待嘉宾，无酒不成席”。以酒佐食，以食助饮，是一门高雅的饮食艺术。从事宴席酒水设计，需以明晰酒水类别、属性为前提，遵照宴席酒水配用原则，使酒水与宴席主题相吻合，与宴席菜品相协调。

4. 宴席菜单设计

宴席菜单，即宴席所用饮食品的清单。宴席设计人员常以接待标准为前提，以顾客餐饮需求为中心，结合餐饮企业物资和技术条件进行综合设计。其内容包括各类食品构成设计、饮食营养设计、生产经营成本设计等。

5. 宴会场景设计

宴席形式的典雅性，要求宴席设计人员处理好美食与美境的关系。宴席场景是指客人赴宴就餐时宴席厅房的外部环境和内部场地陈设布置所形成的氛围与情景。宴席场景设计要求设计人员系统掌握场景设计基本理论和技能，并能将其灵活地应用到实践之中。

6. 宴席台面设计

宴席台面设计是指根据客人进餐目的和主题要求，采用多种艺术手段，将各种餐具和桌面装饰物进行合理组合与造型，使宴席餐台形成一种完美的艺术组合形式。宴席台面设计包括台面物品的组成和装饰造型、台面意境设计等。

7. 宴席台型设计

宴席台型设计是指根据宴席主题、接待规格、赴宴人数、饮食习俗、特别需求、时令季节以及宴席厅的结构、形状、面积、空间、光线、设备等情况，设计宴席餐桌排列组合的总体形状和布局。

8. 宴席服务设计

宴席服务是凝聚于宴席中的一种无形的劳动产品，包括服务方式、服务仪程、服务礼仪等内容。宴席服务设计，即整个宴饮活动的程序安排、服务方式、服务礼仪等的合理设计，其内容包括接待程序与服务程序、行为举止与礼仪规范、席间乐曲与娱乐杂兴等设计。

9. 宴席安全设计

宴席准备的周密性，要求确保顾客宴饮聚餐具备应有的安全性。所谓宴席安全设计，即对宴席进行中可能出现的各种不安全因素的预防和设计。其内容包括顾客人身与财物安全、食品原料安全、就餐环境安全和服务过程安全等方面的设计。

二、宴席设计的要求

根据宴席主题鲜明性、配菜科学性、工艺丰富性、形式典雅性、准备周密性和接待礼仪性的基本要求，宴席设计者在筹划接待工作方案前必须充分考虑宴席为何事而办，需达到何种目的，实现何种主题；必须明确宴席的接待标准，既满足宾主的办宴愿望，又实现企业的经营目标；必须综合考虑涉宴人员要素、办宴条件要素、餐饮环境要素、设宴时间要素等以期符合主题突出、特色鲜明、安全舒适、美观和谐、核算科学的宴席设计要求。

（一）主题突出

所有宴席都有鲜明的主题。实现宴饮目的、突出宴席主题，乃是宴席设计的宗旨。如婚庆宴的目的是庆贺喜结良缘，设计时要突出吉祥、喜庆、佳偶天成的主题意境。谢师宴的目的是酬谢师恩，设计时要突出恩师的殷殷教诲促使学子成人成才，学子的感念之情终生难忘这一宴饮主题。

（二）特色鲜明

宴席设计贵在彰显特色。宴席特色可在菜点、酒水、台面、服务方式、娱乐、场景布局等方面予以表现。不同的进餐对象，由于其年龄、职业、生活地域、个人嗜好等各不相同，其饮食爱好和审美情趣各不一样，因此，宴席设计不可千篇一律。

宴席特色的集中反映是其民族特色、地方特色或本酒店的风格特征。宴席设计者通常结合地方名特菜点、民族服饰、地方音乐、传统礼仪等，展示一个地区或某个民族淳朴的饮膳风情，反映本酒店独有的风格特征。

（三）安全舒适

宴席既是一种欢快、友好的社交活动，也是一种颐养身心的娱乐活动。赴宴者乘兴而来，为的是获得精神和物质的双重享受，因此，安全舒适是所有赴宴者的共同追求。宴席设计时要注意优选原料，应价配菜；迎合宾主嗜好，因需配菜；确保菜品质量，适时上菜。接待服务设计更应注意餐室美化、餐桌布局、席位安排、台面装饰、宴间服务等。安全舒适的基本要素，就是要为就餐者提供优美的环境、清新的空气、适宜的室温、可口的佳肴、醇美的酒水、悦耳的音乐、柔和的灯光、安全的设施以及优良的服务。

（四）环境美观

宴席设计是一种“美”的创造活动。宴席场景、台面设计、菜点组合、灯光音响、服务风范等，都包含美学内容，体现了一定的美学思想。宴席设计就是将宴饮活动过程中所涉及的各种审美因素进行有机组合，从而达到一种协调一致、美观和谐的美感要求。

（五）核算科学

宴席设计从其目的来看，可分为效果设计和成本设计。从事宴席设计时，既要满足宾客的办宴目的，达到令其满意的设宴效果，又要考虑企业的成本核算与实际利润。理想的宴席设计，从来都以满足宾客和企业双方需求为目标。既让宾客实现办宴目标，感到物有所值，又兼顾企业的经济效益，弘扬企业的社会声誉。

三、宴席设计的程序

由于宴席类别、宴席主题、接待规格、举办规模、经营理念不尽相同，各类酒店的宴席设计程序或多或少存有一定差异。目前，我国大中型中餐厅宴席设计一般程序如表 1–3 所示。

表 1–3 大中型中餐厅宴席设计程序表

程序	设计要求	
获取信息	信息内容	明确出席宴席人数、宴席桌数、接待标准、主办单位、宾主身份、开宴时间、菜式品种及上菜顺序，了解宾客风俗习惯、生活禁忌、特殊要求。各种信息必须准确、详细、真实
分析研究	全面分析	全面分析信息资料，区分直接相关材料和其他方面材料
	精心研究	研究相关信息，分清主次、轻重关系，突出宴会主题，形成研究意见
起草方案	专人起草	宴席设计人员综合多方面意见和建议，负责起草设计草案，制订出 2~3 套可行性方案供选择
	初步审定	宴席设计草案由主管领导或主办单位负责人初步审定
修改定稿	修改完善	倾听主办单位负责人或经办人的意见与建议，对草案进行修改完善，尽量满足合理要求
	审查定稿	设计方案既要切合实际，又要富有创意。最后由主管领导或主办单位负责人审查定稿
严格执行	下达方案	设计方案以书面形式下发给相关部门和个人，明确职责，交代任务
	执行方案	管理部门敦促相关部门和个人严格执行设计方案，确保方案有效执行
	调整方案	设计方案在执行过程中若遇特殊情况，则应及时予以调整

四、宴席设计者的素质要求

在餐饮行业里，宴席设计通常是由餐厅经理协同厨师长一起承担，多数大中型餐饮企业则是另设专职人员，专门从事宴席设计工作。宴席设计者应具有一定的权威性和责任感，其知识素养要求如下：

（一）具备饮食烹饪知识

宴席主要由菜品和酒水所构成。宴席设计人员应具备广泛的食品原料知识和一定的菜点制作常识，熟悉餐厅里每道菜品的原料构成、制作方法、成菜时间、销售价格及食用方法，熟悉筵宴菜品的成菜特色及营养功效。

（二）具备成本核算技能

宴席设计者应全面掌握宴席成本核算知识。根据客人提出的宴会标准，结合酒店的毛利率状况，计算投入的成本和获取的利润；对宴席的直接成本和间接成本做出科学、准确的核算，以确保正常盈利。

（三）具备营养卫生知识

宴席设计者应了解各种食物原料的营养成分状况，熟悉烹调加工对膳食营养的影响作用，明晰宴席菜品合理搭配和科学组合的营养配餐理论，牢固树立饮食卫生观念，坚决避免有毒有害物质影响赴宴宾客的身体健康。

（四）具备餐饮服务技能

宴席设计人员应具有丰富的餐饮服务经验和服务技能，掌握宴席服务仪程和服务规律，熟悉餐厅的设备设施及宴席运营状况，能及时设计切合实际、便于操作的宴席服务流程。

（五）具备一定民俗学知识

宴席设计者应具备一定的民俗饮食知识，了解顾客的饮食需求，熟悉相关民风习俗，掌握现代餐饮发展趋势和宴饮服务礼仪；要充分展示本地的民风民俗，适应客人的生活习俗和饮食禁忌。

（六）具备相关美学素养

宴席设计要考虑时间与节奏、空间与布局、礼仪与风度、食品与器具、菜肴色彩与盘饰等诸多内容，每一内容都需要美学原理做指导。宴席设计者拥有一定的美学知识和艺术修养，在实际工作中有利于形成一定的构思技巧。

（七）具备相应管理学知识

宴席方案的设计与实施都属于餐饮管理问题，包括人员管理、物资管理、成本管理、现场指挥管理等。宴席设计者只有掌握管理学原理、餐饮运行规律以及宴会服务规程，能将现代科技知识应用于宴席营销之中，方能胜任本职工作。

（八）具备良好职业素养

宴席设计者应具有良好的职业素养，忠于企业，爱岗敬业，虚心好学，乐于奉献；善于沟通交流，具备一定的创造性思维和随机应变的能力；能在普通的工作岗位上为企业做出卓越的贡献。

总之，只有具备较高的职业素质，具有一定的业务技能，具有一定的权威性和责任感的工作人员，才能设计出科学合理的各式宴席。

思考与练习

1. 什么是宴席？筵席与宴会有何区别？

2. 宴席有何主要特征？宴席有哪些基本要求？

3. 中式宴席按其宴席性质与主题可分为哪些类型？
4. 从宴席构成看，中式宴席主要由哪些食品所构成？
5. 什么是宴席设计？宴席设计有何作用？
6. 宴席设计主要包括哪些设计内容？
7. 宴席设计有哪些具体要求？
8. 宴席设计人员应具备哪些知识素养？

第2章

宴席菜品设计

宴席主要由菜品酒水所构成。中餐菜品种类丰繁，博大精深。认清它的属性、类别及命名规则，掌握其评品标准、风味流派及成本核算法则，合理配置各式宴席菜品，可为宴席设计奠定基础，有助于提升宴席业务的经营管理水平。西式宴席菜品设计风格不同，其设计要求也很讲究。

第一节　菜品基本知识

菜品，是指通过烹调加工而制成的食品，它由菜肴和面点所构成。菜品作为食品的一项特异分支，既有食品的共性，又有自身的个性。

与其他食品一样，菜品具有安全卫生、富于营养、感官良好三大属性。与此同时，菜品自身的个性也相当突出。这主要表现为：多用手工进行单件或小批量生产；虽有配方但不固定，虽有规程但不拘泥；花色品种繁多，三餐四时常变；民族性、地域性和个人嗜好性的色彩特别鲜明；多是现烹现吃，与乡风民俗紧密结合，饮食文化情韵浓厚。由于菜品具有上述属性，故而它是宴席设计理论的核心内容之一。

一、菜品分类与命名

（一）菜品的分类

菜品的分类，可按多种方法进行。如按时代分，有古代菜与现代菜；按原料性质分，有荤菜与素菜；按菜式分，有炒菜、炸菜、蒸菜、烤菜、凉拌菜等；按国别分，有中国菜、法国菜、土耳其菜等；按用途分，有家常菜、宴饮菜、食疗菜和祭祀菜等。

在餐饮行业里，由于存在着红、白两案的分工，人们常把红案师傅生产的产品称作菜肴，而将白案师傅生产的产品称作面点。菜肴与面点合称为“菜点”，两者都是烹调加工的产物，虽有区别，但并没有严格的界限。

菜肴属菜品之主体，它由冷菜和热菜构成。冷菜，又称冷盘，指用拌、炝、腌、熏、卤、冻等技法制成的食用时成品温度低于人体温度的一类菜肴（如蒜泥白肉、脆皮黄瓜），其最大特色为：久放不失其形，冷吃不变其味，如图 2–1 所示。热菜，指用炸、炒、煮、烧、煨、蒸、烤等技法制成的食用时成品温度高于人体温度的各式菜肴（如油爆菊红、大煮干丝）。热菜是我国人民从事餐饮活动的主要形式，其最大特色为：香醇适口，一热三鲜。

图 2–1　冷菜

无论是冷菜还是热菜，若按其烹制工艺难度来区分，都有一般菜和工艺菜两种类型。一般菜指在整体造型上显得朴实无华的菜肴，如韭黄鸡丝、黄焖肉丸；工艺菜，又称工艺造型菜，指在菜品的色形方面特别考究、制作工艺比较复杂且富于艺术性的菜肴，如八宝葫芦鸭、龙虎凤大会。

面点，是以米、面、豆、薯等为主料，肉品、蛋奶、蔬果等作辅料，运用蒸、煮、烤、炸等技法制成的食品。它的外延较宽，主要包括点心、主食和小吃等品种。

点心，是面点中的一个大类。它有中点与西点之分，大路点心与宴席点心之别。其主要特色是：注重款式和档次，讲究造型和配器，精细灵巧、颇耐观赏，多作席点或茶点用，如银丝卷、金鱼饺等。有些地区（如上海、广东等地）常将面点统称为点心。

主食，主要包括饭、粥、面、饼等可充当正餐的食品。一般由家庭或单位食堂制作，其主要特色：一是用料大多单一，调配料较少；二是品种基本固定，四季三餐变化不大；三是工艺简便，成本低廉；四是每餐必备，常与菜肴配套。

小吃，又称零吃、小食，指正餐和主食之外，用于充饥、消闲的粮食制品或其他食品，也兼作早餐或夜宵。如三鲜豆皮、十八街麻花（如图 2–2 所示）、刀削面、东坡饼等。其主要特色：一是用料荤素兼备，每份量大；二是多为大路品种，档次偏低；三是地方风味浓郁，顾客众多。

图 2–2　十八街麻花

（二）菜品的命名

菜品与菜名的关系，是内容与形式的关系。一方面内容决定形式，“名从菜来”；另一方面，形式反映内容，“菜因名传”。给中国菜品命名，既可如实反映菜品的概貌，直接突现其主料；也可撇开菜品的内容而另取新意，抓住菜品的特色巧做文章。根据这一原则，可将中式菜品命名方法归纳为两大类：一类为写实法命名，另一类为寓意法命名。前者朴素明朗，名实相符，后者工巧含蓄，耐人寻味。

1. 写实法命名

所谓写实法命名，就是在菜名中如实反映原料的组配情况、烹调方法或风味特色，也可在菜名中冠以创始人或发源地的名称，以作纪念。这类命名方法多是强调主料，再辅以其他因素，其常见的形式主要有：

（1）配料加主料：腰果鲜贝、韭黄鸡丝、香菇鸡块、青豆虾仁。

（2）调料加主料：豆瓣鲫鱼、冰糖湘莲、蚝油牛柳、啤酒鸭。

（3）烹法加主料：清蒸鳊鱼、拔丝苹果、粉蒸鲇鱼、涮羊肉。

（4）色泽加主料：虎皮蹄髈、芙蓉鱼片、白汁鱼丸、水晶肴蹄。

（5）质地加主料：脆皮乳猪、香酥鸡腿、香滑鸡球、软酥三鸽。

（6）滋味加主料：怪味鸡丝、椒麻鸭掌、鱼香腰片、酸辣藕丁。

（7）外形加主料：寿桃鳊鱼、菊花才鱼、葵花豆腐、橘瓣鱼氽。

（8）器皿加主料：瓦罐鸡汤、铁板牛柳、羊肉火锅、乌鸡煲。

（9）人名加主料：麻婆豆腐、东坡肉、狗不理包子、宫保鸡丁。

（10）地名加主料：北京烤鸭、道口烧鸡、西湖醋鱼、荆沙鱼糕。

（11）配料、烹法加主料：板栗烧仔鸡、腊肉炒菜苔、虫草炖金龟、香芋焖牛腩。

（12）调料、烹法加主料：豉椒炒牛肉、葱姜炒花蟹、清酱烧野鸭、剁椒蒸鱼头。

（13）特色加主料：空心鱼丸、千层糕、京式烤鸭、响淋锅巴。

2. 寓意法命名

所谓寓意法命名，就是针对顾客的好奇心理，抓住菜品的某一特色加以渲染，赋以诗情画意，从而收到引人入胜的效果。这类命名方法主要有如下几种形式：

（1）模拟实物外形，强调造型艺术：如金鱼闹莲、孔雀迎宾。

（2）借用珍宝名称，渲染菜品色泽：如珍珠翡翠白玉汤、银包金。

（3）镶嵌吉祥数字，表示美好祝愿：如八仙聚会、万寿无疆。

（4）借用修辞手法，讲究口彩与吉兆：如早生贵子、母子大会。

（5）敷衍典故传说，巧妙进行比衬：如霸王别姬、舌战群儒。

总的说来，中国菜品的命名以写实法命名为主体，以寓性法命名为辅助。从使用范围看，南方菜名擅长寓意，北方菜名偏重写实；特色名贵菜点追求华美，一般菜品则崇尚朴实；婚寿喜庆宴席上的菜名喜欢火爆风趣，日常便餐的菜名趋向自然、平实。

二、菜品质量要求与评审

每份菜点生产出来后，人们自然而然会对它的质量做出评价。其评价准确与否，关键在于是否把握住了菜品的质量评审标准，是否正确运用了科学的评价方法。

（一）菜品的质量要求

菜品是食品的一项特异分支，和其他食品一样，须以食用安全、营养合理、感官良好为其质量评审标准。

1. 食用安全

食用安全是菜品作为食品的基本前提。要保证菜品食用安全，就必须保证菜点的原材料无毒无害、清洁卫生，力求烹调加工方法得当，避免加工环境污染食品，确保菜品对人体无毒无害。

2. 营养合理

营养合理是菜品作为食品的必要条件。对于单份菜品，要尽量避免原材料所含营养素在烹调加工中的损失，适当注意原材料的荤素搭配。对于整套菜点，不仅要注意供给数量充足的热量和营养素，而且要注意各种营养素在种类、数量、比例等方面的合理配置，以使原料中各种营养素得到充分利用。

3. 感官良好

感官良好是人们对菜品质量的更高层次的要求。要使菜点能很好地激起食欲，给人以美的享受，必须做到色泽和谐、香气宜人、滋味纯正、形态美观、质地适口、盛器得当，并且各种感官特性应配合协调。

（1）色泽和谐。菜点的色泽包括菜点的颜色和光泽，它是评判菜点质量的重要标准之一。菜点的色泽主要来自两方面，一是原材料的天然色泽，一是经过烹制调理所产生的色泽。所谓色泽和谐，指菜点的色泽调配合理、美观悦目。如烤乳猪、芙蓉鸡片等，既可诱人食欲，又能给人以精神上的享受。具体地讲：菜点的色泽要因时、因地、因料、因器而异，给人以明快舒畅之感，要能娱悦心理，活跃宴饮气氛。

（2）香气宜人。菜点的香气是通过嗅觉神经感知的，它是评判菜品质量的又一重要标准。由于菜点的香气成分极其复杂，每道菜点的香味物质达几十种，甚至几百种之多，所以评判菜点的香气通常用酱香、脂香、乳香、菜香、菌香、酒香、蒜香、醋香等进行粗略描述。所谓香气宜人，即要求菜点的香气纯正、持久，能诱发食欲，给人以快感。

（3）滋味纯正。俗话说：民以食为天，食以味为先。评定菜点的质量，滋味最重要。菜点的滋味即口味，指呈味物质刺激味觉器官所引起的感觉，它有单一味与复合味之分。所谓滋味纯正，即主配料的呈味物质与调味料的呈味物质配合协调，调理得当，能够迎合绝大多数人的口味要求。特别是一些名菜名点，其口味特征已基本固定，评判菜点质量应以此为标准。

（4）形态美观。菜点的外形是评判菜点质量的又一重要标准。随着人们审美意识的日渐提高，就餐者对于菜肴外形美的追求与日俱增，特别是在一些高级宴会上，菜品的形态美特别为人所看重。所谓形态美观，即菜点的外形应遵循对称、均衡、反复、渐次、调和、对比、节奏、韵律等形式美法则，要符合人们的审美要求。

（5）质地适口。评判中菜的感官质量，当首推口味，其次就是质地。菜品的质地是菜点与口腔接触时所产生的一种触感。它有细嫩、滑嫩、柔软、酥松、焦脆、酥烂、肥糯、粉糯、软烂、黏稠、柴老、板结、粗糙、滑润、外焦内嫩、脆嫩爽口等多种类型。菜品的质地与原材料的结构和组成联系紧密，它主要由菜品原料和烹制技法所确定。所谓质地适口，即菜点的质地要能给口腔内的触觉器官带来快感。如粉皮的滑爽、蛋糕的绵软、清炖莲子的粉糯、白汁鱼丸的滑嫩等，都是耐人寻味的。

（6）盛器得当。盛器的作用不仅仅是用来盛装菜点，还有加热、保温、映衬菜点、体现规格等多种功能，故人们常说：美食不如美器。所谓盛器得当，即盛器与菜点配合协调，能使菜点的感官质量得以完美体现。特别是宴席中的盛器，还须成龙配套，以便体现宴席的规格。

总之，安全、营养和美感是评判菜品质量的三个重要因素，也是菜品制作需要达到的质量标准。其中，感官良好最为关键，人体感官对菜品色、香、味、形、质、器的综合感觉往往可以判定出菜品风味品质的好坏程度。

（二）菜品质量的评审

全面评价菜品质量，必须从安全、营养和美感三个方面进行综合考察。菜品质量的评价方法有理化分析、生物分析和感官分析三种。其中，理化分析和生物分析主要用于评价菜点的安全和营养，其操作要借助一定的仪器设备或者在特定的环境中进行。感官分析多用于评价菜点的各种感官特性及其综合效果，其操作简便易行，是我国目前用于评价菜品质量的主要方法。

菜品感官分析法，就是评判人员对菜品的感官特性做逐项或综合分析，从而得出评价结果的方法。它分为传统的专家评定法、现代的分析型感官分析法和偏爱型感官分析法等。

分析型感官分析把人的感官作为仪器使用，以生理学和心理学为基础，以统计学做保证，这在很大程度上弥补了原始感官分析的缺陷，但其分析结果仍然受到主观意志的干扰。为了降低个人感觉之间差异的影响，提高评价结果的准确性，使用此法时，必须注意评价基准的标准化、试验条件的规范化和评审要求的严格化。

菜点评审结果的处理方法有平均法、去偶法、加权平均法、模糊关系法等。这些方法可根据需要酌情择用。

第二节　中式宴席菜品的主要风味流派

宴席设计、生产与运营，必须明确宴席主题、接待标准以及风味特色等核心要素。特别是宴席的风味特色，它是宴席设计的基本内容，常与地方饮膳风格联系紧密。

由于地理环境、气候物产、宗教信仰以及民族习俗诸因素的影响，长期以来在某一地区内形成，有一定亲缘承袭关系，菜点风味特色相近，知名度较高，并为部分群众喜爱的传统膳食体系即为地方风味流派。

在我国，人们常将一些著名的地方风味流派称作菜系。其中，鲁菜、川菜、苏菜和粤菜为我国著名的“四大菜系”，浙菜、闽菜、徽菜、湘菜、京菜、楚菜、沪菜和陕菜也属影响深远的地方菜系。此外，我国面点有京式、广式和苏式等主要流派，它们各具一定的特色风味。

一、中式宴席菜品的四大风味流派

（一）山东菜

山东菜，又称鲁菜或齐鲁风味，是华北地区肴馔的典型代表，我国著名的“四大菜系”之一。

山东菜主要由济南菜、济宁菜和胶东菜构成，其主要的风味特色是：鲜咸、纯正，善用面酱，葱香突出；原料以海鲜、水产与禽畜为主，重视火候，精于爆、炒、炸、扒，擅长制汤和用汤，海鲜菜功力深厚；装盘丰满，造型古朴，菜名平实，敦厚庄重，向有“堂堂正正不走偏锋”之誉；受儒家学派膳食观念的影响较深，具有官府菜的饮馔美学风格。

山东菜的代表品种有：葱烧海参、德州扒鸡、清汤燕菜、奶汤鸡脯、九转大肠、油爆双脆、糖醋鲤鱼、青州全蝎、泰安炒鸡（如图 2–3 所示）等。

图 2–3　泰安炒鸡

（二）四川菜

四川菜又称川菜或巴蜀风味，是西南地区肴馔的典型代表，我国著名的“四大菜系”之一。

四川菜主要由成都菜（上河帮）、重庆菜（下河帮）、自贡菜（小河帮）构成。其主要的风味特色是："尚滋味，好辛香"，清鲜醇浓并重，以善用麻辣著称；选料广博，粗料精做，以小煎、小炒、干烧、干煸见长；独创出鱼香、家常、陈皮、怪味等20余种复合味型，有"味在四川"的评定；小吃花式繁多，口碑良佳；物美价廉，雅俗共尝，居家饮膳色彩和平民生活气息浓烈。

四川菜的代表品种有：毛肚火锅、宫保鸡丁、麻婆豆腐（如图2–4所示）、开水白菜、家常海参、水煮牛肉、干烧岩鲤、鱼香腰花、泡菜鱼等。

图2–4　麻婆豆腐

（三）江苏菜

江苏菜又称苏菜、苏扬风味，是华东地区肴馔的典型代表，我国著名的"四大菜系"之一。

江苏菜主要由金陵风味、淮扬风味、姑苏风味和徐海风味构成。其主要的风味特色是：清鲜平和，咸甜适中；组配谨严，刀法精妙，色调秀雅，菜形清丽，食雕技艺一枝独秀；擅长炖、焖、煨、焐、烤；鱼鸭菜式多，筵宴规格高；园林文化和文士饮膳的气质浓郁，餐具相当讲究。

江苏菜的代表品种有：松鼠鳜鱼（如图2–5所示）、大煮干丝、清炖蟹黄狮子头、水晶肴蹄、金陵桂花鸭、叫花鸡、清蒸鲥鱼、拆烩鲢鱼头等。

图 2–5 松鼠鳜鱼

（四）广东菜

广东菜又称粤菜或岭南风味，是华南地区肴馔的典型代表，我国著名的“四大菜系”之一。

广东菜主要由广州菜、潮州菜、东江菜和港式粤菜所构成。其主要的风味特色是：生猛、鲜淡、清美，具有热带风情和滨海饮膳特色；用料奇特而又广博，技法广集中西之长，趋时而变，勇于革新，饮食潮流多变；点心精巧，大菜华贵，设施和服务一流，有“食在广州”的美誉；肴馔的商品气息特别浓烈，商贾饮食文化是其灵魂。

广东菜的代表品种有：金龙脆皮乳猪、豉汁蟠龙鳝、大良炒牛奶、白斩鸡（如图 2–6 所示）、白云猪手、清蒸鲈鱼、冬瓜盅等。

图 2–6 白斩鸡

二、中式宴席菜品其他主要风味流派

除鲁、川、苏、粤四大风味流派之外，浙、闽、徽、湘、京、楚、沪、陕等其他风味流派也颇具特色，它们是中菜主要风味流派的杰出代表。

（一）浙江菜

浙江菜又称浙菜、钱塘风味，主要由杭州菜、宁波菜、绍兴菜和温州菜构成。其主要的风味特色是：醇正、鲜嫩、细腻、典雅，注重原味，鲜咸合一；擅长调制海鲜、河鲜与家禽，轻油、轻浆、轻糖、注重香糯、软滑，富有鱼米之乡的风情；主辅料强调“和合之妙”，讲究菜品内在美与外观美的统一，以秀丽雅致著称；掌故传闻多，文化品位高，保留了古越菜的精华，随着旅游业的昌盛而昌盛。

浙江菜的代表品种有：西湖醋鱼、龙井虾仁、冰糖甲鱼、宋嫂鱼羹、东坡肉、西湖莼菜汤、干炸响铃、锅烧鳗鱼等。

（二）福建菜

福建菜又称闽菜、八闽风味，主要由福州菜、闽南菜和闽西菜构成。其主要的风味特色是：清鲜、醇和、荤香、不腻，重淡爽，尚甜酸，善于调制山珍海味；精于炒、蒸、煨三法，习用红糟、虾油、沙茶酱、橘子汁等佐味提鲜，有“糟香满桌”的美誉；汤路宽广，收放自如；餐具玲珑小巧而又古朴大方，展示髹漆文化的独特风采。

福建菜的代表品种有：佛跳墙、太极芋泥、龙身凤尾虾、淡糟香螺片、鸡汤氽海蚌、通心河鳗、荔枝肉、橘汁加力鱼等。

（三）安徽菜

安徽菜又称徽菜或徽皖风味，主要由皖南菜、沿江菜和沿淮菜构成。其主要风味特色是：擅长制作山珍野味，精于烧炖、烟熏和糖调，讲究“慢工出细活”，有“吃徽菜，要能等”的说法；重油、重色、重火功，咸鲜微甜，原汁原味，常用火腿佐味，用冰糖提鲜，用芫荽和辣椒配色；菜式质朴，筵宴简洁，重茶重酒重情义，反映出山民、耕夫、渔家和商户的诚挚；受徽州古文化和徽商气质的影响较大，古朴、凝重、厚实。

安徽菜的代表品种有：无为熏鸡、八公山豆腐、软炸石鸡、酥鲫鱼、符离集烧鸡、李鸿章杂烩、鱼咬羊等。

（四）湖南菜

湖南菜又称湘菜或潇湘风味，主要由湘江流域菜、洞庭湖区菜和湘西山区菜构成。其主要的风味特色是：以水产和熏腊原料为主体，多用烧、炖、腊、蒸诸法，尤以小炒、滑炒、清蒸见长；味浓色重，咸鲜酸辣，油润醇和，姜豉突出，肴馔丰盛大方，花色品种众多；民间菜式质朴无华，山林与水乡气质并重；受楚文化的熏陶很深，以“辣”“腊”二字驰誉中华食坛。

湖南菜的代表品种有：腊味合蒸、潇湘五元龟、翠竹粉蒸鲴鱼、霸王别姬、冰糖湘莲、麻辣仔鸡、东安鸡、柴把鳜鱼等。

（五）北京菜

北京菜又称京菜或燕京风味，主要由宫廷菜、官府菜、清真菜和移植改造的山东菜构成。其主要的风味特色是：选料考究，调配和谐，以爆、烤、涮、熘、扒见长，菜式门类齐全，酥脆鲜嫩，汤浓味足，形质并重，名实相符；市场大，筵宴品位高，服务上乘，以烤鸭和仿膳菜为代表，吸收了华夏饮食文化的精粹。

北京菜的代表品种有：北京烤鸭（如图 2–7 所示）、涮羊肉、三元牛头、罗汉大虾、柴把鸭子、三不粘、白肉火锅等。

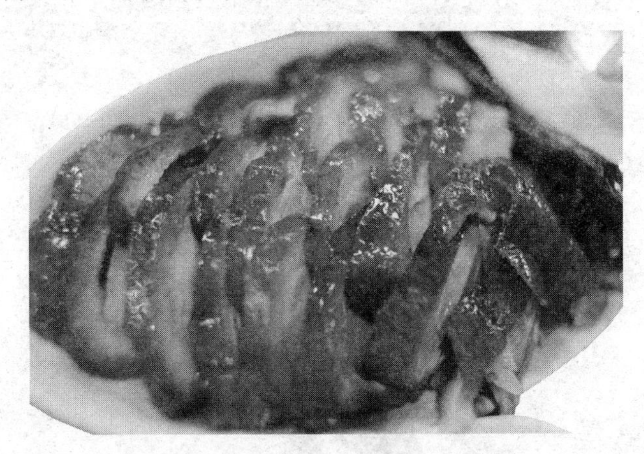

图 2–7　北京烤鸭

（六）湖北菜

湖北菜又称鄂菜、楚菜或荆楚风味，主要由汉沔风味、荆南风味、襄郧风味、鄂东南风味和鄂西土家山乡风味构成。其主要风味特色是：水产为本，鱼菜为主；擅长蒸、煨、烧、炸、炒，习惯鸡鸭鱼肉蛋奶粮豆合烹，鱼氽技术冠绝天下；菜肴汁浓芡亮，口鲜味醇，重本色，重质地，为四方人士所喜爱；受楚文化的影响较深，富于鱼米之乡的饮膳风情，反映出“九省通衢”的都市饮馔文化风格。

湖北菜的代表品种有：清蒸武昌鱼、腊肉炒菜苔、红烧鲴鱼、冬瓜鳖裙羹、荆沙鱼糕、沔阳三蒸、瓦罐煨鸡汤、江陵千张肉等。

（七）上海菜

上海菜又称沪菜，主要由海派江南风味、海派北京风味、海派四川风味、海派广东风味、海派西菜、海派点心、功德林素菜和上海点心构成。其风味特色是：精于红烧、生煸和糟炸；油浓酱赤，汤醇卤厚，鲜香适口，重视本味，勇于开拓，推陈出新，以精细善变著称。

上海菜的代表品种有：虾籽大乌参、松仁鱼米、八宝鸭、生煸草头、真如羊肉、鱼皮馄饨、灌汤虾球、贵妃鸡、红烧鲥鱼等。

（八）陕西菜

陕西菜又称陕菜、秦菜，主要由官府菜、商贾菜、市肆菜、民间菜和清真菜构成。其风味特色是：以香为主，以咸定味；料重味浓，原汤原汁；肥浓酥烂，光滑利口；质朴无华，经济实惠。

陕西菜的代表品种有：奶汤锅子鱼、遍地锦装鳖、龙井汆鸡丝、带把肘子、商之肉、葫芦鸡（如图 2–8 所示）、清炖牛羊肉、红烧金鲤。

图 2–8　葫芦鸡

三、中式面点主要风味流派

中式面点品种繁多，风格各异。总体来讲，它有京式面点、苏式面点和广式面点三大主要风味流派。此外，晋式面点、川式小吃、汉味小吃等也颇具特色。

（一）京式面点

京式面点以北京为中心，旁及黄河中下游的鲁、豫等地。习以小麦面粉为主料，擅长调制面团，有抻面、刀削面、小刀面、拨鱼面四大名面，工艺独具。其风味特色是：质感爽滑，柔韧筋道，鲜咸香美，软嫩松泡。

京式面点的代表品种有：北京的龙须面、小窝头、艾窝窝（如图 2–9 所示）、肉末烧饼；天津的狗不理包子、十八街麻花和耳朵眼炸糕；山东的蓬莱小面、盘丝饼和高汤水饺；山西的刀削面、拨鱼儿等；河北的杠打馍和一篓油水饺；河南的沈丘贡馍、博望锅盔等。

图 2–9　艾窝窝

（二）苏式面点

苏式面点以江苏为主体，活跃在长江下游的沪、浙、皖等地。主面与杂粮兼作，精于调制糕团，造型纤巧，有宁沪、金陵、苏锡、淮扬、越绍、皖赣等支系。其风味特色是：重调理，口味厚，色深略甜，馅心讲究掺冻，形态艳美。

苏式面点的代表品种有：江苏的淮安文楼汤包、扬州富春三丁包、苏州糕团（如图 2–10 所示）、黄桥烧饼；上海的小绍兴鸡粥、开洋葱油面；浙江的宁波汤圆、五芳斋粽子、西湖藕粉；安徽的乌饭团和笼糊等。

图 2–10　苏州糕团

（三）广式面点

广式面点以广东为典型代表，包括珠江流域的桂、琼和闽、台等地。善用薯类和鱼虾做胚料，大胆借鉴西点工艺，富于南国情味，茶点与席点久享盛名。其特色风味是：讲究形态、花式与色泽，油、糖、蛋、奶用料重，馅心晶莹，造型纤巧，清淡鲜滑。

广式面点的代表品种有：广东的叉烧包、虾饺、沙河粉和娥姐粉果；广西的马肉米粉、太牢烧梅、月牙楼尼姑面；海南的竹筒饭、海南粉和芋角；福建的鼎边糊、蚝仔煎和米酒糊牛肉；台湾的蛤子烫饭和椰子糯米团。

第三节　中式宴席菜品设计要求

宴席设计涵盖宴席主题设计、菜品酒水设计、宴席菜单设计、宴席场景设计、台面台型设计、服务仪程设计等诸多内容，这其中，如何合理地配置各类食品，使其较好地实现宴饮接待目标最为关键。根据中式宴席酒水冷碟、热炒大菜、饭点蜜果这一筵宴构成，下面从冷菜、热菜、饭点蜜果的配置三个方面，分别探究其设计要求。

一、冷菜类的设计要求

（一）单碟的配置

单碟，又称独碟、围碟，是指由一种冷菜装成的冷碟。一般使用5~7英寸（1英寸 = 2.54厘米）的圆盘或腰盘盛装，每份的净料用量大多控制在100~150克。各单碟之间，应交错变换，避免用料、技法、色泽和口味的重复。

单碟多用于普通宴席，4~8道一组，于正菜之前直接上桌。在中、高档宴席中，单碟若与主碟同上，则称围碟，其用量较精，主要用来烘托主碟。

（二）双拼、三镶的配置

双拼，又名对镶，是由分量相当的两种冷菜拼成的冷碟。这类冷碟在用料、形状和色泽上都应协调，还须讲究口味和质地的配合。双拼通常选用7~9英寸腰盘或圆盘盛装，盛器的规格统一。每盘配用150~200克净料，4~6道一组，应用于中低档宴席中。

三镶，又称三拼盘，是由分量相当的三种冷菜拼成的冷碟，取料精，档次高，更讲究色、质、味、形、器的配合。每盘三镶冷碟的净料在200~250克左右，三者大体均衡；常选腰盘、圆盘盛装，其直径8~10英寸。三镶多是4~6道一组，应用于中高档宴席。

（三）什锦拼盘的配置

什锦拼盘，又称大拼盘、什锦大拼，是将多种类别、味型和色彩的冷菜拼制在同一器皿中的大型冷盘。它的盛器既可用腰盘，也可用圆盘，还可选用攒盒或特制餐盘；通常选用 8~12 种冷菜，各种冷菜的分量大体均衡，色泽、口味、质感各不相同。什锦拼盘以滋味丰富、质地适口、刀面精细、构图匀称为佳，通常应用于中档宴席中，替代其他类型的冷碟。

（四）主碟和围碟的配置

主碟，又叫彩碟或彩拼。它运用装饰艺术和刀技造型，在盘中酿拼山水、建筑、器物或图案，用 12 英寸以上的圆盘、腰盘、方盘、菱形盘或特制冷盘装成。主碟的设计牵涉立意、命名、题材、风格、选料、构图、定型、设色诸方面，必须与宴席主题相一致。围碟是主碟的陪衬，多用 5~6 英寸小碟盛装，拼装时要按主碟的要求确定形制，制成小巧玲珑的简易图案，使之相辅相成。

主碟与围碟的配套，通常情况是一主碟带 4~8 只围碟，高档宴席可以一主碟带 8~12 只围碟。其评判标准是：选题得当，图案新颖，寓意鲜明，刀工精细，用料丰富，搭配合理，色调和谐，造型生动，滋味多变，清洁卫生，能形成众星捧月之势。

下面是江南某酒店提供的不同规格的五组冷菜及酒店常供冷菜清单，可供参考。

第一组：普通宴席中的六独碟

醋椒蛰丝　　蒜泥藜蒿
椒麻鸭掌　　糖醋油虾
红油牛肚　　蜜汁红枣

第二组：中低档宴席中的四双拼

烟熏白鱼—芝麻香芹　　白切嫩鸡—蚝油花菇
片皮烤鸭—蒜泥芸豆　　蜜汁红枣—爽口藕带

第三组：中高级宴席中的四三拼

红油百叶—泡菜蒜苗—盐水鸭肫
烟熏泥鳅—糖渍地瓜—五香凤爪
椒盐鲜鱿—蒜泥豇豆—虾米冬菇
鱼香腰片—姜汁莴苣—糖醋油虾

第四组：中档宴席中的什锦大拼盘

五香牛腱—酸辣黄瓜—明炉烤鸭—朝鲜泡菜—红油口条—金钩豇豆—鱼香腰花—糖汁西红柿—糖醋海蜇—葱酥鱼块

第五组：高级宴席（全鱼席）中的一彩碟带八围碟

彩碟：金鱼戏莲

围碟：玉带鱼卷　豆豉鲮鱼

红椒鱼丝　凤尾春鱼

酒糟鱼条　腊味风鱼

椒盐鱼排　烟熏鳜鱼

附表，江南某酒店常供冷菜清单：

表 2–1　江南某酒店常供冷菜清单

类别	菜名	色泽	质地	口味	外形
冷菜	白切嫩鸡	浅黄光亮	细嫩	咸鲜	块状
冷菜	爽口泡藕带	洁白亮光	脆爽	酸辣鲜香	段状
冷菜	糖醋油虾	红亮油润	外酥内嫩	酸甜	自然形
冷菜	醋椒黑木耳	黑褐光亮	脆爽	酸辣回甜	片状
冷菜	蚝油花菇	深褐光亮	酥嫩	咸香	自然形
冷菜	麻辣金钱肚	白色泛红	酥爽软嫩	麻辣	片状
冷菜	姜汁菠菜	碧绿	脆嫩	姜汁味	自然型
冷菜	老醋拌蛰丝	黄亮	脆嫩爽口	酸辣咸鲜	丝状
冷菜	蜜汁红枣	枣红	酥嫩	甜香	自然形
冷菜	酸辣黄瓜	青白相间	脆嫩	酸辣味	条块
冷菜	蒜泥藜蒿	淡青	脆嫩	蒜泥味	条状
冷菜	芝麻香芹	浅绿	脆爽	咸香味	段

二、热菜类的设计要求

（一）热炒菜的配置

热炒菜有单炒（炒一种）、双炒（炒两种）和三炒（炒三种）之分。这类热菜以动物性原料为主，主要取用细嫩质脆的部位，如鸡丁、鲜贝、牛柳、肚尖、虾仁、蟹肉、鲜鱿、肉丝、鱼片等。热炒菜的原材料通常加工成细小刀口，如片、丁、丝、条等，有的还须剞以麦穗花刀或菊花花刀等，以便快速成菜。热炒菜的用量通常为 300 克左右，主料占绝对优势，配料只起点缀作用。其盛器可用腰平盘或圆平盘，多为 8~10 英寸，规格应统一，并与整桌盛器相协调。热炒菜的制法主要有炒、爆、炸、烹等，其共同点是：成菜迅捷、嫩脆爽口；菜完汁干是热炒菜的成菜特点之一。

编排热炒菜时，须考虑菜式的多样化，各道热炒之间，应避免色、质、味、形的单调重复。热炒菜的上菜方式应因各地的风俗习惯而定，常是 2~6 件一组，安排在冷碟之后，待热炒菜全部上完，再上头菜及其他大菜；也可以先上冷碟，次上头菜，再将热炒穿插在大菜之中入席。各道热炒要注意先后顺序，质优者宜先，质次者宜后，可突出名贵原料；清淡者宜先，浓厚者宜后，可防止味的相互抑制。

下面是江南某酒店提供的不同规格的三组热炒菜及酒店常供热炒菜清单，可供参考。

第一组：普通宴席中的四热炒

油爆肚尖　　茄汁鱼片

腰果鲜贝　　酸辣鱿鱼

第二组：中档宴席中的四双拼炒

水晶虾仁—花酿冬菇

鱼香腰片—红椒鲜鱿

油爆菊红—茄汁鱼饺

油煎鸡塔—鸽蛋吐司

第三组：中高级宴席中的四炒三拼

金丝鱼卷—茄汁鱼段—松仁鱼米

香酥鸽肝—辣子鸽腿—玉兰鸽脯

火燎鸡心—软炸鸡肫—香爆鸡肾

芝麻虾排—枸杞虾饼—夏果虾仁

附表，江南某酒店常供热炒菜清单：

表 2-2　江南某酒店常供热炒菜清单

类别	菜名	色泽	质地	口味	外形
热炒	玉带财鱼卷	洁白光亮	滑嫩	咸鲜味	块状
热炒	油爆双脆	白红相映	脆嫩爽口	咸鲜微辣	片状
热炒	腰果鲜贝	白黄相映	脆嫩、细嫩	咸鲜	丁状
热炒	西芹炒百合	绿白相衬	脆嫩	咸鲜味	片状
热炒	莲藕炒双笋	白绿搭配	脆爽	清淡鲜美	片状
热炒	茭瓜牛肉丝	淡红色	滑嫩	咸鲜香辣	丝
热炒	滑炒生鱼片	洁白光亮	软滑嫩爽	咸鲜	片状
热炒	豉椒爆鳝片	褐红光亮	细嫩	咸鲜香辣	片状

续表

类别	菜名	色泽	质地	口味	外形
热炒	冬笋炒鲜鱿	白色为主	滑嫩清脆	滋味鲜香	丝
热炒	翠豆炒腊味	红绿相间	质感韧爽	口味清香	片状

（二）头菜的配置

头菜是宴席中规格最高的菜品，常用烤、扒、烩、蒸等技法制作，排在所有大菜最前面，统帅全席。

鉴于头菜的特殊地位，配置时应注意三点：首先，头菜的烹饪原料多选山珍海味或常见原料中的优良品种或优质部位。其次，头菜应与宴席主题、规格、风味相协调；应首先满足主宾嗜好，并与本店技术专长结合起来。最后，头菜位置应醒目，盛器要大，如大盆、大碗、大盘，最好在12英寸以上；宜用整料制作或大件拼装，装盘丰满，注意造型；名贵者可分份上桌。

（三）热荤的配置

热荤多由鱼虾菜、禽畜菜、蛋奶菜以及山珍海味菜组成，常与素菜、甜食、汤品连为一体，共同护卫头菜，并构成整桌宴席的正菜。

第一，配置热荤，应视宴席接待标准确立其规格档次，不论何种筵宴，每种热荤都不能超过头菜。如头菜为“鸡茸鱼肚”，热荤可用鳜鱼、鲜贝，但不宜选用鱼翅、鲍脯。

第二，各道热荤之间应配搭合理，原料、口味、质地和烹法尽量避免重复。热荤的编排，通常是将炸烤菜置于头菜之后，再安排山珍海味或畜禽蛋奶。各热荤之间允许穿插1~2道点心或甜菜，然后相应安排素菜、鱼菜和座汤，座汤是大菜收尾的标志。

第三，热荤的制作可灵活选用烧、焖、蒸、炸、氽、烩、扒等技法。有些热荤汤汁较宽，需选容积较大的器皿；有些热荤适于加热后补充调味。此外，热荤的用量也要相称，通常情况下，每份配净料750~1000克；至于整形原料制成的热荤，常以量大为美，越大越显气派。

（四）甜菜的配置

甜菜（含甜汤、甜羹）泛指一切甜味菜品。其品种较多，有干稀、冷热、荤素、高低之不同，需视季节和席面而定，并综合考虑价格因素。

甜菜用料多选果蔬菌耳或畜肉蛋奶。其中，高档的如冰糖燕窝、蜜汁蛤士蟆，中档的如散烩八宝、拔丝蛋液，低档的如什锦果羹、蜜汁莲藕。甜菜制法有拔丝、蜜汁、挂霜、蒸烩、煎炸、冰镇等，每种都能派生出不少菜式。甜菜应用于宴席，可起到改善营养、调剂口味、增加滋味、解酒醒酒的作用。宴席可配甜菜 1~2 道，品种需新颖，档次要相称。

（五）素菜的配置

宴席大菜的配置切不可忽视素菜。素菜入席，一须应时当令，二须取其精华，三须精细烹调。素菜的制法要因料而异，炒、焖、烧、扒、烩、酿均可。宴席中合理安排素菜，能够改善宴席营养结构，调节人体酸碱平衡；去腻解酒，变化口味；增进食欲，促进消化。素菜通常配用 1~2 道，上席位置大多偏后。

（六）汤菜的配置

宴席中的汤菜，种类较多。其中，用作大菜的有二汤和座汤。

二汤，定名于清代。由于满人宴席头菜多为烧烤，为了爽口润喉，头菜之后往往需要配置汤菜，因其在大菜中排在第二位，故名。如清汤燕菜、推纱望月之类。二汤多由清汤制成，使用头碗盛装。如果头菜为烩菜，二汤可省去。

座汤是宴席中规格最高的汤菜，通常排在大菜的最后面，行业里称之为“押座菜”或“镇席汤”。座汤的规格一般都高，可用品质优良的鸡、鸭、鱼、鳖，如清炖全鸡、鱼丸鲫鱼汤；有时可加名贵配料，如虫草炖金龟、川贝燕菜汤。制作座汤，清汤、奶汤均可；为了不使汤味重复，若二汤为清汤，座汤就用奶汤，反之亦然。座汤可用品锅盛装，冬季常用火锅替代。

汤菜的配置原则是：一般宴席仅配座汤，中高档宴席加配二汤。

下面是江南某酒店提供的不同规格三组大菜及酒店常供大菜（含汤菜）清单，可供参考。

第一组：普通宴席中的六大菜

扒四喜海参　　烤葱油酥鸡
蒸珍珠双圆　　熘鸳鸯鳜鱼
炒口蘑菜心　　炖龙凤瓜盅

第二组：中档宴席中的八大菜

鸡茸笔架鱼肚　　椒盐香酥鹌鹑
红烧鄂南石鸡　　砂钵黄陂三合
桂花孝感米酒　　油焖海参樊鳊
鸡油植蔬四宝　　汽锅虫草蕲龟

第三组：高级宴席（全鸭席）中的八大菜

鸭包蹄筋　　鸭茸鲍盒
烩鸭四宝　　挂炉烤鸭
珠联鸭脯　　兰花鸭翅
鸭汁双素　　虫草炖鸭

附表，江南某酒店常供大菜（含汤菜）清单：

表 2-3 江南某酒店常供大菜（含汤菜）清单

类别	菜名	色泽	质地	口味	外形
大菜	片皮烤鸭	红亮	外酥内嫩	咸香味	片状
大菜	油爆石鸡腿	黄亮	细嫩	咸鲜香辣微甜	条状
大菜	香辣蟹	黄红相衬	酥脆	香辣味	块状
大菜	五圆全鸡	多色相映	肉嫩爽口	咸鲜香甜	自然形
大菜	糖醋咕噜肉	红亮油润	酥嫩	酸甜	圆球形
大菜	蒜香烤排骨	金黄	外酥内嫩	蒜香浓郁	块状
大菜	蒜蓉蒸扇贝	白中透黄	嫩滑	蒜香	自然形
大菜	松鼠鳜鱼	红亮油润	外酥内嫩	酸甜味	松鼠状
大菜	上汤时蔬	碧绿光亮	脆嫩	咸鲜味	自然形
大菜	上汤焗龙虾	红亮 洁白	细嫩	清淡鲜美	自然形
大菜	三鲜蹄筋	多色相映	软嫩	咸鲜	片状
大菜	南乳焖大鸭	浅红油亮	软烩	咸鲜酱香	自然形
大菜	珍珠鮰鱼锅	乳白	细嫩	鲜香微甜	块状
大菜	梅菜扣肉	红亮	肥而不腻	咸鲜味	片状
大菜	花菇扒菜胆	褐红 淡绿	滑嫩	先甜后咸	自然形
大菜	黄焖甲鱼	红亮	肉质酥嫩胶黏	咸鲜香辣	自然形
大菜	红烧鱼乔	褐红光亮	细嫩	咸鲜香辣	块状
大菜	红扒蹄髈	红亮油润	酥嫩油润	咸甜味	整形
大菜	剁椒蒸鱼头	红亮	细嫩滑软	鲜咸香辣	自然形
大菜	清蒸鲥鱼	白亮	软嫩	咸鲜回甜	自然形
大菜	豉汁蟠龙鳝	黄亮油润	肉质滑嫩	咸鲜味	造型
大菜	瓦罐煨鸡汤	汤汁清醇	骨酥肉嫩	咸鲜	块状
大菜	白焯基围虾	红亮	细嫩	鲜咸回甜	自然形

三、饭点蜜果的设计要求

（一）饭菜的配置

饭菜，又称小菜、香食，与冷碟、热炒、大菜等下酒菜相对，指饮酒后用以佐饭的菜肴。这类菜肴多由节令炒菜与名特酱菜、泡菜、糟菜、风腊鱼肉组成，如乳黄瓜、小红方、洗澡泡菜、玫瑰大头菜、腌椿芽、虾鲊、风鱼等。饭菜只安排在使用白米饭（或白米粥）的宴席中，2~4 道一组，常用 4~5 英寸小碟盛装，于座汤之后上席。有些丰盛的宴席由于菜肴多，席点（或小吃）也多，宾客很少用饭，所以不配饭菜。

（二）席点、小吃的配置

席点即宴席点心。常以2~4道一组，随大菜或汤品编排在各类宴席中。品种有糕、酥、卷、角、皮、片、包、饺等，常见制法如蒸、煮、炸、煎、烤。宴席点心多运用分份的形式，每份用量不宜过多，一般需要造型，如鸟兽点心、时果点心、花草点心、图案点心等，它们精细、灵巧，具有较高的观赏价值。

关于宴席点心的设计，一要与菜肴的质量相匹配，与宴席的档次相一致；二要与宴会的形式相适应，如婚宴用鸳鸯盒、莲心酥、子孙饺，寿宴用寿桃、寿糕、麻姑献寿、伊府寿面；三要考虑季节性，夏秋多配糕，冬春多配饼、酥；四要考虑与菜品之间口味、质地的配合，如咸味大菜配咸点，甜味大菜配甜点，烤、炸菜配软饼，甜汤配糕，拔丝菜配羹；五要考虑席点形态的变化，宴席档次越高，点心越要做得精致小巧，越要注意点心之间的合理搭配；六要按各地的饮食习尚安排上菜顺序，宴席点心既可化整为零，逐一穿插于大菜之间，也可聚零为整，一同上席。

小吃。全国各地都有，风格各异，地方性强。普通宴席一般不配小吃，风味宴席则很重视它。小吃大多排在大菜之后，充当主食。配置小吃，也应是当地名特品种，一般1~2道，咸甜、干稀、冷热兼顾。

（三）果品与蜜脯的配置

宴席果品的配置甚为讲究，如寿席宜配佛手、蟠桃、百合、银杏；婚席宜配红枣、桂圆、莲子、花生；喜庆宴席则宜配苹果、香蕉、金橙、雅梨。宴席用水果主要指鲜果，一般应选配时令佳果和著名品种，每席配置1~2道，成色要鲜，品质要优，还须加工处理，摆成图案，置于水果盘中，以便增色添香、清口开胃、解腻醒酒。

蜜脯指蜜饯和果脯，如话梅、九制陈皮、蜜汁榄仁、苹果脯、海棠脯、冬瓜糖等。蜜饯果脯在现代宴席中应用较少，只有少数特色风味宴席仍在使用。配置蜜饯与果脯，须用3~4英寸小碟盛装，4道一组，用于开席前或收席后。

（四）茶的配置

宴席用茶有两类。一是纯茶，如绿茶、青茶、乌龙茶、红茶、花茶等，茶叶要好，茶具要雅，冲泡之水要沸要净。二是混合茶，即在茶中添加相关配料熬煮，如药茶、糖茶、薄荷茶、奶茶、酥油茶等。茶的配置，通常只选一种，有时也可数种齐备，凭客选用，开席前和收席后都可以安排。

下面是江南某酒店提供的不同规格的三组饭点蜜果及酒店常供面点清单，可供参考。

第一组：普通宴席中的饭点蜜果

点心：四喜蛋糕　　蟹茸汤包

茶果：锦绣果拼　　碧螺香茗

第二组：中档宴席中的饭点蜜果

点心：佛手摩顶（佛手香酥）

福寿绵长（伊府龙须面）

水果：榴开百子（胭脂红石榴）

五子寿桃（时令鲜桃）

寿茶：大展宏图（祁门红茶）

第三组：中高级宴席中的饭点蜜果

主食：紫稻米饭　　伊府鲜面

席点：凤凰奶露　　刺猬小包

蜜脯：北京海棠　　武汉山楂

广东话梅　　厦门陈皮

香茗：西湖龙井　　蒲圻花茶

附表，江南某酒店常供面食点心清单：

表 2-4　江南某酒店常供面食点心清单

类别	菜名	色泽	质地	口味	外形
点心	冰凉糕	晶莹洁白	质地滑爽	香甜	块状
点心	香炸春卷	金黄	皮酥脆、馅鲜嫩	咸香	圆筒形
点心	椒盐饼	金黄	酥脆爽口	麻辣鲜香	圆形
点心	莲藕酥	洁白	酥糯油润	清香绵甜	造型
点心	莲子糕	色泽洁白	软糯	馅心香甜	块状
点心	什锦酥饼	色泽橙黄	酥松爽口	滋味香甜	块状
点心	薯泥蛋糕卷	金红	滑软酥松	香甜味	圆筒形
点心	馨香灌汤包	洁白如玉	皮薄馅嫩	咸鲜而香	自然形
点心	银丝卷	洁白	皮薄馅不粘连	清香微甜	造型
点心	小笼蒸饺	色白光洁	皮柔馅嫩	滋味咸香	月牙形

第四节 西式宴席和中西合璧式宴席菜品设计要求

根据宴席菜式风格、餐台用具、服务规程和接待礼仪等的不同，我国现今的宴席有中式宴席、西式宴席和中西合璧式宴席三种类型，以中式宴席为主体。西式宴席和中西合璧式宴席在菜品酒水、餐具用品、厅堂风格、环境布局、台面设计、服务规范和礼节仪程等方面，均与中式宴席存有较大差别。现仅就西式宴席和冷餐酒会的菜品设计要求简要介绍如下。

一、西式宴席菜品设计要求

西式宴席菜品通常是根据不同国家、不同主题、不同规格、不同人数、不同风味、不同要求、不同设施条件来灵活配置，掌握其菜品配置要求，有利于设计出切实可行的宴席菜单。

(一) 遵照宴席格局，突出菜品酒水

西式宴席主要由菜肴、点心、果品和酒水等组成，其中菜品是中心，酒水是关键。就西式宴席构成而言，现代西式宴席菜品通常由开胃品、汤、副菜、主菜、甜食五大类食品构成。配置西餐菜点时，冷的开胃品在前，热的开胃品跟在汤菜之后。西餐的汤菜通常跟在冷开胃品后面，盛放在汤盆内。副菜大多选用野味、海鲜等食物原料，运用烩、烧、煎、炸、煮、烘等烹调技法制成，使用8英寸平盘盛装，也可选择长盘、烤斗、烙盘、罐等餐具。主菜类似于中式宴席中的大菜，主要由海鲜、江鲜、家禽、畜肉等动物性原料制成，量大质优，注重美观。甜食排在宴会的后面，可调剂口味，帮助消化。

西方人认为菜品、酒水各有品质，因此，在合理配置西餐菜品的同时，常常根据不同的菜肴选择与之协调的不同品质的酒水来搭配，尤其注重各种葡萄酒的搭配，使为数不多的菜与酒相得益彰、异彩纷呈。

(二) 注重风味营养，讲究简洁实用

西式宴席菜品数量较少，但其品质精良、营养合理、简洁实用。

西方人非常重视菜点的风味品质和饮食营养，反对铺张浪费。西式宴席菜品在原料的选择上要特别注重新鲜，因为新鲜的食材可为优质的菜品打下良好的基础。西式菜点在制作时强调清鲜淡雅，其调味品的用量较少，很多菜品带有奶香味，餐桌上备有盐和胡椒粉，客人可以在餐桌上二次调味。西式宴席的菜肴注重鲜嫩的质感，尤其是动物性食品，成熟度可以由客人选择。根据西方人的饮食习俗，西式宴席中甜品的用糖量较大，饮品除茶与咖啡外，其余基本上都需要

冰镇。

西方人认为饮食的目的在于满足人的生理需要，故其宴席菜品的配置特别注重营养组配，突出风味特色。这也决定了西式宴席格局以菜品为中心、菜点组合讲究简洁实用的配餐特色。

（三）合乎排菜顺序，注重突出个性

西式宴席的菜式结构因席而异，具有不同的表现形式，但总的上菜程式基本固定。现代西式宴席的上菜顺序一般为：开胃菜—汤—副菜—主菜—甜食—咖啡（或红茶）。

从美食的观点看，菜单的上菜顺序应该依照味觉排列。其上菜规则主要表现为：菜肴的口味由淡转浓；菜肴的温度由凉转热，再由热转凉，最后由凉结束于热饮。

西式宴席的菜品设计特别注重突出个性化，其特色菜点的选用应根据进餐者的要求、餐厅的特色、接待的标准及宴席的主题来确定。不同的西式宴会，在菜式安排上要求各具特色。

二、中西合璧式宴席菜品设计要求

冷餐酒会，又称冷餐会，它是西方经常采用的一种宴会形式（主要应用于招待会），也是中西合璧式宴席的一种主要表现形式。冷餐酒会的特点是气氛活泼，洒脱自然。这种聚餐方式主要采用自助的用餐形式，其菜品以冷菜为主，热菜、点心、水果为辅，各式菜点集中放置在桌上，供客人自由选择，分次取食；酒水大多事先斟好，有时也由服务人员端送。

西式冷餐酒会的菜品设计，特别注意各式菜点和装饰物品的合理摆放，注意菜品的陈列与就餐环境的和谐统一；菜品的数量要科学合理，菜品的规格要体现接待标准，菜品的种类要多种多样，菜品的风味要特色鲜明。人数较多的冷餐会可根据餐厅的形状把菜肴、点心、水果和饮料分开摆放，形状可设计成长方形、半圆形、L形或S形；人数较少的冷餐会可将各种食物摆放在一张餐台上。

在整个设计过程中，要注意整体风格和艺术性，餐台上的装饰一般选用鲜花、盆景、水果塔、蛋糕塔、黄油雕塑或冰雕作品等，将这些装饰品巧妙地穿插在菜肴中，起到画龙点睛的作用。

思考与练习

1. 菜品按实际用途及餐饮行业习惯分别分为哪些类别？
2. 菜品的质量评定要求是什么？
3. 川鲁苏粤四大风味流派各有哪些分支和特色？

4. 中式宴席菜品、中式面点各有哪些主要风味流派？
5. 冷菜有哪些类型？有哪些上菜方式？
6. 饭点茶果包括哪些食品？席点的配用原则是什么？
7. 请列举 20 道冷菜，注明每道菜品的色、质、味、形。
8. 请列举 15 道热炒菜，注明每道菜品的色、质、味、形。
9. 请列举 30 道大菜（含汤菜），注明每道菜品的色、质、味、形。
10. 请列举 15 道宴席点心，注明每道面点的色、质、味、形。

第3章

宴席酒水及餐具设计

宴饮是件赏心悦目的雅事，向来注重美酒配佳肴。设宴待客，适量饮酒，可舒筋活血、开胃提神，增进或保持食欲；可引发谈兴、助乐添欢，增加宴饮气氛；可显示主人的热诚、宴饮的礼节，实现设置酒宴的社交目的。古语云：“美食不如美器。”一桌色香味形俱佳的佳肴美酒，若是辅以精致的餐具，便能锦上添花、异彩纷呈。

第一节　宴席酒水及其设计要求

宴席酒水，即宴席中配置的各式饮品，主要有酒、水、茶、牛奶、果汁、咖啡等。从事宴席设计制作与运营管理，必须熟悉宴席酒水的类别，掌握其设计原则及选用方法。

一、宴席酒水的类别

在宴饮活动中，人们通常根据酒精含量的不同，将宴席酒水划分为酒精性饮料和非酒精性饮料两类。酒精性饮料含酒精 0.5% 以上，习称为“酒”。非酒精类饮料不含酒精成分，可细分为含咖啡因饮料类（茶、咖啡、可可）、果汁饮料类（新鲜果汁、加工果汁）、碳酸饮料类（可乐、汽水）、乳制品饮料类（牛奶、脱脂奶）以及水类（矿泉水、泉水）等。

（一）中式宴席用酒

中式宴席用酒的分类方法较多。如按生产工艺分类，有蒸馏酒（原料发酵后用蒸馏法制酒）、发酵酒（原料发酵后用提取法或压榨法制酒）、配制酒（在成品酒或食用酒精中添加一定糖分、香料或中药材制成）。按酒精含量分类，有高度酒（酒精含量在 40% 以上）、中度酒（酒精含量在 20%~40% 之间）、低度酒（酒精含量常在 20% 以下）。按照商业习惯分类，有白酒、黄酒、啤酒、果酒和药酒等。中式宴席用酒常选用白酒和黄酒，一些风味便宴有时也选啤酒和果酒。

1. 中式宴席用白酒

中式宴席用白酒多属高度酒，如按香型划分，有酱香型白酒、浓香型白酒、清香型白酒、米香型白酒及其他香型白酒。目前，我国知名白酒品牌主要有茅台酒、汾酒、五粮液、洋河大曲、剑南春、古井贡、董酒、泸州大曲、西凤酒、沱牌酒等。此外，每一地区都有各地民众青睐的地方名酒。

我国知名白酒品牌详见表 3–1 中式宴席知名白酒。

表 3–1　中式宴席知名白酒

品名	产地	度数	特色风味
茅台酒	贵州仁怀茅台镇	53 度	“国酒”茅台具有独特的“茅香”。其香气柔和幽雅、郁而不猛、香而不艳、持久不散，饮后空杯留香不绝，入口味感柔绵醇厚，回味悠长，余香绵绵
汾酒	山西汾阳杏花村酒厂	65 度	汾酒酒液清澈透明、清香馥郁，入口香绵、甜润、醇厚、爽洌，饮后回味悠长，素有色、香、味“三绝”之美称，属我国清香型白酒的典型
五粮液	四川宜宾五粮液酒厂	60 度左右	五粮液酒属浓香型白酒的典型代表，具有酒液清澈透明、香气浓郁悠久、回味甘醇净爽的特点
洋河大曲	江苏泗阳洋河酒厂	55 度、60 度、64 度	酒液透明、无色清澈、醇香浓郁，口味鲜浓、质厚而醇、软绵、甜润、圆正、余味爽净，回香悠久，以“甜、绵、软、净、香”的独特风味蜚声海内外
剑南春	四川绵竹酒厂	50 度、60 度	酒液无色、透明、晶亮，气味芳香浓郁，口味醇和、回甜、清冽、净爽，饮后余香悠长，具有独特的“曲酒香味”
古井贡	安徽亳县古井酒厂	60~62 度	酒液无色、清澈、透明如水晶，其香气纯净如幽兰之美，入口醇和，浓郁甘润，回味余香悠长而经久不息，因取古井之水酿制、明清两代均列为贡品而得名
董酒	贵州遵义董酒厂	58 度、60 度	酒液晶莹透明、香气扑鼻，入口甘美、清爽，满口香醇，风味优美别致，属于混合香型白酒
泸州大曲	四川泸州泸州老窖酒厂	38 度、52 度、60 度	酒色晶莹清澈，酒香芬芳飘逸，酒体柔和纯正，各味协调适度，具有“醇香浓郁、饮后尤香、清洌甘爽、回味悠长”的特殊风韵

2. 中式宴席用黄酒

黄酒是我国历史悠久的传统酒品，它以糯米、玉米、黍米和大米等为原料，经酒药、麸曲发酵压榨而成。其特点是酒质醇厚幽香，味感和谐鲜美。其种类有以浙江绍兴酒（如图 3–1 所示）为代表的江南糯米黄酒、以福建龙岩沉缸酒为代表的福建红曲黄酒、以山东即墨老酒为代表的山东黍米黄酒。中式宴席用黄酒详见表 3–2 中式宴席知名黄酒。

图 3–1 绍兴酒

表 3–2 中式宴席知名黄酒

品名	产地	特色风味
绍兴酒	浙江绍兴	绍兴酒简称“绍酒”，是我国历史悠久的知名黄酒。以糯米为主要原料，引鉴湖之水，加酒药、麦曲、浆水，用摊饭法、发酵法和连续压榨煎酒法酿成，酒液黄亮有光，香气浓郁芬芳，酒味鲜美醇厚。著名品种有：元红酒、加饭酒、善酿酒、香雪酒、竹叶青、花雕酒、女儿红等
龙岩沉缸酒	福建龙岩酒厂	龙岩沉缸酒呈鲜艳透明的红褐色，有琥珀光泽，有红曲香、酒药香、米酒香，在酿造中形成浓郁的香气，酒质纯净、自然，酒味醇厚，糖度虽高达 27 度，酒度 14.5 度，但无黏稠感，诸味和谐且同时呈现
即墨老酒	山东即墨黄酒厂	即墨老酒属我国北方黄酒的典型代表。其色泽紫黑，晶明透亮，微有沉淀，久放不混浊，具有焦糜的特殊香气，入口醇香，甘爽润喉，饮时微苦而余韵不绝，回味悠长。酒度 12 度左右，陈酿 1 年以上质量更佳

3. 中式宴席用啤酒

啤酒是以大麦为主要原料，配以有特殊香味的啤酒花，经过发芽、糖化、发酵而制成的一种含二氧化碳的低酒精原汁酒。其特点是酒精含量多在 2%~5%，具有显著的麦芽和啤酒花的清香，味道醇正爽口，富含多种维生素和氨基酸等营养成分，素有“液体面包”之称。

啤酒的分类方法较多，根据啤酒是否经过灭菌处理，可分为鲜啤酒（如图 3–2 所示）和熟啤酒两类。鲜啤酒又称生啤酒，没有经过杀菌处理，因此，保存期较短，在 15℃以下可以保存 3~7 天，但口味鲜美，目前深受消费者欢迎的扎啤就是鲜啤酒。熟啤酒是经过杀菌处理的啤酒，稳定性好，保存时间长，一般可保存 3 个月，但口感及营养不如鲜啤酒。

目前，中式宴席用啤酒有诸多知名品牌，如青岛啤酒、百威啤酒等。鉴定啤酒的质量应考察其透明度、色泽、泡沫、香气和滋味。质量优良的啤酒应是酒液透明、有光泽，色泽深浅因品种而异，泡沫洁白细腻，持久挂杯，有强烈的麦芽香气和啤酒花苦而爽口的口感。

图 3-2 鲜啤酒

（二）西式宴席用酒

西式宴席用酒以葡萄酒和葡萄汽酒为主，有时餐前要用开胃酒，餐后要用利口酒。由于西餐比较注重酒与菜的搭配，所以宴席用酒控制得比较严格。

1. 开胃酒

开胃酒是以葡萄酒或食用酒精、蒸馏酒为酒基，加入多种香料、草药制成，具有开胃、健脾之功效，一般在餐前饮用。西式宴席中常用的开胃酒主要有味美思、必打士酒等。

2. 甜食酒

甜食酒的主要特点是口味较甜，一般作为佐助甜食时饮用的酒品。西式宴席中著名的甜食酒有跑特酒、雪利酒（如图 3-3 所示）、玛德拉酒等。

3. 白葡萄酒

白葡萄酒是将白葡萄（有时用紫葡萄）除去果皮和籽儿后压榨成汁，经自然发酵酿制而成，具有怡爽清香、健脾胃、去腥气的特点，常配以海鲜等佳肴，是餐桌上必不可少的佐餐酒。盛产白葡萄酒最著名的国家是法国和德国，其中法国勃良地区所产的白葡萄酒清冽爽口、爽而不薄、富于气质，被誉为“葡萄酒之王”。

4. 红葡萄酒

红葡萄酒（如图 3-4 所示）是用紫葡萄连果皮和籽儿一起压榨取汁，经自然发酵酿制而成。红葡萄酒的发酵时间较长，果皮中的色素在发酵过程中融进酒里，使酒液呈红色。红葡萄酒一般储存 4~10 年味道正好，品位上分为强烈、浓郁和清淡三种。法国波尔多地区生产的红葡萄酒优雅甜润，被称为“葡萄酒之女王”。

图 3–3　雪利酒

图 3–4　红葡萄酒

5. 玫瑰葡萄酒

玫瑰葡萄酒在酿制过程中采用了一些特殊方法，一般酿制 2~3 年即可饮用。其酒液呈玫瑰红色，不甜而粗烈，可与任何种类的菜品配饮。

6. 香槟酒

香槟酒产于法国香槟地区，是葡萄汽酒最典型的代表，它拥有独特、细致的气泡，浓郁芬芳的果香和花香，是世界上最富魅力的葡萄酒，被称为葡萄酒酒中之王。香槟酒呈黄绿色，清亮透明，口味醇美、清爽、醇正、不冲头，果香大于酒香，给人以高尚的美感，酒度 11 度，可以在任何场合与任何食物配饮。

（三）中式宴席用茶

茶，是以茶树新梢上的芽叶嫩梢为原料加工制成的产品。全世界年产茶叶已超过 250 万吨，其中，90% 为全发酵红茶，8% 是不发酵的绿茶，余下的 2% 则是半发酵的乌龙茶。茶可直接沏作饮料，除解渴、清热之外，还具有提神、明目、醒酒、利尿、去油腻、助消化、降血脂、降血糖、防辐射等功效。中式宴席用茶详见表 3–3 中式宴席名茶。

表 3–3 中式宴席名茶

品名	产地	特色风味
龙井茶	浙江西湖	西湖龙井茶（如图 3–5 所示）是中国绿茶的代表，向来以“色翠、香郁、味醇、形美”四绝著称于世。龙井茶的采摘全靠人工，清明节前所采摘的茶叶品质最优，称为“明前茶”；清明后三四天所采摘的茶叶，称为“雀舌茶”；谷雨前采摘的芽叶则称为“雨前茶”
碧螺春	江苏太湖	“碧”是指碧绿清澈，“螺”是指像田螺的形状，“春”则是在春天采摘的茶叶。碧螺春茶色泽碧绿，外形紧细、卷曲，白毫多，香气浓郁，滋味醇和。其茶汤碧绿清澈，叶底细嫩明亮，饮时爽口，饮后有回甜感觉
毛峰茶	安徽黄山	黄山毛峰属绿茶中的珍品。其外形美观，状若雀舌，尖芽上布满着绒细的白毫，色泽油润光亮，绿中泛出微黄。其茶汤清澈微黄，香气持久，犹若兰蕙，醇厚爽口
云雾茶	江西庐山	庐山云雾茶是中国著名的绿茶之一。其成品外形条索紧结重实，饱满秀丽，色泽碧绿光滑，香气芬芳。将云雾茶冲泡后叶底嫩绿微黄、柔软舒展，汤色绿而透明，滋味爽快、浓醇甘鲜
祁门红茶	安徽祁门山区	祁门红茶是中国著名的红茶精品，简称“祁红”。本品条索紧细秀长，汤色红艳明亮，香气既酷似果香又带兰花香气，清鲜而持久。既适于纯饮，也可加入牛奶调饮
武夷岩茶	闽北武夷山	武夷岩茶是中国乌龙茶（如图3–6所示）之极品，宋、元时期被列为“贡品”。本品条形壮结、匀整，色泽绿褐鲜润，茶性和而不寒，久藏不坏，香久益清，味久益醇。泡饮时其茶汤呈深橙黄色，清澈艳丽；叶底软亮，叶缘朱红，叶心淡绿带黄；兼有红茶的甘醇、绿茶的清香，且香味浓郁，余韵犹存
铁观音	福建安溪	铁观音是中国乌龙茶之上品。本品条索紧结，外形头似蜻蜓，尾似蝌蚪，色泽乌润砂绿。泡于杯中呈“绿叶红镶边”的景象，有天然的兰花香，滋味醇浓，回味无穷
普洱茶	云南普洱	普洱茶本身是绿茶，经过后氧化、后发酵的方法制成。成品条索粗壮肥大，色泽乌润或褐红，滋味醇厚回甘，并具独特陈香。具有降低血脂、减肥、抑菌、助消化、暖胃、生津、止渴、醒酒、解毒等功效
君山银针	湖南洞庭湖	君山银针因茶芽外形像一根根银针而得名。本品全由芽头制成，茶芽头茁壮，长短大小均匀，茶芽内面呈金黄色，外层满布白毫且显露完整，色泽鲜亮，香气高爽。冲泡时根根银针直立向上，几番飞舞后团聚一起立于杯底，其汤色橙黄，滋味甘醇，虽久置而味不变
茉莉花茶	江苏苏州	苏州茉莉花茶，是中国茉莉花茶中的佳品。与同类花茶相比，苏州茉莉花茶属清香型，香气清芬鲜灵，茶味醇和含香，汤色黄绿澄明

茶的冲泡方法特别考究。冲泡一杯好茶，除要求茶本身的品质外，还要考虑冲泡茶所用水的水质、茶具的选用、茶的用量、冲泡水温及冲泡时间五个要素。

茶的配用更是一门艺术。中式宴席中茶的配置应尊重客人的风俗习惯。一般来说，华北多用花茶，东北多用甜茶（茶中添加白糖），西北多用盖碗茶，长江流域多选绿茶或青茶，闽台等地和侨胞多用乌龙茶，岭南一带多用红茶和药茶，少数民族地区多用混合茶。

图 3–5 龙井茶

图 3–6 乌龙茶

（四）宴席中其他饮品

1. 宴席中的果汁

果汁类饮料主要有天然果汁、稀释果汁、果肉果汁、浓缩果汁和蔬菜汁等类别。

天然果汁是指没有加水的 100% 的新鲜果汁。稀释果汁是指加水稀释过的新鲜果汁，这类果汁中加入了适量的糖水、柠檬酸、香精、色素、维生素等。果肉果汁是含有少量的细碎颗粒的新鲜果汁，如粒粒橙等。浓缩果汁在饮用前需要加水稀释，以橙汁和柠檬汁最为常见。蔬菜汁通常加入了水果汁和香料，如西红柿汁等。

2. 宴席中的碳酸饮料

碳酸饮料是指含碳酸气的饮料的总称，其风味物质的主要成分是二氧化碳，同时还包含碳酸盐、硫酸盐等。

碳酸饮料的种类较多：普通碳酸饮料不含人工合成香料，也不含任何天然香料，常见的有苏打水、矿泉水碳酸饮料等。果味型碳酸饮料添加了水果香精和香料，如柠檬汽水、干姜水等。果汁型碳酸饮料含有水果汁或蔬菜汁，如橘汁汽水。可乐型碳酸饮料含有可乐豆提取物和天然香料，如可口可乐和百事可乐。碳酸饮料冰镇后（一般为 4℃ ~8℃）口感最佳。

3. 宴席中的乳品饮料

乳品饮料是以牛奶为主要原料加工而成，常见品种有新鲜牛奶、乳饮、发酵乳饮等。乳品饮料含有丰富的蛋白质、卵磷脂、B 族维生素、钙质等多种营养成分，能有效预防骨质疏松症，对高血压、便秘等也有一定疗效。中式宴席中使用乳品饮料，主要适用于女宾、老年客人及儿童。

4. 宴席中的矿泉水

矿泉水来自地下循环的天然露天式或人工开发的深部循环的地下水，以含有一定量的矿物盐、微量元素或二氧化碳为特征，它有不含气矿泉水、含气矿泉水及人工矿泉水之分。矿泉水使用前应先冷却，温度达4℃左右时饮用效果最理想。

5. 宴席中的咖啡

咖啡是以含咖啡豆的提取物制成的饮料。其营养价值较高，具有消化、提神功能，适量饮用可以刺激肠胃蠕动，可以消除疲劳，舒展血管，并有利尿作用。

各种咖啡豆可单品饮用，亦可混合调配，通常用三种以上咖啡混拌，称为综合咖啡。或甘或酸，或香或醇，或苦或浓，风味各异。

二、宴席酒水设计原则及选用方法

酒水在宴席上占有举足轻重的地位，宴席自始至终都是在互相祝酒、劝酒中进行的。凡是公务庆典、商务合作以及民间交往等重要的社交活动大多需要宴请嘉宾，酒宴中没有酒水就表达不了诚意；没有酒水就显示不出隆重；没有酒水就缺乏宴饮气氛。所以，人们常说："设宴待嘉宾，无酒不成席。"

（一）酒水与宴席的搭配原则

1. 酒水的档次应与宴席的档次相一致

宴席用酒应与其规格档次相协调。高档宴席，宜选用高档次的酒品。例如，国宴用酒往往选用茅台酒，因为茅台酒被称为"国酒"，其身价与国宴相匹配。普通宴席则宜选用档次一般的酒品。例如，我国多数乡镇中的家常宴席通常用当地酿造的普通酒。

2. 酒水的产地应与宴席席面特色相一致

一般来讲，中式宴席往往选用中国酒，西式宴席往往选择葡萄酒，不同的席面在用酒上也注重与其地域相适应。例如，北京人的宴席常配二锅头酒，江苏人的宴席常配洋河酒，湖北人的宴席常配白云边酒，而浙江民间婚宴中则流行用"状元红"。

3. 宴席中要慎用高度酒

无论是中式宴席还是西式宴席，对于高度酒的选用一定要谨慎，因为使用高度白酒佐餐，酒精会对味蕾产生强烈的刺激性，会影响就餐者对美味佳肴的品尝。过量饮用高度白酒，极易引起酒精中毒，既伤身，又败兴。

当然，宴会用酒，首先应遵从客人的意愿，当客人的意愿与饮酒的原则不相符时，不能片面地强调原则，而应以客人的具体要求为准则。

（二）酒水与菜品的搭配原则

1. 酒水的配用应充分体现菜肴特色风味

宴席中的酒水以佐助为主，处于辅助地位。酒水应充分体现菜品的风味特色，而不能喧宾夺主，抢占菜肴的风头。所以，在口味上不应该比菜肴更浓烈或甜浓，在用量上以适量为宜。例如，我国南方人饮用黄酒就特别讲究：元红酒专配鸡、鸭菜肴，竹叶青酒专配鱼、虾菜肴，加饭酒专配冷菜，吃蟹时专饮黄酒而不饮白酒。西式宴席更是讲究“白酒配白肉，红酒配红肉”。

2. 酒水与菜肴的风味要对等协调

酒水与菜肴的搭配有一定的规律可循，特别是西式宴席，有上什么菜配什么酒的习惯。一般情况下，色味淡雅的酒应配颜色清淡、香气高雅、口味醇正的菜肴。例如，汾酒配冷菜，清爽合宜；干白葡萄酒配海鲜，醇鲜可口。色味浓郁的酒应配色调艳、香气馥郁、多味错杂的菜肴。例如，泸州老窖酒宜配鸡、鸭菜肴；红葡萄酒宜配牛肉菜式。咸鲜味的菜肴应配干酸型酒，甜香味的菜肴应配甜型酒，香辣味的菜肴应配浓香型酒。中国菜尽可能选用中国酒，西式菜尽可能选用西洋酒。

3. 酒水应尽量让客人满意，不能抑制人的食欲

有些酒水饮后会抑制人的食欲，如啤酒和烈酒；有些酒水饮后会抑制人体的消化功能，如部分药酒和配置酒。这类饮品在某些场合不适宜充当佐餐酒。

无论配用什么类别的酒水，让客人接受和满意是一项非常重要的原则。如果客人自行点要的酒品违反了上述原则，或者服务人员向客人推荐的饮品没有得到客人的认同，仍然应该尊重客人的意愿，按照客人的兴趣和爱好去操作。

（三）宴席酒水的选用方法

1. 西式宴席酒水的选用

西式宴席一般由开胃菜、汤、副盆、主菜（主盆）和甜点（含奶酪）五类菜品组成。受西方传统饮食文化与饮食习惯的影响，西餐各道菜肴与酒水的搭配有比较严格的规定。西餐用酒一般分为餐前用酒、佐餐用酒和餐后用酒三部分。

餐前用酒又称开胃酒，主要包括鸡尾酒、调和酒、啤酒、葡萄酒，常见的有鸡尾酒和其他一些混合饮料，如马天尼、曼哈顿等。餐间酒包括葡萄酒、啤酒等。餐后用酒主要有葡萄酒、香甜酒、白兰地、烈性甜酒及其他一些混合饮料。

香槟酒可以与任何角色的菜肴搭配，但以配主菜、吃点心或致祝酒词时用得较多。对于西餐非酒精饮料，宾客在餐前一般选用蒸馏水，佐餐、佐酒时用果汁，餐后则喜欢饮用茶或咖啡。

2. 中式宴席酒水的选用

中式宴席菜肴与酒品的搭配远没有西餐那样复杂，许多情况下，主人只提供

全场统一的数种性质不同的酒水供客人选择。中国人赴宴饮酒时大多不喜欢一餐饮用多样的酒，没有特殊的缘故一般不会在宴席中途换酒。

中式宴席酒水主要为餐前用饮料、餐中佐餐酒及餐后用饮料。其选用方法如下。

餐前用饮料一般是饮茶或软饮料，常以饮茶者居多。香港许多酒店或酒楼一般提供四种茶供客人选择，它们是普洱茶、花茶、铁观音茶和香片茶。至于软饮料，主要是可口可乐、百事可乐或雪碧之类的碳酸饮料。当然，也有客人点用果汁、蒸馏水或矿泉水的情形。大多数客人在选定一种软饮料之后，在整个用餐过程中不再更换。

餐中佐餐酒一般选用度数较高的白酒，少数时候使用啤酒和果酒。每类酒品一般提供1~2种供客人选择。但在大多情况下，客人都会听从主人的安排，而且每桌所选用的酒品相对统一。

中式宴席习惯在餐后饮用茶水。因为茶水具有止渴、解酒和帮助消化的功效。中式宴席较少喝餐后酒，如果朋友相聚酒兴未尽，则另当别论。

冷餐酒会由于菜肴与酒水由客人自取，酒水与菜肴的搭配随意性较大。

第二节　宴席餐具及其设计要求

宴席餐具，即宴饮活动中所用食具和饮具的总称。食具包括盛食器和取食器；饮具包括酒具、水具和茶具。明晰宴席餐具的类别、用途，掌握其设计原则及选用方法，有助于宴席设计制作及运营管理。

一、宴席中常见餐具

宴席中餐具有中式餐具与西式餐具之分；若按材质归类，又可分为陶器、漆器、青铜器、竹木器、玉石器、象牙器、金银器、合金器、玻璃器、塑料器、钢铁器及瓷器等。

（一）中式宴席中常见餐具

在中式餐具中，瓷器的使用最为普遍。瓷器是用高岭土、正长石和石英等原料制胚，外涂釉料，在1200℃高温的瓷窑中焙烧而成的。其特点是：成品吸水率低，质地坚硬，造型艳丽，花色品种众多。瓷质餐具的形状有盘、碟、盆、碗、杯、勺、壶、盅；釉色有白、青、黄、绿、蓝和红。此外，按花的浅满程度分，有边花瓷和满花瓷；按边形分，有平边、绳边与荷叶边；按边色分，有镀金边、镀银边、孔雀蓝边、电边（黄边）、蓝边和白口边等。我国著名的陶瓷器有宜兴紫砂陶器、宁国紫砂陶、荣昌工艺陶、景德镇瓷器、淄博瓷器、佛山瓷器、醴陵瓷器、唐山瓷器等。

饮食行业中习惯于将餐具的品名、形状与规格联系起来定名。中式宴席中常用的餐具大体如下：

1. 腰盘

腰盘，又称腰圆盘、鱼盘，外形呈椭圆，有深底和浅底、平圆边与荷叶边的区别。规格从6英寸到32英寸（10英寸以下，每隔1英寸一个档；10英寸以上，每隔2英寸一个档）。其用途是：7英寸以下多作单碟，9英寸左右可盛热炒或双拼、三镶，12英寸左右装全鱼、全鸭等大菜，14英寸左右拼装花色冷盘，20英寸以上的多装烤乳猪、烤全羊或作托盘。

2. 圆盘

圆盘分平盘和窝盘，圆边或荷叶边。平盘边浅底平，规格从5英寸到32英寸；窝盘边高底深，从5英寸到12英寸，共7种型号。平盘的用途是：5英寸作骨盘，7英寸以下用于围碟或独碟，8~9英寸用作热炒或双拼、三镶，10英寸以上作什锦拼盘、盛装烧烤大菜或盛放席点，16英寸左右作垫盘或拼装花色冷盘。窝盘主要盛装宽汤汁的烧、焖、扒、烩等菜；8英寸左右盛装散座菜，10英寸左右的盛装大菜。

3. 高脚盘

高脚盘底平口直，有脚，圆边或荷叶边，2.7英寸的多作味碟，3~4英寸多装蜜脯，8~12英寸盛装干果、鲜果、点心或水饺之类的食品。

4. 长方盘

长方盘形状方长，四角圆弧而腹深。宜于盛装扒菜和造型菜，也可充当冷碟。

5. 碗

碗按形状分，包括庆口碗（碗形似喇叭）、直口碗（碗壁趋似桶形）和罗汉碗（碗肚鼓似罗汉）。按用途分，又有汤碗、菜碗、饭碗和口汤碗之别。汤碗口径多在23厘米以上，盛装二汤或果羹。菜碗又称“面碗”，口径18~20厘米，装宽汤汁的菜肴或面食小吃。饭碗口径为11~15厘米，主要盛饭、粥，或做扣碗。口汤碗口径为5~9厘米，可装作料，代替接食盘，因盛汤后可一口喝完而得名。

6. 品锅

品锅其形似盆，但有耳有盖，边壁比碗厚实，分4种型号。一号品锅口径25厘米，二号品锅口径23厘米，三号品锅口径21厘米，四号品锅口径19厘米。品锅一般用来盛装座汤，保温性能好，多用于春冬两季宴席中。

7. 火锅

火锅又称暖锅、涮锅，是炊具与食具合一的餐具，质地有铜、铝、陶、不锈钢、搪瓷等，常以石蜡、酒精、液化气、煤油、板炭或电能作燃料。有5种型号，大型的有特号和一号，中型的有二号和三号，小型的为四号。合餐制宴席多用大型或中型火锅，分餐制多用小型火锅。有的火锅有隔挡，名曰“鸳鸯火锅”“四喜火锅”。火锅多用于春冬两季，有的是烹好菜肴后转入火锅保温加热食用，有的是用生料或半成品边涮边食。

8. 砂锅

砂锅又称砂钵、炖钵，陶制，分五种型号。4号为小型，3号和2号为中型，1号和特号为大型。有的中有隔挡，可焖炖不同的菜肴，如砂锅鱼头、砂锅什锦等，主要用于冬、春两季，边炖边食，原汁原味。

9. 汽锅

汽锅似砂锅，带盖，中有隆起的孔管。烹制菜肴时，另备一锅煎熬中草药配料，将汽锅盛装全鸡、全鸭、全鳖、全鸽之类，放在药锅中炖熟，药味通过孔管沁入菜中。此类菜肴（如黄芪汽锅鸡）既有药香，又有菜香，滋补性强。

10. 煲仔锅

煲仔锅是一种与砂锅相同但比砂锅浅的炊具，主要用于烩、烧等带有较多汤汁的菜肴如牛腩芋头煲、乌鸡煲等，菜肴上桌后还能保持滚沸的状态，起到了很好的保温作用。

11. 铁板

铁板是一种由生铁铸成的椭圆形的盘子，常与定制的木托配套。使用前先将铁板烧至滚烫，然后垫上洋葱丝，再铺上烹制的菜肴如牛柳、海鲜等，上席后浇上兑好的卤汁，热气蒸腾，嗞嗞作响，能产生浓烈香气，增添宴席的欢乐气氛。

12. 小件餐具

小件餐具指为每位客人单独配置的餐具。它通常是数件组合，展示不同的规格。四件（筷子、托碟、调匙、白酒杯）一组称“四件头”，多见于低档宴席；七件（四件之外再加饮料杯、接食盘、口汤杯）一组称“七件头”，多用于中档宴席；高级宴席则用“八至十一件头”（另加红酒杯、筷架、匙架、味碟、味匙等）。

中式宴席中，最常用的小件餐具有如下6种：

（1）筷子，即夹食器，包括银筷、象牙筷、红木筷、乌木筷、漆筷、竹筷和木筷等，有方头和圆头、尖筷和平筷之分。

（2）托碟，又名搁碟，似平盘，边高，圆边或荷叶边，有2.7英寸、3英寸、4英寸数种规格，陈列作料，搁放汤匙。

（3）汤匙，又名汤勺，长8~14厘米，主要用作取食汤羹菜。

（4）酒杯，又名酒盅，高脚或矮脚，包括瓷杯、玻璃杯、玉杯、金杯、银杯、铜杯、木杯或竹杯等。其中，容量小的盛白酒，称作白酒杯；容量稍大的盛黄酒、果酒或药酒，称作色酒杯（或红绿酒杯）；容量最大的盛啤酒、矿泉水、可乐或果汁，称作啤酒杯（或水杯、饮料杯）。

（5）口汤杯，形似小饭碗，口径5~9厘米，主要用来分食汤汁或装作料。

（6）接食盘，又名卫生盘或骨碟，平底，圆形，口径在5~7英寸之间，陈放骨刺或食渣，承接剩物、杂物或汤汁。

除了常用的瓷质餐具、不锈钢餐具外，中式宴席中还有不少材质、形制和装饰用途比较特异的餐具，如竹质餐具（湖南竹筒菜、武汉小笼菜）、陶质餐具（广东煲仔菜、湖北瓦罐菜）、漆质餐具（福州脱胎漆器、荆州仿汉漆器）、骨牙餐具（北京牙雕、内蒙古骨器）、玉石餐具（抚顺琥珀杯、酒泉夜光杯）、金银餐具（广州金银器、北京金银器）等。它们凭借天生的丽质，通过借形传神的独特设计和巧夺天工的精细打磨，将无限情趣寓于质朴无华的本色之中，具有很浓的民族文化色彩和很高的艺术收藏价值。

（二）西式宴席中常见餐具

西式宴席对于什么类别的菜要装什么盘，都有严格的规定。西式餐具中瓷质餐具的特性与中式餐具相似，其品种主要有如下几种：

1. 小盘

小盘的规格为8~12英寸，传统为8英寸，现代也有用10英寸的，主要用于冷盘、盛热开胃菜、副菜、甜品、水果等。

2. 汤盘

汤盘的规格与形状有三种。第一种是凹盘类，规格为8英寸，有带边与无边两种；第二种是汤碗类，规格为6英寸，分有耳与无耳两类；第三种是杯类，主要用于盛装鸡茶、牛茶等。

3. 大盘

大盘是圆的平盘，规格为10~12英寸，传统为10英寸，现代也有用12英寸的，主要用于盛装主菜。

4. 其他餐具

其他餐具是为烹制有特色的副菜所使用的，有长腰形烤斗，用于焗鱼、焗虾等；长腰形带盖的陶瓷盅，主要用于烩制野味类菜肴；带小凹圆的圆形盘（蜗牛盘），有瓷器与不锈钢两种，主要用于烙蜗牛、烙蛤蜊。

5. 咖啡杯、底盘

咖啡杯、底盘是配套使用的，咖啡杯分大号、中号和小号，按不同的用餐时间来选用。

6. 面包盘

面包盘规格为6~7英寸，传统为6英寸，现代也有用7英寸的，主要用于宴会中盛面包。

二、宴席餐具配用原则及实务

（一）宴席餐具配用原则

宴席中餐具的配用，因酒店经营风格、经营理念的不同而有所差异，但通常情况下，都应遵守如下法则：

1. 餐具类别要根据菜点属性来决定

不同菜式应配用不同的餐具，如烤、炸菜用盘、碟；汤、羹菜用钵、碗；烧、烩菜用窝盘；爆、炒菜用平盘。如果不按规则使用，会影响菜点的盛装和美观，也给服务和进餐造成种种不便。

2. 餐具形状要与菜点造型相称

中餐菜式历来重视形态美，有的圆润饱满，有的丝条均匀，有的保持飞潜动植物的自然形态，有的被加工成各种几何图案。餐具除了盛放食品，还须映衬食品，因此，应当“因形选器”，使绿叶烘托红花。例如，球面状的菜多配圆盘，全鱼和整禽多用条盘，水饺多用高脚盘，瓜果切雕多用龙舟木盘，便是这个道理。

3. 餐具大小应与菜点分量适应

量多的须配大餐具，量小的须配小餐具，装菜不可过满，装汤不能超过“汤线”，其容量宜占容积的75%~85%，一则好看，二是便于运送端放。装鱼或其他整件菜时，要前不露头，后不露尾，留有适当空间，使视觉舒畅。

4. 餐具色彩须与菜点色彩相辉映

盛器的色调与菜肴的色调可以是“顺色”（两者比较接近），也可以是“错色”（两者调开进行对比）。前者较少，后者较多，如白底餐具可装红、绿等深色菜；青花或红花餐具可装白、黄等浅色菜。目的是在盛器色彩反衬下使菜品更为艳丽爽目。

5. 餐具质理要与菜点档次吻合

高档酒席和名贵菜肴要用高级餐具，必要时可带银托、金托、红木座或髹漆合，以示珍贵；普通酒席和低档菜肴应配一般餐具，使其名实相符。不论何等质量的餐具，都要清洗干净，不可有破损（包括缺口和裂纹），不可有污斑。

6. 小件餐具的数量要依据宴席规格和进餐需要确定

普通酒席宜配4~5件，中档酒席宜配6~7件，高档酒席宜配8~11件。这既可显示接待等级，又可体现接待礼仪。

（二）宴席餐具配用实务

1. 中式宴席餐具配用实务

（1）冷碟的配用。彩碟多用 14~18 英寸的平盘；围碟用 4~8 只 6 英寸的腰盘；独碟多用 4~6 只 7 英寸的平盘；双拼冷碟多用 4~6 只 8 英寸的腰盘；三镶冷碟多用 4~6 只 9 英寸的腰盘；什锦拼盘多用 10~12 英寸的平盘。

（2）热菜的配用。热炒多用 2~6 只 8~9 英寸的腰盘；大菜多用 5~9 只 10~16 英寸的腰盘、汤盘、方形盘；汤羹多用中汤碗（装甜汤）和大汤碗（装座汤）；炖盆多用 1~3 号炖盆。

（3）点心水果的配用。干点多用 8~10 英寸的平盘；水点多用小汤碗或中汤碗；蜜脯多用 3~4 英寸的高脚盘；水果多用 8 英寸的平盘或高脚盘；炒花饭多用 10 英寸的窝盘；面条多用大号汤钵。

2. 西式宴席餐具配用实务

西式宴席的餐具配用特别讲究，吃每一样菜点都要选用特定的餐具，不能替代或混用。

（1）龙虾类菜配热盆、鱼叉、鱼刀、鱼虾叉、龙虾签、白脱盆、白脱刀和净手盅。

（2）咸鱼子类菜配冷盆、鱼叉、鱼刀、茶匙、白脱盆和白脱刀。

（3）牡蛎类菜配冷盆、牡蛎叉、白脱盆、白脱刀和净手盅。

（4）蜗牛类菜配热菜盆、蜗牛叉、蜗牛夹、白脱盆、白脱刀和净手盆。

（5）水果类菜配甜点盆、水果叉、水果刀、剪刀、盛冰水的透明碗、香槟酒杯和净手盅。

思考与练习

1. 宴席中常见的酒水可分为哪些类型？
2. 中国白酒、中国茶的著名品种分别有哪些？
3. 酒水与宴席的搭配应遵守哪些原则？
4. 中式宴席酒水有哪些配用方法？
5. 中式宴席中常用的餐具有哪些品类？
6. 宴席餐具的配用应遵守哪些原则？

第4章

宴席菜单设计

宴席设计的指导思想和宴席生产运营的具体要求，需要用文字记录下来，以便遵循，这就是编制宴席菜单。从事宴席菜单设计，应持严谨态度，只有掌握宴席的结构和要求，遵循宴席菜单设计原则，采用正确的编制方法，合理选配每道菜点，才能使编制出的宴席菜单完善合理，更具使用价值。

第一节　宴席菜单设计基础

宴席菜单，即宴席菜谱，是指按照宴席的结构和要求，将酒水冷碟、热炒大菜、饭点蜜果等食品按一定比例和程序编成的菜点清单。

一份设计精美的宴席菜单，既可以烘托宴饮气氛，反映餐厅风格，体现宴席规格，展示餐饮特色；又能作为采购原料、制作菜点、接待服务的重要依据，充当宴席生产运营的“示意图”和“施工图”。因此，宴席菜单是设计者心血和智慧的结晶，更是餐饮企业技术水平和管理水平的标志。

一、宴席菜单的种类

宴席菜单按其设计性质与应用特点分类，有固定式宴席菜单、专供性宴席菜单和点菜式宴席菜单三类。按菜品排列形式分类，主要有提纲式宴席菜单、表格式宴席菜单。除上述两种体系外，还可按餐饮风格分类，如中式宴席菜单、西式宴席菜单、中西合璧式宴席菜单；按宴饮形式分类，如正式宴席菜单、冷餐酒会菜单、便宴菜单等。

（一）按设计性质与应用特点分类

1. 固定式宴席菜单

固定式宴席菜单是餐饮企业设计人员预先设计的列有不同价格档次和固定组合菜式的系列宴席菜单。这类菜单的特点：一是价格档次分明，由低到高，基本上涵括了整个餐饮企业经营宴席的范围；二是各个类别的宴席菜品已按既定的格式排好，其菜品排列和销售价格基本固定；三是同一档次同一类别的宴席同时列有几份不同菜品组合的菜单，如套装婚宴菜单、套装寿宴菜单、套装商务宴菜单、套装欢庆宴菜单等，以供顾客挑选。例如，2880 元 / 桌的庆功宴菜单，可同时提供 A 单与 B 单，A 单与 B 单上的菜品，其基本结构是相同的，只是在少数菜品上做出了调整。

例：北京某会议中心 2880 元套宴菜单：

套宴菜单 A	套宴菜单 B
鸿运八品碟	鸿运八品碟
蚝皇鲜鮰鱼肚	鸽蛋扒海参
白灼基围虾	虾仁蟹黄斗
清蒸大闸蟹	椰汁局肉蟹
佛珠烧活鳗	清蒸活鳜鱼
冬瓜煲肉排	桂林纸包鸡
蜜瓜海鲜船	一口酥鸭丝
蟹柳扒瓜脯	玉兰花枝球
鲍汁百灵菇	德式咸猪手
玉树麒麟鸡	竹荪扒菜胆
浓汤大白菜	上汤浸时蔬
发财牛肉羹	发财鱼肚羹
美点映双辉	美点映双辉
时令水果拼	时令水果拼

固定式宴席菜单主要是以宴饮主题和宴席档次作为划分依据，它根据市场行情，结合本企业的经营特色，提前将宴席菜单设计装帧出来，供顾客选用。由于固定式宴席菜单在设计时针对的是目标顾客的一般性需要，因而对有特殊需要的顾客而言，其最大不足是针对性不强。

2. 专供性宴席菜单

专供性宴席菜单是餐饮企业设计人员根据顾客的要求和消费标准，结合本企业资源情况专门设计的菜单。这种类型的菜单设计，由于顾客的需求十分清楚，有明确的目标，有充裕的设计时间，因而针对性很强，特色展示很充分。目前，餐饮企业所经营的宴席，其菜单以专供性菜单较为常见。例如：2009 年 5 月，宴席举办方在武汉湖锦酒店预订 5 桌规格为 18 800 元 / 桌的迎宾宴，要求尽量展示酒店的特色风味，在雅厅包间开席。经协商现场确定了金汤鮰鱼肚、富贵烤乳猪、椒盐大王蛇、木瓜炖雪蛤 4 款特色名贵菜肴，其席单如下。

武汉湖锦酒店迎宾宴席单

一彩碟	白云黄鹤喜迎宾	
六围碟	手撕腊鳜鱼	美极酱牛肉
	老醋泡蜇头	姜汁黑木耳
	红油拌白肉	青瓜蘸酱汁
二热炒	XO酱爆油螺	水晶炒虾仁
八大菜	金汤鮰鱼肚（位）	富贵烤乳猪
	香杧龙虾仔	焖原汁鳄鱼
	清蒸左口鱼	鸡汁烩菜心
	椒盐大王蛇	琥珀银杏果
二汤羹	木瓜炖雪蛤（位）	松茸土鸡汤
四美点	精工菊花酥	迷你雪媚娘
	秘制腊肠卷	南国粉果饺
一果拼	什锦水果拼（位）	

3. 点菜式宴席菜单

点菜式宴席菜单是指顾客根据自己的饮食喜好，在饭店提供的点菜单或原料中自主选择菜品，组成一套宴席菜品的菜单。许多餐饮企业把宴席菜单的设计权利交给顾客，酒店提供通用的点菜菜单，任顾客自由选择菜品，或在酒店提供的原料中由顾客自己确定烹调方法、菜肴味型、组合成宴席套菜，酒店设计人员或接待人员只在一旁做情况说明，提供建议，协助其制定宴席菜单。还有一种做法是，酒店将同一档次的两套或三套菜单中的菜品按大类合并在一起，让顾客从其中的菜品里任选其一，组合成宴席套菜。让顾客在一个更大的范围内自主点菜、自主设计成的宴席菜单，在某种意义上说，具有适合性。

例如：小型宴请潇湘风味宴席菜单：

精致三冷拼
柴把鳜鱼卷
孜然炮羊肉
家乡东安鸡
外婆红烧肉
冰糖炖湘莲
清蒸加州鲈
一品娃娃菜
潇湘五元龟

香煎玉米饼
时令水果拼

（二）按菜品排列格式分类

1. 提纲式宴席菜单

提纲式宴席菜单，又称简式席单。这种宴席菜单须根据宴席规格和客人要求，按照上菜顺序依次列出各种菜肴的类别和名称，清晰醒目地分行整齐排列；至于所要购进的原料以及其他说明，则往往有一附表作为补充。这种宴席菜单好似生产任务通知书，常常要开多份，以便各部门按指令执行。目前，餐饮企业所用的宴席菜单多属于这种简式菜单。

例如，岭南风味迎送宴菜单：

南海晨航景
八珍烩海参
上汤焗花雀
四式片皮鸭
碧绿三拼鲈
蒜子瑶柱脯
凤果野鸡腿
五彩山瑞丝
脆炸酿蟹钳
冰糖哈士蟆
广式四美点
应时鲜果拼

2. 表格式宴席菜单

表格式宴席菜单，又称繁式席单。这种宴席菜单既按上菜顺序分门别类地列出所有菜名，同时又在每一菜名的后面列出主要原料、主要烹法、成菜特色、配套餐具，还有成本或售价等。这种宴席菜单的设计程序虽然特别烦琐，但其宴席结构剖析得明明白白，如同一张详备的施工图纸。厨师一看，清楚如何下料，如何烹制，如何排菜；服务人员一看，知晓酒宴的具体进程，能在许多环节上提前做好准备。

表 4-1 巴蜀风味鱼肚席设计表

格式	类别	菜品名称	配食	主料	烹法	口味	色泽	造型
冷菜	彩盘	熊猫嬉竹		鸡鱼	拼摆	咸甜	彩色	工艺造型
	单碟	灯影牛肉		牛肉	腌烘	麻辣	红亮	片形
		红油鸡片		鸡肉	煮拌	微辣	白红	片形
		葱油鱼条		鱼肉	炸烤	鲜香	棕红	条状
		椒麻肚丝		猪肚	煮拌	麻香	白青	丝状
		糖醋菜卷		莲白	腌拌	甜酸	白绿	卷状
		鱼香凤尾		笋尖	焯拌	清鲜	绿色	条状
正菜	头菜	红扒鱼肚		鲴鱼肚	红扒	鲜醇	红亮	工艺造型
	热荤	叉烧酥方	双麻酥	猪肉	烤	香酥	金黄	方形
	二汤	推纱望月	龙珠饺 火腿油花	竹荪、 鸽蛋	汆	清鲜	棕白 相间	工艺造型
	热荤	干烧岩鲤		岩鲤	干烧	醇鲜	红亮	整形
	热荤	鲜熘鸡丝		鸡肉	熘	鲜嫩	玉白	丝状
	素菜	奶汤菜头		白菜头	煮烩	清鲜	白绿	条状
	甜菜	冰汁银耳	风尾酥 燕窝粑	银耳	蒸	纯甜	玉白	朵状
	座汤	虫草蒸鸭	银丝卷 金丝面	虫草、 鸭子	蒸	醇鲜	橘黄	整形
饭菜	饭菜	素炒豆尖		豌豆尖	炝	清香	青绿	丝状
		鱼香紫菜		油菜头	炒	微辣	紫红	条状
		跳水豆芽		绿豆芽	泡	脆嫩	玉白	针状
		胭脂萝卜		红萝卜	泡	脆嫩	白红	块状
水果	两种	江津广柑、茂汶苹果						

二、宴席菜单设计原则

宴席菜单设计绝非随意编排，随机组合，它应贯彻一定的指导思想，遵循相应的设计原则。

（一）宴席菜单设计的指导思想

设计宴席菜单，其总的指导思想是：科学合理，整体协调，丰俭适度，确保盈利。

1. 科学合理

科学合理是指在设计宴席菜单时，既要充分考虑顾客饮食习惯和品味习惯的合理性，又要考虑到宴席膳食组合的科学性。调配宴席膳食，不能将山珍海味、珍禽异兽、大鱼大肉等进行简单堆叠，更不能为了炫富摆阔而暴殄天物，而应注重宴席菜品间的相互组合，使之真正成为平衡膳食。

2. 整体协调

整体协调是指在设计宴席菜单时，既要考虑到菜品本身色、质、味、形的相互联系与相互作用，又要考虑到整桌宴席中菜品之间的相互联系与相互作用，更要考虑到菜品应与顾客不同层次的需求相适应，强调整体协调的指导思想，意在防止顾此失彼或只见树木，不见森林等设计现象的发生。

3. 丰俭适度

丰俭适度是指在设计宴席菜单时，要正确引导宴席消费，遵循“按质论价，优质优价”的配膳原则，力争做到质价平衡。菜品数量丰足时，不能造成浪费；菜品数量偏少时，要保证客人吃饱吃好。丰俭适度，有利倡导文明健康的宴席消费观念和消费行为。

4. 确保盈利

确保盈利是指餐饮企业要把自己的盈利目标自始至终贯穿到宴席菜单设计中去。既让顾客的需要从菜单中得到满足，权益得到保护，又要通过合理有效手段使菜单为本企业带来应有的盈利。

（二）宴席菜单设计的基本原则

从事宴席菜单设计，既要贯彻上述指导思想，还需遵循以下基本原则。

1. 按需配菜，迎合宾主嗜好

这里的“需”指市场需求。“按需配菜”指菜单设计者结合目标市场的特点和需求，根据主体就餐者的民族、地域、年龄结构、性别比例、职业特点、文化程度、收入水平、风俗习惯、饮食嗜好和禁忌等合理选配宴席菜点。只有在详细调查了解和深入分析目标市场的基础上，才能有目的地规划和调整宴席菜单，从而设计出为宾客所乐于接受的菜单内容。

编制宴席菜单时，一旦涉及外宾，首先应了解的便是国籍。国籍不同，口味嗜好会有差异。譬如日本人喜清淡、嗜生鲜、忌油腻、爱鲜甜；意大利人要求醇浓、香鲜、原汁、微辣、断生并且硬韧。无论是接待外宾还是内宾，都要十分注意就餐者的民族和宗教信仰。例如，信奉伊斯兰教的禁血生，禁外荤；信奉喇嘛教的禁鱼虾，不吃糖醋菜。凡此种种，都要了如指掌，相应处置。至于汉民，自古就有“南甜北咸、东淡西浓”的口味偏好；即使生活在同一地方，假若职业、体质不同，其饮食习惯也有差异。如体力劳动者爱肥浓，脑力劳动者喜清淡，老年人喜欢软糯，年轻人喜欢酥脆，孕妇想吃酸菜，病人爱喝清粥等，能照顾时都要照顾。此外，当地传统风味菜点以及宾主指定的菜肴，更应注意编排。对于订席人提出的要求，如想上哪些菜，不愿上哪些菜，上多少菜，调什么味，何时开席，在哪个餐厅就餐，只要是在条件允许的范围内，都应当尽量满足。

2. 据实配菜，参考制约因素

这里的“实”指宴席生产经营的实际条件。“据实配菜”指菜单设计者应结合宴席生产经营实情，充分考虑自身的生产能力，灵活选配宴席菜点。

编制宴席菜单，一要充分掌握各种原料的供应情况，因料施艺。食品原料的供应往往受到市场供求关系、采购和运输条件、季节、餐厅的地理位置等诸多因素的影响。凡列入宴席菜单的菜式品种，必须无条件地保证供应。凡原料不齐的菜点尽量不配，积存的原料则优先选用。二要考虑设备条件。厨房及餐厅的设备设施条件在很大程度上影响着宴席菜式的种类和规格。如餐室的大小要能承担接待的任务，设备设施要能胜任菜点的制作，炊饮器具要能满足开席的要求。设备设施不能满足的各式菜点，即使再美妙，也不能贸然排入菜单之中。三要考虑自身的技术力量。单设计者不能光凭主观愿望去决定菜单内容，只有充分了解员工的技术水平，扬长避短，才能确保宴席菜品的品质。员工水平有限时，不要冒险承制高级酒宴；厨师不足时，不可一次操办过多的酒宴；特别是对待奇异而又陌生的菜肴，更不可抱侥幸心理。设计者纸上谈兵，值厨者必定临场误事。四要考虑宴席的类别和规模。类别不同，配置菜点也需变化。例如寿宴可用“蟠桃献寿”，如果移之于丧宴，就极不妥当；一般宴席可上梨子，倘若用之于婚宴，就大煞风景。再如操办桌次较多的大型宴会，忌讳菜式的冗繁，更不可多配工艺造型菜，只有选择易于成形的原料，安排便于烹制的菜肴，才能保证按时开席。

3. 随价配菜，讲求经济实惠

这里的“价”，指宴席的售价。随价配菜即是按照“质价相称”“优质优价”的原则，合理选配宴席菜点。

一般来说，高档宴席，料贵质精；普通酒宴，料贱质粗。如果聚餐宾客较少，出价又高，则应多选精料好料，巧变花样，推出工艺复杂的高档菜；如果聚餐宾客较多，出价又低，则应安排普通原料，上大众化菜品，保证每人吃饱吃好。总之，售价是排菜的依据，既要保证餐馆的合理收入，又不使顾客吃亏。

编制宴席菜单时，要充分考虑食品原料成本及菜品赢利能力。为了降低办宴成本、增强宴饮效果，宴席菜单设计者不能崇尚虚华、唯名是崇，也不能贪多求大，造成浪费。所以，原料的进购、菜肴的搭配、菜品的制作、接待服务、营销管理等都应从节约的角度出发，力争以最小的成本，获取最佳的效果。

为合理控制宴席成本，确立宴席菜品时，有多种调配方法可供选用：一是丰富宴席食物原料品种，适当增加素料的比例；二是以名特菜品为主，乡土菜品为辅；三是多用造价低廉又能烘托席面的高利润菜品；四是适当安排技法奇特或造型艳美的菜点；五是巧用粗料，精细烹调；六是合理安排边角余料，物尽其用。这既节省成本，美化席面，又能给人丰盛之感。

4. 应时配菜，突出名特物产

这里的“时”指季节、时令。“应时配菜”指设计宴席菜单要符合节令的要求。像原料的选用、口味的调配、质地的确定、色泽的变化、冷热干稀的安排之类，都须视气候不同而有差异。

首先，要注意选择应时当令的原料。原料都有生长期、成熟期和衰老期，只有成熟期上市的原料，方才滋汁鲜美，质地适口，带有自然的鲜香，最宜烹调。譬如鱼类的食用佳期，鲫、鲤、鲢、鳜是 2~4 月，鲥鱼是端午前后，鳝鱼是小暑节气前后，甲鱼是 6~7 月，草鱼、鲇鱼和大马哈鱼是 9~10 月，乌鱼则为冬季。其次，要按照节令变换调配口味。“春多酸、夏多苦、秋多辣、冬多咸，调以滑甘”；夏秋偏重清淡，冬春趋向醇浓。与此相关联，冬春宴席习饮白酒，应多用烧菜、扒菜和火锅，突出咸、酸，调味浓厚；夏秋宴席习饮啤酒，应多用炒菜、烩菜和凉菜，偏重鲜香，调味清淡。最后，注意菜肴滋汁、色泽和质地的变化。夏秋气温高，应是汁稀、色淡、质脆的菜肴居多；春冬气温低，要以汁浓、色深、质烂的菜肴为主。

5. 营养配餐，席面贵在变化

饮食是人类赖以生存的重要物质。人们赴宴，除了获得口感上、精神上的享受之外，主要还是借助筵席补充营养，调节人体机能。宴席是一系列菜品的组合，完全有条件构成一组平衡的膳食。宴席营养配餐，即配置宴席菜肴时，要从宏观上考虑整桌菜点的营养是否合理，而不能单纯累计所用原料营养素的含量；还应考虑全套食品是否利于消化，是否便于吸收，以及原料之间的互补效应和抑制作用如何，以确保人们从宴席中获得的营养物质与维持正常生理活动所需要的物质，在量和质上基本一致。

在理想的膳食中，脂肪含量应占 17%~25%，碳水化合物的含量应占 60%~70%，蛋白质的含量应占 12%~14%；成人每日摄取的总热量应在 2200~2800 千卡之间。与此同时，合理的膳食还要提供相应的矿物质、丰富的维生素和适量的植物纤维。当今世界时兴“彩色营养学”，要求食品种类齐全，营养比例适当，提倡“两高三低”（高蛋白、高维生素、低热量、低脂肪、低盐）。而我国传统的宴席往往片面追求重油大荤，忽视素料的使用；过分讲究造型，忽视营养素的保护利用。所以，现今选择宴席菜点，应适当增加植物性原料，使之保持在 1/3 左右。此外，在保证宴席风味特色的前提下，还须控制用盐量，清鲜为主，突出原料本味，以维护人体健康。

在注重宴席营养的同时，不可忽视菜品之间的相互协调。宴席既然是菜品的组合艺术，理所当然要讲究席面的多变性。要使席面丰富多彩，赏心悦目，在菜与菜的配合上，务必注意冷热、荤素、咸甜、浓淡、酥软、干稀的调和。具体地说，要重视原料的调配、刀口的错落、色泽的变换、技法的区别、味型的层次、质地的差异、餐具的组合和品种的衔接。其中，口味和质地最为重要，应在确保口味和质地的前提下，再考虑其他因素。

三、宴席菜单设计方法

宴席菜单设计，虽无统一的方法与程式，但有菜单设计前期调查研究、宴席菜品选用与排列和菜单设计后期检查完善三个环节，现分述如下。

（一）菜单设计前期调查研究

根据菜单设计相关原则，在着手进行宴席菜单设计之前，首先必须做好与宴席相关的各方面调查研究工作，以保证菜单设计的可行性、有针对性和高质量。调查研究主要是了解和掌握与宴请活动有关的情况。调查越具体，了解情况越详尽，设计就越心中有底，越能与顾客要求相吻合。

1. 调查的主要内容

（1）宴席的目的和性质、宴席主题或正式名称、主办人或主办单位。

（2）宴席的用餐标准。

（3）出席宴席的人数或宴席的桌数。

（4）宴席的日期及宴席开餐时间。

（5）宴席的类型，即中式宴席、西式宴席或中西合璧式宴席等。如是中式宴席，属婚庆宴、寿庆宴、节日宴、团聚宴、迎送宴、祝捷宴、商务宴、公务宴等哪种类型。

（6）宴席的就餐形式，是设座式还是站立式；是分食制、共食制或是自助式。

（7）出席宴席宾客尤其是主宾对宴席菜品的要求，他们的职业、年龄、生活地域、风俗习惯、生活特点、饮食喜好与忌讳等。

（8）对于高规格的宴席或者是大型宴席，除了解以上几个方面的情况外，还要掌握更详尽的宴席信息，特别是订席人的特殊要求。

2. 分析研究

在充分调查的基础上，对获得的信息材料加以分析研究。首先，对有条件或通过努力能办到的，要给予明确的答复，让顾客满意；对实在无法办到的要向顾客做解释，使他们的要求和酒店的现实可能性相互协调起来。其次，要将与宴席菜单设计直接相关的材料和其他方面的材料分开来处理。最后，要分辨宴席菜单设计有关信息的主次、轻重关系，把握住缓办与急办的需要关系。例如有的宴席预订的时间早，菜单设计有充裕的时间，可以做好多种准备，而有的宴席预订留出的时间只有几小时，甚至是现场设计，菜单设计的时间仓促，必须根据当时的条件和可能，以相对满足为前提设计宴席菜单。

总之，分析研究的过程是协调酒店与顾客关系的过程，是为下一步有效地进行宴席菜单设计，明确设计目标、设计思想、设计原则和掌握设计依据的过程。

（二）宴席菜品选用与排列

宴席菜品选用与排列，通常有确定菜单设计核心目标、确定宴席菜品构成模式、选择宴席菜品、合理排列宴席菜品及编排菜单样式等五个步骤，少数宴席菜单还要另列“附加说明”。

1. 确定菜单设计的核心目标

目标是宴席菜单设计所期望实现的状态。宴席菜单的目标状态，是由一系列的指标来描述的，它们反映了宴席的整体状态。宴席的核心目标是由宴席的规格、宴席的主题及宴席的风味特色共同构成的。例如，扬州某酒店承接了每席定价为 6600 元的婚庆喜宴 20 桌的预订。这里婚庆喜宴即宴席主题，它对宴席菜单设计乃至整个宴饮活动都很重要。这里每席 6600 元的定价即宴席规格，它是设计宴席菜单的关键性影响因素，与宴席菜品成本和利润直接连接在一起，涉及每一道菜品的安排，也涉及顾客对这一价格水平的宴席菜品的期望。宴席的风味特征是宴席菜单设计所要体现的总的倾向性特征，因而也涉及每道菜及其相互联系的问题。这里所选的菜品要能突出淮扬风味，它是宴席菜单设计特别看重的问题之一，顾客对此尤为关注。

设计宴席菜单，首先必须明确宴席的核心目标，待核心目标确定后，再逐一实现其他目标。

2. 确定宴席菜品的构成模式

宴席菜品的构成模式即筵席宴会格局。现代中式宴席的结构主要由酒水冷菜、热炒大菜和饭点蜜果三大部分构成。虽然各地的排菜格局不尽相同，但同一场次的宴席绝大多数是根据当地的习俗选用一种排菜格局。

确定宴席的排菜格局，必须根据宴席类型、就餐形式、宴席成本及规划菜品的数目，细分出每类菜品的成本及其具体数目。在此基础上，根据宴席的主题及风味特色定出一些关键性菜品，如彩碟、头菜、座汤、首点等，再按主次、从属关系确定其他菜品，形成宴席菜单的基本架构。

为了防止宴席成本分配不合理，出现“头重脚轻”“喧宾夺主”“满员超编”“尾大不掉”等比例失调的情况，在选配宴席菜点前，先可按照宴席的规格，合理分配整桌宴席的成本，使之分别用于冷菜、热菜和饭点蜜果。通常情况下，这三组食品的成本比例大致为：10%~20%、60%~80%、10%~20%。例如一桌成本为 1500 元的中档酒席，这三组食品的成本分别为：冷碟约 220 元，热菜约 1100 元，饭点茶果约 180 元。在每组食品中，又须根据宴席的要求，确定所用菜点的数量，然后，将该组食品的成本再分配到每个具体品种中去；每个品种有了大致的成本就便于决定使用什么质量的菜品及其用料了。尽管每组食品中各道菜点的成本不可能平均分配，有些甚至悬殊，但大多数菜点能够以此作为参照的凭据。又如上述宴席，如果按要求安排四双拼，则每道双拼冷盘的成本应在 50 元左右，不能选用档次过高或过低的冷菜。

3. 选择宴席菜品

明确了整桌宴席所用菜品的种类、每类菜品的数量、各类菜品的大致规格后，接下来便要确定整桌宴席所要选用的各式菜点。宴席菜品的选择，应以宴席菜单的编制原则为前提，还要分清主次详略、讲究轻重缓急。具体说来，应从如下几方面着手。

（1）考虑宾主的要求，凡答应安排的菜点，都要安排进去，使之醒目。

（2）考虑最能显现宴席主题的菜点，以展示宴席特色。

（3）考虑饮食民俗，当地同类酒席的常用菜点，要尽量排上，以显示地方风情。

（4）考虑宴席中的核心菜点，如头菜、座汤等，它们是整桌宴席的主角，与宴席的规格、主题及风味特色等联系紧密。这些菜点一经确立，其他配套菜点便可相应安排。

（5）发挥主厨所长，推出拿手菜点，或亮出本店的名菜、名点、名小吃。与此同时，特异餐具也可作为选择对象，借以提高知名度。

（6）考虑时令原料，排进刚上市的土特原料，更能突出宴席的季节特征。

（7）考虑货源供应情况，安排价廉物美而又便于调配花色品种的原料，以平衡宴席成本。

（8）考虑荤素菜肴的比例，无论是调配营养、调节口感还是控制宴席成本，都不可忽视素菜的安排，一定要让素菜保持合理的比例。

（9）考虑汤羹菜的配置，注重整桌菜品的干稀搭配。

（10）考虑菜点的协调关系，以菜肴为主，点心为辅，互为依存，相互辉映。

4. 合理排列宴席菜品

宴席菜品选出之后，还须根据宴席的结构，参照所订宴席的售价，进行合理筛选或补充，使整桌菜点在数量和质量上与预期的目标趋近一致。待所选的菜品确定后，再按照宴席的上菜顺序将其逐一排列，便可形成一套完整的宴席菜单。

菜品的筛选或补充，主要看所用菜点是否符合办宴的目的与要求，所用原料是否搭配合理，整个席面是否富于变化，质价是否相称等。对于不太理想的菜点，要及时调换，重复多余的部分，应坚决删去。

现今餐饮业的部分宴席设计人员在编制宴席菜单时，喜欢借用本店或同类酒店的套宴菜单，从中替换部分菜品，使得整桌宴席的销售价格与定价基本一致。这种借鉴的方式虽然简便省事，但一定要注意菜品的排列与组合。整桌菜点在数量、质量及特色风味上一定要与预期的目标趋近一致。

5. 编排菜单样式

宴席菜单不仅强调菜品选配排列的内在美，也很注重菜目编排样式的形式美。编排菜单的样式，其总体原则是醒目分明，字体规范，易于识读，匀称美观。

中式宴席菜单中的菜目有横排和竖排两种。竖排有古朴典雅的韵味，横排更适应现代人的识读习惯。菜单字体与大小要合适，让人在一定的视读距离内，一览无余，看起来疏朗开放，整齐美观。要特别注意字体风格、菜单风格、宴席风格三者之间的统一。例如，扬州迎宾馆宴席菜单封面、封底是以扬州出土的汉瓦当图案的底纹，这和汉代宫殿风格的建筑相匹配，更契合扬州自汉代开始便兴盛发达、名扬天下的悠久历史。菜单内面上的菜名字体选用的是隶书，因为隶体书法比电脑打印的隶体更显典雅珍贵，三种风格以一种完美的审美形式统一起来了。

附外文对照的宴席菜单，要注意外文字体及大小、字母大小写、斜体的应用、浓淡粗细的不同变化。其一般视读规律是：小写字母比大写字母易于辨认，斜体适合于强调部分，阅读正体和小写字母眼睛不易疲劳。

此外，在宴席菜单上可以注明饭店（餐馆）名称、地址、预订电话等信息，以便进一步推销宴席，提醒客人再度光临。

6. 菜单附加说明

有的宴席菜单，除了正式的菜单外，还有附加说明。附加说明不是多余之举，而是对宴席菜单的补充和完善。它可以增强席单的实用性，充分发挥其指导作用。

宴席菜单的附加说明，通常包含如下内容：

（1）介绍宴席的风味特色、适用季节和适用场合。

（2）介绍宴席的规格、宴会主题和办宴目的。

（3）分类列出所用的烹饪原料和餐具，为操办宴席做好准备。

（4）介绍席单出处及有关的掌故传闻。

（5）介绍特殊菜点的制作要领以及整桌宴席的具体要求。

（三）菜单设计后期检查完善

宴席菜单设计完成后，需要进行全面检查与完善。检查分两个方面：一是对设计内容的检查，二是对设计形式的检查。

1. 宴席菜单内容的检查

（1）是否与宴席主题相符合。

（2）是否与价格标准或档次相一致。

（3）是否满足了顾客的具体要求。

（4）菜点数量的安排是否合理。

（5）风味特色和季节性是否鲜明。

（6）菜品间的搭配是否体现了多样化的要求。

（7）整桌菜点是否体现了合理膳食的营养要求。

（8）是否突现了设计者的技术专长。

（9）烹饪原料是否能保障供应，是否便于烹调操作和接待服务。

（10）是否符合当地的饮食民俗，是否显示地方风情。

2. 宴席菜单形式的检查

（1）菜目编排顺序是否合理。

（2）编排样式是否布局合理、醒目分明、整齐美观。

（3）是否和宴席菜单的装帧、艺术风格相一致，是否和宴席厅风格相一致。

在检查过程中，如果发现有问题的地方要及时改正过来，发现遗漏的要及时补上去，以保证宴席菜单设计质量的完美性。如果是固定式宴席菜单，设计完成后即直接用于宴会经营；如果是为某个社交聚会设计的专供性宴席菜单，设计后，一定要让顾客过目，征求意见，得到顾客认可；如果是政府指令性宴席菜单设计，要得到有关领导的同意。

第二节　中式宴会席菜单设计

中式宴席品目众多，体系纷繁，主要由宴会席和便餐席构成。宴席是我国民族形式的正宗宴席，根据其性质和主题的不同，可细分为公务宴（包含国宴）、商务宴和亲情宴等类型。掌握此类宴席的菜单设计要求，吸取经典菜单设计精髓，有助于提高经营者的菜单设计水平，有助于提升餐饮企业的经营管理层次。

一、公务宴菜单设计

（一）公务宴菜单设计要求

公务宴，是指宴席主题与公务活动相关的各式正式宴会席。宴席的主持人与参与者多以公务人员的身份出现，宴席的环境布置、菜单设计、接待仪程、服务礼节要求与宴席的主题相协调，宴饮的接待规格一定要与宾主双方的身份相一致。它注重宴饮环境，强调接待规程，重视筵宴风味，讲究菜品质量，公务特色鲜明，气氛热烈庄重，多由指定的接待部门来完成，深受社会各界关注。

根据宴席主题、宴席性质及接待标准的不同，公务宴又有国宴、专宴、外事宴及其他主题宴席之分。这类宴席的菜单设计一般都很周全，宴席的公务性质要求宴席的接待规格一定要与宾主双方的身份一致，一定要符合宴席主办方所规定的接待标准。菜品的选用应遵循宴席菜单设计的一般原则，特别要注意宾主双方的饮食习俗。针对主题公务宴席，还需结合不同的宴席主题进行菜单设计。

（二）公务宴菜单设计实例

1. 国宴菜单设计

国宴，是以国家名义举行的最高规格的公务宴席。国宴成功与否在很大程度上取决于菜单设计与菜点制作。国宴菜单须依据宴会标准与规模，主宾的宗教信仰和饮食嗜好，以及时令季节、营养要求及进餐习俗等因素综合设计与科学调配。我国目前的国宴菜单通常是以中餐为主，西餐为辅；菜品的数量精练，主要突出热菜，另加适量的冷菜、水果和点心，常配置茅台酒、绍兴加饭酒、青岛啤酒或优质矿泉水等；中西餐具并用，实施分餐制，进餐时间一般控制在 1 小时以内。

例如，宴请美国总统尼克松的国宴菜单。

1972 年 2 月，美国总统尼克松和国务卿基辛格访华，中美正式建立外交关系。周恩来总理在人民大会堂举办国宴隆重招待，其宴席菜单如下：

冷盘：黄瓜拌西红柿、盐焗鸡、素火腿、酥鲫鱼、菠萝鸭片、广东腊肉、腊鸡腊肠、三色蛋。

热菜：芙蓉竹荪汤、三丝鱼翅、两吃大虾、草菇芥菜、椰子蒸鸡、杏仁酪。

点心：豌豆黄、炸春卷、梅花饺、炸年糕、面包、黄油、什锦炒饭。

水果：哈密瓜、橘子。

2. 专宴菜单设计

专宴，是我国公务宴请的主要表现形式，多用于接待国内外贵宾、签订协议、酬谢专家、联络友情、庆功颁赏或举办有关重大活动时举行。专宴的规格低于国宴，但仍注重礼仪，讲究格局；同时由于它形式较为灵活，场所没有太多限制，规模一般不大，更便于开展公关活动，因而在社会上很受欢迎。

专宴的形式多种多样，有使团的外事活动，有政界的交往酬酢，有社会名流的公益活动，有国际会议的接待安排。承办场地可以是星级宾馆、酒楼饭店，还可以是军营、寺庙乃至家庭，桌次可多可少，规格可高可低。

设计专宴菜单，最为注重的是明确办宴目的，突出宴席主题。既要体现宴席菜单设计的一般规则，又要符合“专人、专事、专办”的具体设计要求；既要按需配菜，迎合主宾嗜好，又要符合接待要求，体现接待规格。

例如，接待日本“豪华中国料理研制品尝团”的专宴菜单。

1987年5月，日本主妇之友社组织的“豪华中国料理研制品尝团”应邀抵达四川。川菜大师曾亚光领衔主理，调制了一桌高档川式宴席供客人鉴尝，其宴席菜单如下：

彩盘：一衣带水。

单碟：椒麻鸭舌、米熏仔鸡、盐水鲜虾、豉汁兔片、鱼香青圆、怪味桃仁、麻辣豆鱼、糟醉玉版。

热菜：家常甲鱼、叉烧乳猪（带银丝奶卷、双麻酥饼）、清汤蜇蟹（带豆芽煎饼）、干烧岩鲤、樟茶仔鹅（带荷叶软饼）、太白嫩鸭、蚕豆酥泥、川贝雪梨（带酥脆麻花）、瓜中藏珍、虫草全鸭。

饭菜：满山红翠、醋熘黄瓜、香油银芽、麻婆豆腐。

小吃：红糖凉糕、冲冲米糕、鸡汁锅贴、虾茸玉兔。

时果：江津广柑。

本宴席的主要特色有三：一是巧妙使用禽畜鱼鲜蔬果等常见物料，调制出30余款巴蜀风味名菜；二是集中展现了川菜小煎、小炒、干烧、干煸的独特技法，给日本客人呈现出20多种复合味型；三是席点工巧精细，小吃别具一格，有着浓郁的平民饮膳风情。

3. 其他公务宴菜单设计

除国宴、专宴之外，还有其他多种形式的公务宴席，如外事活动类宴席、会务接待类宴席、节日庆典类宴席、总结表彰类宴席、巡视指导类宴席、监审统计类宴席、公务应酬类宴席、公益慈善活动类宴席等。

关于公务宴席设计，湖南省委接待办某宾馆总经理张志君在总结其工作经验时撰文说：要做好公务宴席设计，首先是要“准”。所谓准，就是要准确把握每次宴饮活动的办宴目的和接待标准，做到有的放矢。设计菜单时，要分析与会人员的群体特征，实施不同的设计策略。只有宴会设计得格调相宜，才会达到应有的效果。其次是要“博”。所谓“博”，就是要多多积累与宴席设计相关的各种素材，提升设计者的审美能力和创新能力。只有清楚理解和完全把握各种设计元素，在实施创意设计时，才会胸有成竹、得心应手。最后是要“精”。所谓“精”，就是要注意每一设计细节，精雕细琢，打造出宴席设计精品。特别是主题宴席的设计，如能做到“因情造景，借景生情”，其宴饮接待一定能产生理想的效果。这是一线管理人员设计公务宴席的经验之谈和切身体会，非常中肯。

例如，华中科技大学后勤集团2012年元月接待宴菜单，可供赏鉴。

华中科技大学后勤集团校园接待宴菜单

透味凉菜

手撕爽口鳜鱼　　笋瓜醋拌蜇皮

五香糖醋熏鱼　　金钩翡翠菠菜

特色大菜

奶汤野生甲鱼　　云腿芙蓉鸡片

砂煲黄陂三合　　蟹味双黄鱼片

软炸芝麻藕元　　原烧石首鮰鱼

芦笋蚝油香菇　　腊肉红山菜薹

精美靓汤

孝感太极米酒　　瓦罐萝卜牛尾

美点双辉

老谦记炒豆丝　　五芳斋煮汤圆

时令茶果

华中时果拼盘　　恩施富硒玉露

二、商务宴菜单设计

（一）商务宴菜单设计要求

商务宴，在我国宴席业务中占有较大份额，其常见形式有商务策划类宴席、开张志庆类宴席、招商引资类宴席、商务酬酢类宴席、行帮协会类宴席、酬谢客户类宴席，以及其他各类主题商务宴席等。商务宴请的目的十分广泛，可以是各企业或组织之间为了建立业务关系、增进了解或达成某种协议而举行；可以是企业或组织与个人之间为了交流商业信息、加强沟通与合作或达成某种共识而进行；也可以是企业、组织或个人之间通过宴会来加强感情交流，获取商务信息，消除某些误会，酬劳答谢相关人员，相互达成某种共识。随着我国对外开放程度的加强、市场经济的确立，商务宴席在社会经济交往中日益频繁，商务宴席亦成为餐饮企业的主营业务之一。

设计商务宴席，涉及主题策划、环境布置、接待仪程、服务礼仪、菜单设计、菜品制作等多个方面，必须体现一定的主题思想、民族特色、文化要素和艺术效果，商务宴如图 4–1 所示。具体说来，应着重考虑如下几方面：

第一，策划商务宴席时，应根据时代风尚、消费导向、地方风格、客源需求、时令季节、人文风貌、菜品特色等因素，选定某一主题作为宴席活动的中心内容，然后依照主题特色去设计菜单。

图4-1　商务宴

第二，设计商务宴菜单，要尽量了解宴饮双方的生活情趣和饮食嗜好，在环境布置、菜品选择、菜肴命名、宴饮接待上投其所好，避其所忌，使商务洽谈在良好的气氛与环境中进行。

第三，商务宴请的目的和性质决定了宴席的礼节仪程、上菜节奏与其他普通宴席有所不同。宾主之间往往是在较为和谐的气氛里边吃边洽谈，客观上要求菜单设计者掌握好菜品数量、安排好排菜格局，控制好上菜节奏。

第四，商务宴席的接待规格相对较高，宴席格局较为讲究，菜品调排注重程式，菜肴命名含蓄雅致。因此，设计商务宴菜单，应在注重菜品内容设计的同时，突出菜单的外形设计，特别是菜品命名的文化性，可促使整个宴会气氛和谐而又热烈。

第五，设计主题商务宴时，要求宴席主题鲜明，宴饮风格独特，借以提升市场人气。其菜单设计、菜品命名都应围绕宴席主题这个中心展开，切不可凭空捏造，设计一些名不副实的应景之作，给人牵强附会之感。

（二）商务宴菜单设计实例

例1，武汉汉正街商业开业宴：

一看盘：彩灯高悬（瓜雕造型）

四凉菜：囊藏锦绣（什锦肚丝）

抬金进银（胡萝卜拌绿豆芽）

童叟无欺（猴头菇拼香椿）

一帆风顺（西红柿酿卤猪耳）

八热菜：开市大吉（炸瓢加吉鱼）

万宝献主（双色鸽蛋酿全鸡）

地利人和（虾仁炒南荠）

顺应天意（天花菌烩薏仁米）

高邻扶持（菱角烧鸭心）

勤能生财（芹菜财鱼片）
贵在至诚（鳜鱼丁橙杯）
足食丰衣（干贝烧石衣）
一座汤：众星捧月（川菜推纱望月）
二饭点：货通八路（南味八宝甜饭）
千云祥集（北味千层酥）

说明：本宴席菜单出自《中国筵席宴会大典》。中国著名饮食文化专家陈光新教授在点评其设计创意时指出：宴席设计人员在环境布置、菜品选择、宴饮接待上力图突现商务宴请这一宴饮主题。整桌席面的菜品名称，全部使用寓意法命名，含蓄雅致，和谐得体。本席单的寓意是：彩灯高悬，门庭若市，希望宾客抬金进银，一帆风顺；笑脸迎客，以诚取信，还望高邻扶持，锦上添花；今后要披星戴月，勤扒苦做，努力劳动致富，足食丰衣；区区小宴，不成敬意，诸位拨冗光临，盛情铭记在心。

例 2，重庆市三国人文商务宴：

风云满天下（鸿运乳猪拼）
赤壁群英会（八色冷味拼）
跃马过檀溪（山珍海马盅）
三雄逐中原（珍珠帝王蟹）
凤雏锁连环（金陵脆皮鸽）
煮酒论英雄（酒香坛子肉）
豪饮白河水（清蒸江鲥鱼）
迎亲甘露寺（罗汉时素斋）
卧龙戏群儒（海参炖鼋鱼）
千里走单骑（韭黄炸春卷）
貂蝉拜明月（水晶荠菜饺）
桃花春满园（时令鲜果盘）

说明：本商务宴宴席结构简练，文化背景深厚。菜单设计者能从文化的角度加深主题宴席的内涵，设计出的宴会菜单紧扣三国人文商务这一主题。菜单的核心内容，即菜式品种的特色、品质能反映文化主题的饮食内涵和特征；菜单及菜名围绕筵宴中心而展开；菜品的选用考虑到宾主双方的饮食习俗，能迎合与宴人员的嗜好和情趣。随着我国市场经济的不断发展，这类主题商务宴席越来越受高级客商和文化名人的青睐。

例 3，襄阳市商务酬酢宴席：

一彩碟：运筹帷幄（楼宇象形盘）

四围碟：囊藏锦绣（泡菜金钱肚）
深思熟虑（满福楼缠蹄）
集思广益（珍菌拌三丝）
偶结同心（蜜汁糯米藕）
六热菜：满楼祈福（三鲜翅肚羹）
鸿运当头（宜城焖大虾）
百年好运（百合莲枣羹）
节节高升（樊城盘龙鳝）
金钱满地（花菇扒菜胆）
独占鳌头（清蒸槎头鳊）
一座汤：大吉大利（土鸡炖山瑞）
二点心：春风得意（马蹄金刚酥）
抬金进银（襄阳玉带糕）
一水果：硕果满园（时果大拼盘）
一香茗：吉星高照（襄阳高香茶）

说明：本宴席是一款以商务酬酢为主题的襄陨风味商务宴，湖北襄陨饮膳特色鲜明，筵宴文化背景深厚。宴席设计人员能从文化的角度加深主题宴会内涵，时时紧扣"商务酬酢"这一宴饮中心。宴席所涉及的缠蹄、泡菜、牛肚、糯米藕、百合、珍菌（猴头菇、花菇等）、槎头鳊、三黄鸡、高香茶均系当地名产；襄樊缠蹄、蜜汁糯米藕、宜城焖大虾、樊城盘龙鳝、清蒸槎头鳊、马蹄金刚酥、襄阳玉带糕均为当地名菜。

例4，上海市生意兴隆商务宴：

全珠满华堂（鸿运乳猪大拼盘）
发财大好市（发菜大蚝豉）
富贵金银盏（烧云腿拼三花象拔蚌）
凤凰大展翅（红烧鸡丝大生翅）
生财抱有余（福禄蚝皇鲜鲍片）
捷足占鳌头（清蒸海青斑）
彩雁报佳音（原盅枸杞炖蚬鸭）
红袍罩丹凤（梅子香密烧鸡）
生意庆兴隆（五色糯米饭）
随心可所欲（上汤煎粉果）
鸿运联翩至（汤团红豆沙）
双喜又临门（甜咸双美点）

说明：此类商务宴席，特别注重吉祥雅语。先用吉语命名，后加注解，既能欢悦情绪，又能说明筵宴概况。

三、人生仪礼宴菜单设计

根据宴席性质与主题的不同，中式宴席可细分为公务宴、商务宴和亲情宴。亲情宴，是指以体现个体与个体之间情感交流为主题的餐桌服务式宴席。由于人与人之间的情感交流十分复杂，亲朋相聚、接风洗尘、红白喜丧、乔迁贺喜、周年志庆、添丁祝寿、逢年过节等交往活动涉及日常生活的各个方面，人们常常借用宴席来表达思想感情和精神寄托，因此，亲情宴席的主题十分丰富，常见的有婚庆宴、寿庆宴、丧葬宴、迎送宴、节日宴、纪念宴、乔迁宴、欢庆宴等。

人生仪礼宴，又称红白喜宴，是指城乡居民为其家庭成员举办诞生礼、成年礼、婚嫁礼、寿庆礼或丧葬礼时置办的民间亲情宴席。这是古代人生仪礼的继续和发展，一般都有告知亲朋、接受赠礼、举行仪式、酬谢宾客等程序，以前习惯在家中操办，现今多在酒店举行，其接待标准、礼节仪程和菜单设计要求各不相同。

（一）诞生礼宴菜单设计

诞生宴多在婴儿出世、满月或周岁时举行，赴宴者为至亲好友。它的主角是“小寿星”，要求突出“长命百岁、富贵康宁”的主题。贺礼常是衣服、首饰、食品和玩具；宴席菜品重十，须配大蛋糕、长寿面、豆沙包和状元酒，忌讳“腰（其音谐夭）子”，菜名要求吉祥和乐，充满喜庆气氛。

三朝洗礼宴，又名“三朝礼宴”“洗三礼宴”，是指汉族地区新生儿出生的第三天为其举办的盛大仪典和庆贺酒宴。主要包括庆贺祝福、“洗三”祝福及开奶见荤祝福等仪程。

现今的三朝洗礼宴，视各地的风俗习惯而定。有些地区不设“三朝宴”，专设“九朝宴”“满月宴”“百日宴”“周岁宴”，宴客时间各不相同，但表达的心愿一致。下面是一份老北京三朝洗礼宴菜单，可供鉴赏。

老北京三朝洗礼宴菜单

六冷盘：卤口条、盐水鸭、凤尾鱼、拌三丝、糖汁骨、素鹅卷
六热菜：烧海参、爆肚尖、炸斑鸠、香酥鸭、烩口蘑、熘全鱼
二汤羹：冰糖莲、长命羹
二点心：开花包、石榴饼
一主食：洗三面

说明：按照北京传统的习俗，婴儿诞生的第3天，家长为之举办洗礼酒宴。

三朝洗礼宴的仪程较多，最为重要的一项仪式是给婴儿洗澡，边洗边念吉言：先洗头，做王侯；后洗腰，一辈更比一辈高；洗洗蛋，做知县，洗洗沟，做知州。完成全部大礼之后，方可饮宴。洗三宴的规模与档次由各家的家境而定，低的8~10道，高的12~18道不等，菜肴多是中低层次。

（二）成年礼宴菜单设计

成年宴多在小孩上学、10岁时举行，赴宴者除至亲好友外，还有孩子的伙伴。它的主角也是“小寿星”，要求突出“光宗耀祖、后继有人”的主题。贺礼常是玩具、文具、衣物或现金；宴席菜品也须重十，须配什锦菜点、裱花蛋糕之类。这类礼宴忌讳“腰子”，勿用“腰盘”，多给小主人一些自由，让其尽情玩乐。

人生的十岁，最是天真可爱的年龄，交织着梦想与宠爱，充满了无限的童真！望子成龙的父母们看到心爱的孩儿现已成长为一名乐观向上、品学兼优的学生，所寄予的希望，所付出的辛劳，所享受的幸福，全都沉淀在喜宴之中。下面是一份华北地区流传的成年礼十岁宴菜单，可供鉴赏。

华北地区成年礼贺儿宴菜单

一看盘：鹰击长空（象生大冷拼）
四凉菜：拌文武笋（竹笋配莴苣）
笔扫千军（虾籽炝香芹）
鹏程万里（鸡翅、鸭掌合烹）
母子四喜（烤鹌鹑配卤鹑蛋）
八热菜：望子成龙（虾籽烧海参）
前程无量（飞龙鸟配黄蘑）
人中蛟龙（炸芝麻虾茸丸）
喜宴相庆（燕窝与喜鹊肉脯制作）
诗礼银杏（蜜汁银杏）
后羿射日（海参、鱼翅、鹑蛋制）
精卫填海（火腿等制成）
长命百岁（羊肥肠、羊散丹炖制）
一甜品：冰糖莲子（点缀山楂糕）
二面点：一品烧饼（外焦内香）
小笼蒸包（皮薄馅足）
一水果：状元苹果（山东状元红苹果）

说明：本席单是一份寓意丰富的男孩十岁宴菜单，华北地方风味。它表达了年轻父母盼望儿子识文懂礼、文武双全，长大后具有后羿射日、精卫填海的气概；能够展翅飞翔、搏击长空，成为人中蛟龙；能孝敬父母、报效祖国，为家族争光。

（三）婚庆礼宴菜单设计

婚庆宴多在订婚、结婚时举行，主要为前来祝贺的亲朋好友而设置。赴宴者是亲友、街邻、同事、同学和介绍人，主角是新郎和新娘。设计此类宴席菜单，可通过吉祥菜名烘托夫妻恩爱、新婚快乐、吉庆甜蜜、幸福美满的主题；可借用重八排双等宴席格局，寄寓良好祝愿，从心理上娱悦宾客；可沿用当地的饮食习俗，趋吉避凶，将美好的祝愿与美妙的饮食交织在一起，使宾客在品位与审美上获得最大满足。通常情况下，宴席排菜习用双数，最好是扣八、扣十，菜名要风光火爆，寄寓祝愿；餐具宜为红色、金色，用红桌布，配红色果酒；忌讳摔破餐具和饮具，不可上“梨”“橘”（谐音离或寓意分）等果品，不可用“霸王别姬”“三姑守节”等不祥菜名。下面是一份江南风味婚庆席菜单，可供鉴赏。

山盟海誓婚庆席菜单

一彩拼：游龙戏凤（象生冷盘）

四围碟：天女散花（水果花卉切雕）　月老献果（干果蜜脯造型）
三星高照（荤料什锦拼制）　四喜临门（素料什锦拼制）

十热菜：鸾凤和鸣（琵琶鸭掌）　麒麟送子（麒麟鳜鱼）
前世姻缘（三丝蛋卷）　珠联璧合（虾丸青豆）
西窗剪烛（火腿瓜盅）　东床快婿（冬笋烧肉）
比翼双飞（香酥鹌鹑）　枝结连理（串烤羊肉）
美人浣纱（开水白菜）　玉郎耕耘（玉米甜羹）

一座汤：山盟海誓（山珍海味全家福）

二点心：五子献寿（豆沙糖包）　四女奉亲（四色豆皮）

二果品：榴开百子（胭脂红石榴）　火爆金钱（良乡板栗）

说明：本婚庆酒宴系江南风味，全席菜式均以寓意的方法进行命名，围绕着“庆婚”的主题烘托渲染，将美好的祝愿与民风习俗连为一体。

（四）寿庆礼宴菜单设计

寿庆礼宴席是指为纪念和庆贺诞生日所设置的酒宴，多在60、70、80、90大寿时举行。赴宴者多系亲友、街邻及儿孙，它的主角是“寿星”，要求突出“老当益壮、福寿绵绵”的主题。我国民间寿庆礼宴一般都在逢十大寿时提前一年操办，讲究“做九不做十”，避讳“十全为满，满则招损”。汉族贺寿食俗大多带有健康长寿意识，期盼通过祝寿而增寿。少数民族的贺寿食俗则注重养老敬老，带有原始宗教遗痕。

寿庆礼宴的菜品调配应尽可能使用“三低（低糖、低盐、低脂肪）、两高（蛋白质、粗纤维）”食品，汤羹菜应多，下酒菜宜少，力求软烂可口，易于消化吸收。须配寿桃、寿面、蛋糕、银杏等象征吉祥的食品，烘托气氛。宴席席面最好是采用“九冷九热”的格局，体现“九九上寿”“天长地久”之意；菜名也要选用“松鹤延年”“五子献寿”等吉言。不可上带“盅”（谐音终）字的菜和过多的“鱼”（谐音多余），避开民间忌讳。下面是一份华中地区“松鹤延年席”菜单，可供鉴赏。

华中地区“松鹤延年席”菜单

一彩盘：松鹤延年（象生图案）
四围碟：五子寿桃（5种果仁酿拼）
四海同庆（4种海鲜拼摆）
玉侣仙班（芋艿鲜蘑）
三星猴头（凉拌猴头菇）
八热菜：儿孙满堂（鸽蛋扒刺参）
天伦之乐（鸡腰烧鹌鹑）
长生不老（海参烹雪里蕻）
洪福齐天（蟹黄油烧豆腐）
罗汉大会（素全家福）
五世祺昌（清蒸鲳鱼）
彭祖献寿（茯苓野鸡羹）
返老还童（金龟烧童子鸡）
一座汤：甘泉玉液（人参乳鸽炖盆）
二寿点：佛手摩顶（佛手香酥）
福寿绵长（伊府龙须面）
二寿果：河南仙柿，湖南蟠桃
一寿茶：湖南老君眉茶

说明：本宴席属华中地区高档寿庆席，全席菜式取料较为名贵，烹制极为精细。通过吉言隽语命名，突现出敬老爱幼、家庭和睦、祝愿洪福齐天、共享天伦之乐的宴会主题。

（五）丧葬礼宴菜单设计

丧葬礼包括长寿辞世、死时安详的“吉丧”和短命夭亡、死得惨烈的“凶丧”。前者多称“白喜事”，摆冥席，供清酒，宴宾客，收奠礼，比较热闹；后者一般不加张扬，匆匆安埋了结。丧葬礼宴席（白喜宴）指丧礼、葬礼和服孝期间祭奠死者和酬谢宾客、匠夫的各类筵宴。主要包括祭奠亡灵的宴席（主要是供奉斋饭，有荤有素，有酒有点）、酬劳匠夫的宴席（大多重酒重肉）、答谢亲友的宴席（如“劝丧席”，多为6菜1汤，以素为主）及家属志哀的宴席（如“孝子饭”，大多茹素，减食，不吃犯禁的菜点）。

白喜宴菜单设计要求突出“驾鹤西去、泽被子孙”的主题。宴席上菜重七，有“七星耀空”之说，少荤腥，忌白酒，用素色餐具，无猜拳行令等余兴。至于酬谢办丧人员，则须大鱼大肉，好酒好菜，这叫“冲晦”，有去邪之意。丧葬宴如在酒店操办，服务员应着素色服装，保持肃静，以示哀悼。

下面是一份土家族人酬劳匠夫及答谢亲友的丧葬礼席单，可供鉴赏。

冷菜：

泡椒拌豆干　　　　葱姜松花蛋

烟熏小白鲷　　　　酸辣牛肚丝

热菜：

腊肠炒广椒　　　　野兔焖竹笋

豆干粉蒸肉　　　　团馓煮鸡蛋

干烧清江鲤　　　　清炒时令蔬

酸菜鱼片汤

饭菜：

宣恩榨广椒　　　　泡姜萝卜干

主食：

走马葛米饭

说明：土家葬礼通常有断风祭天（仙逝祭天）、上榻入殓（整容入棺）、吊唁守灵（祭奠亡灵）、开棺出殡（瞻容送葬）、下逝砌坟（砌坟下葬）、润七回煞（逢七祭奠）六大礼俗，尤以吊唁守灵最为浓重、热烈。明代《巴东县志》载：“旧俗，殁之日，其家置酒食，邀亲友，鸣金伐鼓，歌舞达旦，或一夕，或三五夕。”土家人常说：“人死饭甑开，不请自然来。”老人仙逝的当天，亲朋好友、左邻右舍纷纷带着鞭炮前来吊唁，献上花圈，三拜九叩，并参加最具民族特色的礼俗——“跳丧鼓舞”。其舞姿古朴，粗犷热烈，舞步飘逸痴迷，略呈醉态，从入夜一直跳到次日清晨，充分地表达了生人对死者的依恋和难舍之情！

四、岁时节日宴菜单设计

岁时节日宴，即年节宴席。在我国，除汉民族外，55个少数民族的农祀年节、纪庆节日、交游节庆加在一起多达270余种，大部分节庆都有风格特异的年节宴席，如回族、维吾尔族、哈萨克族人的开斋节宴席、古尔邦节宴席；藏民的新年宴席、雪顿节宴席；傣族人的泼水节宴席等。限于篇幅，这里仅介绍中国最有影响的几类传统节日宴席菜单设计。

（一）新春宴菜单设计

春节是我国历史最悠久、参与人群最广泛、活动内容最丰富、节庆食品最精致的一个节日，它以正月初一为中心，前后延续20多天。除藏族、白族和傣族，其他53个民族都有过春节的传统。

中国人过年，通常有掸扬尘、备年货、贴春联、放鞭炮、看冰灯、逛花市、闹社火、走亲戚、上祖坟等活动，置办新春宴席是其中心内容，宴饮聚餐是整个节庆活动的高潮。其宴席菜品通常有"年年高"（年糕）、"万万顺"（饺子）、"年年有余"（全鱼）、"红红火火"（肉圆）、"金丝穿元宝"（面条煮饺子）等，十分丰盛。例如，潇湘风味新春宴。

潇湘风味新春宴菜单

冷菜：

油辣顺风　　凉拌蜇头

蜜汁甜枣　　糖醋排骨

热菜：

绣球海参　　东安仔鸡

腊味合蒸　　烟熏羊排

冰糖湘莲　　吉庆菠菜

网油鳜鱼　　湖区炖钵

点心：

地菜春卷　　潇湘年糕

茶果：

迎春佳果　　洞庭银针

（二）清明宴菜单设计

清明是二十四节气之一，时在公历4月5日前后，古代寒食节的次日，是为纪念春秋时代被晋文公无意烧死的晋国名臣介子推。清明节这一天，有"禁火""冷食"并祭扫祖宗和先烈陵墓之俗。到了后世，寒食节与清明节合一，节庆的主旋律是寒食（即冷食，不动烟火）与扫墓，相关活动有农夫备耕、文人踏青、仕女郊游、儿童戴柳等活动，以及斗鸡、拔河、打马球、荡秋千、放风筝等，亲近风和日丽的大自然。其中，野宴聚餐，是清明节节庆活动的一项重头戏。

古代清明宴的菜品大多突显冷菜，类似于现今的冷餐酒会，除食用凉菜之外，还有品尝奶酪、甜米酒、桃花粥、子推饼、馓子、欢喜团、清明粽、凉粥等，食毕还有互赠“画卵”、果品、酒水等活动。现今清明郊游，人们喜食烧鸡、烤鸭、盐茶蛋、卤菜、蛋糕、面包、啤酒和果汁等，多少带有一些古代节庆的遗风。例如，齐鲁风味清明宴。

齐鲁风味清明宴菜单

冷菜：

油炝腰花　　葱辣鱼条

芝麻香芹　　芥末鸡丝

热菜：

葱烧海参　　椒盐羊排

芫爆鲜鱿　　油焖大虾

德州扒鸡　　红烧金鲤

三美豆腐　　百合芦笋

汤点：

奶汤鲫鱼　　子推鲜饼

（三）端午宴菜单设计

端午节又称龙子节、诗人节、龙船节，时在农历五月初五。有关端午节的传说，有20余种。除了纪念爱国诗人屈原、替父雪耻的吴国大臣伍子胥等之外，还包含原始宗教的植物崇拜和吴越先祖的图腾祭，以及先秦的香兰浴等习俗。

端午节的习俗较多，如挂钟馗像，贴午时符；采集蟾酥与草药，悬挂艾草、菖蒲；灭除蝎子、毒蛇、壁虎、蛤蟆与蜈蚣；饮雄黄酒、朱砂酒；小儿涂雄黄、佩香袋、挂药包、系五彩丝带；出游避灾，露天饮宴；赛龙舟、比武；吃咸蛋、粽子、龟肉汤等。此外，回、藏、苗、白等20多个民族也过端午节，其习俗与汉族相似。

在历代的端午节庆活动中，端午宴素来为人所看重。此类宴席的显著特色是强调以食辟恶，注重疗疾健身功能。如酒中加配雄黄、菖蒲或朱砂，饮用龟肉大补汤，粽子中夹绿豆沙，食用有“长命菜”之称的马齿苋等。这些宴席习俗，在《后汉书·礼仪志》《荆楚岁时记》等书中均有记载。例如，岭南风味端午宴。

岭南风味端午宴菜单

冷菜：

糖醋渍河虾　　白切肥鸡块

清酱乳黄瓜　　鸿运卤双拼

热菜：

鸡茸烩鱼肚　　蒜子响螺片

芦笋炒牛柳　　兰豆炒土鱿

椰橙鲜奶露　　菜胆焖香菇

五柳鲜鲩鱼　　杏园炖水鱼

点心：

全料清水粽　　七彩水果冻

（四）中秋宴菜单设计

中秋节又叫团圆节，时在农历八月十五夜，因其正值三秋之半，故名中秋。其传闻有嫦娥奔月、吴刚伐桂、唐明皇游月宫、刘伯温用月饼作为起事信号推翻元朝等。

中秋正式成节是在北宋，有烧斗香、点塔灯、舞火龙以及拜月、赏月、斋月等活动，十分热闹。节令食品有新藕、香芋、柚子、花生、螃蟹、西瓜等。尤其是月饼，花色多，制作精，亲友们互相赠送，遍及全国以及海外华人居住区。

少数民族中秋节亦富情趣。壮族多在竹排上用米饼拜月，少女在水面放花灯，演唱《请月姑》，盼望一生幸福。朝鲜族则请老人登上高高的“望月架”，敲长鼓，吹洞箫，跳“农家乐”舞，用酒食欢庆丰收。例如，淮扬风味中秋宴。

淮扬风味中秋宴菜单

冷菜：

水晶冻肴肉　　姜葱百灵菇

蘸酱乳黄瓜　　椰香红豆糕

热菜：

雪燕芙蓉蛋　　明炉烧烤鸭

照烧银鳕鱼　　滑炒水晶虾

木瓜炖雪蛤　　上汤煮苋菜

蚝皇蒸鳜鱼　　清汤煨牛尾

点心：

金牌炸麻圆　　红豆沙月饼

茶果：

时果大拼盘　　碧螺春香茗

（五）除夕宴菜单设计

除夕又叫大年夜或年三十，是我国50多个民族共有的传统文化节日，时在农历腊月的最后一天，古人有“一夜连双岁，五更分二年”的说法。

除夕守岁，源远流长，从周至今，一脉相承。其节俗有贴春联、挂神像、请祖灵、烧松盆、给压岁钱等。重台戏是喝分岁酒，吃团年饭。

除夕宴，又称年夜饭、团年饭、合欢宴、守岁席，流行于大江南北，是中华民族亿万家庭每年必备之筵宴。除夕宴的食品丰盛精美，北方必有“更年饺子万万顺”，南方必有“百事顺遂年年高”，再加全鱼、肉圆、嫩鸡、肥鸭、烧卤、汤羹、金银米饭、枣栗诸果，洋洋洒洒10多盘碗，象征着“和和美美”“团团圆圆”“年年有余”“岁岁平安”。

编制年节宴席菜单，一要考虑宾主的愿望，尽量满足其节庆要求；二要考虑当地的年节饮食风俗，菜品的设置必须符合节庆要求；三要考虑季节物产，突出节令特色，所用原料应视节令不同而有差异；四要注意菜肴滋汁、色泽和质地的变化，夏秋气温高，应是汁稀、色淡、质脆的菜肴居多，春冬气温低，要以汁浓、色深、质烂的菜肴为主；五要重点突出节庆食品，彰显节日气氛；六要考虑整套菜点的营养是否合理，在保证宴席风味特色的前提下，清鲜为主，突出原料本味，以维护人体健康。例如，巴蜀风味团年宴。

巴蜀风味团年宴菜单

冷菜：

椒麻肚片　　灯影牛肉

葱油青笋　　陈皮兔丁

热菜：

五福海参　　樟茶鸭子

百花江团　　渝州童鸡

粉蒸牛肉　　菜心肉圆

干烧岩鲤　　什锦火锅

小吃：

吉庆年糕　　三鲜水饺

饭菜：

跳水泡菜　　蒜茸菠菜

第三节　中式便餐席菜单设计

中式宴席主要由宴会席和便餐席所构成。便餐席是宴席的简化形式，是一种应用更为广泛的简约型筵宴。它类似于家常聚餐，经济实惠，大方实用，主要有家宴和便宴之分。

一、家宴菜单设计

中国有亿万个家庭，每个家庭都得请客设宴。所谓家宴，是指在家中设置酒菜款待客人的各式筵宴。与正式的宴会席相比，家宴主要强调宴饮活动在办宴者家中举行，其菜品往往由家人或聘请的厨师烹制，由家庭成员共同招待，没有复杂烦琐的礼仪与程序，没有固定的排菜格式和上菜顺序，菜点的选用可根据宾主的爱好灵活确定。这类宴席特别注重营造亲切、友好、自然、大方、温馨、和谐的气氛，能使宾主双方轻松、自然、和乐而又随意，有利于彼此增进交流，加深了解，促进信任。

（一）家宴菜单设计要求

家宴菜单，即家宴所列菜品的清单，它是采购原料、制作菜点、排定上菜程序的依据。设计一份适合家人或外聘厨师施展才艺的筵宴菜单，能为家宴的顺利进行铺平道路。

1. 家宴菜品的选用

确定家宴菜品，第一要分清宴饮的类别，尊重宾主的需求。例如：寿宴可用“寿星全鸭”，如果移之于丧宴，就极不和谐；一般宴席可用分份的梨子，如果用之于婚宴，就大不吉祥。第二是注重传统的风俗习惯，强调“以人为本”。当地酒宴上的习用菜点以及宾主们嗜好的菜肴，能够兼顾的应尽量考虑。

照顾了宾主要求后，接着应考虑办宴者的拿手菜点，尽量发挥自身的技术专长。对待别人好奇而自己较陌生的菜肴，必须审慎为之，切不可抱侥幸的心理。例如“脆炸鲜奶”，虽然菜名悦耳，可是制作的限制条件太多，如果办宴者对此把握不大，不如干脆回避。

为了稳妥保险，操办规模较大的家宴时，应尽量选择操作简便且不易失手的菜肴。例如，烹制“酸辣鱿鱼”，选用干鱿鱼涨发，就不如直接购买水发鱿鱼；用土灶烹制菜肴，鱼丝容易散形，不如改用鱼片。对于工艺复杂的菜肴，更须量力而行，如果时间仓促，又不忍割爱，势必弄巧成拙，力不从心。

务本求实，是操办家宴的基本原则。确定家宴菜品时，应特别注重其食用价值，切不可哗众取宠、欺哄宾客。有些菜肴，例如“九龙戏珠”“百鸟朝凤”之类，看上去龙飞凤舞，吃起来味道平平；如果用来装饰门面，倒还可以，若安排在家宴中让人品尝，则格格不入。

家中设宴，不同于宾馆酒楼，简陋的办宴条件，不能不加以考虑。人手不够时，在菜品的取舍上最好是删繁就简、周密安排；设备不全时，则要回避那些对炊具要求苛严的菜品。特别是调料不齐时，千万不要硬性地制作风味独特的名菜名点。譬如家宴上安排“豆瓣鲫鱼”，本来无可厚非，如果一时购不到郫县豆瓣，却硬要安排此菜肴，这岂不是人为地设置路障，自己给自己找难堪！

2. 家宴菜点的排列

家宴菜点选定以后，还得按照一定顺序和比例加以排列，使之成为一席完整的佳肴。为了适应味型的变换、兼顾酒水的作用，长期以来，人们对于酒席的上菜顺序有条习惯性的规程，即：冷碟—热炒—头菜—大菜—汤菜—点心—水果。尽管家宴属于便宴之列，其上菜规程可以灵活改变，不必完全照此硬套，但是，万变不离其宗，“冷者宜先，热者宜后；咸者宜先，甜者宜后；浓厚者宜先，清淡者宜后；无汤者宜先，有汤者宜后；菜肴宜先，点心宜后”的就餐习惯还是应当遵循的。

编制家宴菜单，既可参照当地的酒宴格局，也可借鉴正规宴席的排菜模式。一般来说：冷碟通常为4~6道，多是以双数的形式出现。热炒通常为2~4道，大多安排旺火速成的菜肴。大菜的数量应因办宴的规格而定，一般为6~10道，其中，素菜、甜菜、汤菜是必不可少的。头菜作为整桌家宴的“帅菜”，量要大、质要精，风味必须突出。点心、水果等属于家宴的“尾声”，排菜的要诀是“少而精”。

要使家宴的宴饮效果理想，排列家宴菜点时，还须注重工艺的丰富性。如果菜式单调、技法雷同、味型重复，宾客难免会产生厌食情绪。所以，确定菜点顺序时，还得注意原料的调配、色泽的变换、技法的区别、味型的层次、质地的差异和品种的衔接。只有合理排菜，灵活变通，才能显现出家宴的生机和活力，给就餐者以新颖的观感。

3. 家宴原料成本分配

编拟家宴席单之难，不在于菜品的选择和排列，而是如何合理分配办宴成本，准确地进购各类原料。编制家宴菜单时，必须了解每桌酒席所要花费的总成本，先将总成本划分为三大部分，分别用于冷菜、热菜和点心水果等。一般情况下，这三组食品的大体比例分别是：普通家宴：12%、80%、8%；中高档家宴：16%、70%、14%。在每组食品中，再根据每道菜肴的原材料构成，结合市场行情，推算出大致成本，使各组菜品的成本总和与该组食品的规定成本基本一致。只有这样，整桌菜肴的质量才有保证，各类菜品的比重才趋于协调。

下面是武汉市郊黄陂区流行的一份乡村家宴菜单（含原材料成本分配），适宜于冬季使用，可供办宴者参考。

表4-2 武汉市郊黄陂区家宴设计表

类别	菜品名称		成本	比例
冷菜	麻辣肚档	五香牛肉	60元	14%
	糖醋油虾	虾米香芹		
热菜	腰果鲜贝	茄汁鱼片	310元	74%
	腊味藜蒿	酸辣鱿鱼		
	三鲜鱼肚	白灼鲜虾		
	片皮烤鸭	桂圆甜羹		
	黄陂三合	植蔬四宝		
	清蒸鳜鱼	人参炖鸡		
点心茶果	喜沙甜包	合欢水饺	50元	12%
	母子脐柑	茉莉花茶		

（二）家宴菜单设计实务

1. 东北民间家宴菜单

东北民间家宴以满、汉、蒙、朝等民族的传统菜式为主，敦厚朴实。近年来吸收了部分南方肴馔，创新菜式较多，注重吉庆的寓意，讲究口感醇和，席面较为丰盛，动物性食馔的比重较大。菜单一般没有冷菜、热菜、汤点等类别，仅按上菜顺序加以排列，饭点通常不排入菜单之中。

例1，肉丝拌腐皮、糖醋萝卜、炝虾籽芹菜、凉拌三鲜、鸡腿扒海参、炸八大块、油泼鸡、瓤京糕白肉、海米烧菜梗、清蒸鲜鱼、焖羊肉、酸菜白肉火锅。

例2，朝鲜泡菜、松花蛋、酱口条、蒜泥白肉、扒三白、家常黄鱼、水晶鸡、烤羊排、干菜肘子、香酥全鸭、海米烧茄子、氽白肉渍菜粉。

2. 北京民间家宴菜单

北京是我国的经济、政治、文化中心，四海人士云集，五方口味融合，其家宴在鲁菜、京菜的基础上，吸收了许多外地的肴馔，显得万象包容，丰富多彩。

例1，什锦大拼、酱爆鸡丁、炸板虾、核桃腰、元宝肉、松鼠鱼、番茄虾仁锅巴、冬菜鸭、植物四宝、汽锅鼋鱼。

例2，五福拼盘、油爆双脆、面包虾仁、冬菜扣肉、软炸大虾、椒盐排骨、香酥鸡、吉利丸子、油焖双冬、砂锅鱼头汤。

3. 山东民间家宴菜单

山东家宴注重禽畜和海味，淡水鱼鲜较少，擅长烤、涮、扒、熘、爆、炒，喜爱咸鲜香浓口味，菜品大多酥烂、重质重量，定名朴实，装盘大方。菜品菜量8~14道不等，以济南、烟台、青岛、泰安等地的城镇家庭调制较精。

例1，炝腰花、冻粉拌鸡丝、糖醋荸荠、葱辣鱼条、德州扒鸡、海米烧豆腐、芫爆大蛤、炸熘小黄鱼、荤素大白菜、椒盐排骨、芦笋蘑菇汤。

例2，冻粉拌鸡丝、炝海米芸豆、烹对虾、炸八块、山东蒸丸、白扒蹄筋、炸熘小黄鱼、水晶山药桃、德州扒鸡、油焖双冬、八宝甜饭、清汤牛尾。

4. 陕西民间家宴菜单

陕西以关中和陕南等地的家宴质量最优。其席面大方朴实，菜式多为9~12道，以家畜家禽为主体，口味偏大，软烂香浓，下酒菜后多辅以水饺或汤面，讲求丰满实惠。

例1，腊羊肉、拌黄瓜、酥鲫鱼、酱口条、鸡茸豆腐、关中焖牛肉、带把肘子、清蒸鱼、油焖双冬、金边白菜、牛羊肉泡馍。

例2，拌什锦粉丝、冻鸡、酱口条、腊汁肉、糖醋莲菜、香菇笋子、方块肉、黄酥鸡、酱焖羊肘、奶汤锅子鱼、三鲜水饺。

5. 江苏民间家宴菜单

江苏民间家宴调理精细，清鲜醇美，款式众多，习俗与菜式各别，历来受到食界好评。其家宴多为中低档次，数量在8~16道之间，多由精通厨艺的主妇或聘请的厨师料理，以质精味纯、调配科学、餐具齐楚取胜。

例1，扬州风味家宴菜单。

冷菜：糖醋排骨、海米芹黄、酒醉鸡翅、五香熏鱼；

热菜：虫草焖甲鱼、五味仔鸡、香梗炒鳝丝、香酥牛肉、蜜汁莲藕、茉莉花炒鸡片、桂花虾饼、两吃豆腐、珍珠圆子；

汤菜：鸡丝莼菜汤。

例2，姑苏风味家宴菜单。

凉菜：五香栗子、水晶肴肉、无锡脆骨、麻油仔鸡；

热菜：大煮干丝、松鼠鳜鱼、常熟叫花鸡、碧螺虾仁、蜜汁芋艿、五香扒鸭、口蘑菜心、梁溪脆鳝；

汤菜：银鱼冬瓜汤。

6. 上海民间家宴菜单

上海民间家宴属于海派宴席风格，具有适口、趋时、开拓和清新秀美、温文尔雅、风味多样及时代气息鲜明的特征。档次大多居中，调配和谐、制作精细。

例1，冷菜（香椿拌鸡线、盐水鲜仔虾、白凤眼肝、香油拌双笋、蜜汁小塘鱼）；热菜（蹄筋烩鲜贝、春笋凤尾虾、豆瓣滑牛柳、鸡火煮干丝、炸熘糖醋鱼、蚝油焖草菇、鲜菌乳鸽汤）；点心（夹沙油汤团）。

例 2，冷菜（时令鲜色拉、冰凉糟鸡丝、泡辣黄瓜条、腌醉鲜虾条）；热菜（三鲜烩海参、莴苣焖肘花、碧绿珍珠丸、菠萝滑鱼片、香酥嫩鹌鹑、锅烧鲜河鳗、蒜茸炒时蔬、火腿三圆汤）；点心（白元糯香糕）。

7. 浙江民间家宴菜单

浙江民间家宴流行于杭州、宁波、温州、金华、嘉兴、湖州等地，菜式多在 9~15 道之间，醇正、鲜嫩、细腻、典雅，口味偏淡多变，讲究时鲜，常寓神奇于平凡，有着江南殷实人家小康生活气质。

例 1，糟鱼、风鳗、盐水鸭、白切鸡、苔菜小黄鱼、韭菜蛏仁、烧河鳗、荷叶粉蒸肉、三丝敲鱼、香菇菜心、鸡茸鲜菌汤、什锦花饭、时果拼盘。

例 2，盐水虾、白斩鸡、熏茶笋、桂圆肉、上汤烩鱼肚、油爆鲜鱿、荷叶粉蒸肉、咖喱鹅块、炸熘带鱼、蒜茸时蔬、火腿老鸭汤、虾茸小包、冰镇西瓜。

8. 福建民间家宴菜单

福建民间家宴重视海鲜，善用红糟、虾油、沙茶、橘汁调味，刀法细腻，多用炒、炖、蒸、炸、熘等方法制作，讲究汤的质量，菜式淡雅、鲜嫩、隽永，席面小巧，菜式结构简单，有东南沿海的特异气质，深受侨胞的喜爱。

例 1，福州风味家宴菜单。

冷盘：闽生果、芝麻腰片、沙茶鱼丝、醉蚶

热菜：肉米鱼唇、闽煎豆腐、太极芋泥、糟汁汆海鲜、炸糟黄鱼、红糟鸡、樱桃银耳、茸汤广肚

小吃：蚝煎、蛋糕

例 2，闽南风味家宴菜单。

冷菜：五福临门大拼盘

热菜：生炒土笋、通心河鳗、葱烧全鸭、四果甜羹、淡糟香螺片、当归牛腩、清炖鲜蛏

小吃：光饼、虾茸包

9. 安徽民间家宴菜单

安徽民间家宴以城乡居民家庭自食或招待宾客为办宴目的，取材方便，制作简易，花费不多，味型多样，有浓郁的地方食俗风情。菜式多在 10 道左右，菜品档次偏低。

例 1，什锦拼盘、爆炒腰花、红椒牛肉丝、翡翠蟹肉、软炸石鸡、腌鲜鳜鱼、麻辣豆腐泡、油焖茭白、小鸡炖蘑菇、笼糊。

例 2，无为熏鸡、酥鲫鱼、盐水虾、五福烩什锦、咖喱鱼片、炒肚片、葱爆牛柳、符离集烧鸡、红烧鱼方、清炒时蔬、淡菜炖鸭、乌饭团。

10. 湖北民间家宴菜单

湖北民间家宴选料突出淡水鱼鲜和山野资源，调制擅用蒸、煨、烧、炸、炒等技法，菜品汁浓芡亮、口鲜味醇、富有鱼米之乡的饮馔特色。湖北人重情重礼，每桌菜点多在12道以上，档次居中；不同的地区有不同的当家菜品，款式变化纷繁。

例1，荆州风味家宴菜单。

松花皮蛋、红油牛肉、鸡粥烩鱼肚、油爆肚尖、网油鸭卷、香菇鸡翅、橘瓣炖银耳、长湖鱼糕、钟祥蟠龙、珍珠菜心、冬瓜鳖裙羹、豆沙甜包。

例2，襄阳风味家宴菜单。

五香扎蹄、凉拌莲藕、麻辣顺风、椒麻鸭掌、葱烤牛排、隆中烧鸭、夹沙甜肉、酥炸斑鸡、蜜枣羊肉、长命菜蒸肉、油焖鳊鱼、野菌鸡汁汤、鲜肉小包。

11. 湖南民间家宴菜单

湖南民间家宴以水产和熏腊原料为主体，习用烧、炖、腊、蒸等烹制技法，口味偏重酸、辣、咸、香，熏香风味浓郁，习用火锅；湖区、山乡、川原的食馔风格融为一体，湘味甚浓。每席菜品数量不多，但装盘丰满，菜量充足。

例1，水晶肚头、凉拌三丝、酱卤牛肉、油焖蹄花、腊味合蒸、东安仔鸡、酸辣红烧羊肉、网油蒸鳜鱼、家常火锅。

例2，五福拼盘、腊味合蒸、麻仁香酥鸭、酸辣爆鱿鱼、冰糖湘莲、韭黄炒肉丝、香芋焖牛腩、柴把鳜鱼、冬菇烧菜心、五圆全鸡汤。

12. 广东民间家宴菜单

广东经济昌盛，饮食文化发达，民间消费水平较高，家宴历来讲究。广东家宴用料广博，菜品鲜淡、清美，调理精细，档次偏高。宴席充满吉庆祥和色彩，菜名注重心理愉悦和感情寄托。

例1，五福冷拼盘、笋尖田鸡腿、菜胆上汤鸡、果露焗乳鸽、蟹汁时海鲜、四喜片皮鸭、香菇扒菜心、桂花时果露、双丝窝伊面。

例2，白切嫩鸡、白云猪手、红皮烤鸭、五彩炒鱿鱼、香煎大明虾、清蒸鲜鲈鱼、金华玉树鸡、菜胆扒猪肘、豉汁黄鳝球、韭黄瑶柱羹、广式叉烧包、时果大拼盘。

13. 四川民间家宴菜单

四川深得巴山蜀水之利，物华天宝，肴馔丰美而具平民生活气息。自古以来，四川菜素以味型丰富而著称，菜品清鲜浓醇并重，有“味在四川”之说。四川家宴风味独特，造诣精深，款式繁多，影响深远，深受西南地区及周边省区的居民青睐。

例1，大杂烩、姜汁鸡、咸烧白、粉蒸肉、蒸肘子、烩明笋、泡菜鱼、猪肉

丸、凤翅汤。(农家九大碗菜单)

例2，冷盘(盐水鸭条、椒麻肚片、棒棒鸡丝、怪味桃仁、陈皮兔丁、葱油青笋)；热菜(家常海参、锅巴鱿鱼、宫保鸡丁、鱼香肉丝、泡菜鲜鱼、水煮牛肉)；小吃(醪糟汤圆、红油小面)；饭菜(跳水泡菜、川香榨菜)。

二、便宴菜单设计

便宴是一种非正式宴请的简易酒席，又名“便席”“便筵”。便宴规模一般不大，菜品数目不多，宴客时间比较紧凑，招待仪程较为简便，菜式可丰可俭，菜品可自由选择。因其不如宴会席那么正规、隆重，故其菜单设计通常是由顾客根据自己的饮食喜好，在酒店提供的零点菜单或原料中自主选择菜品，组成一套宴席菜品的菜单。也可由酒店将同一档次的两套或三套菜单中的菜品按大类合并在一起，让顾客从其中的菜品里任选其一，组合成便宴菜单。

(一)便宴菜单设计要求

设计便宴菜单，一要明确就餐目的，考虑自身的经济条件，量入为出，确定好接待规格；二要迎合主人及亲友的特殊要求，协调好饭菜的口味和质感；三要了解餐厅的经营特色，尽可能地发挥餐饮企业的技术专长；四要符合节令要求，应时定菜，突出名特物产；五要注重所选菜品的品种调配，使其色质味形及冷热干稀应时而化；六要丰富烹饪原料的品种，兼顾使用各类原料，力求构成一整套平衡膳食。具体说来，应综合考虑如下设计要求：

1. 明确就餐目的，确定接待规格

设计便席菜单，首先应明确就餐目的，掌握接待规格。如果是亲朋好友临时聚餐，可选择普通实用的菜品，佐酒下饭两宜；如果请客意义重大，宴请的规模较小，则应确立档次较高的菜品，以示庄重；接待尊显的贵宾，菜品的规格应相对提高，若主人经济能力有限，则应偏重实惠型的菜品，以保证在座的所有客人吃饱吃好为前提。

2. 迎合宾主嗜好，因人选用菜品

请客的目的就是要让就餐者吃得畅快，玩得尽兴。因此，就餐者的生活地域、宗教信仰、职业年龄、身体状况、个人的嗜好及忌讳都应列入考虑的范畴。设计便席菜单时只有区别情况，“投其所好”，才能充分满足不同的餐饮需求。

3. 了解餐厅经营特色，发挥酒店技术专长

设计便席菜单，通常是参照酒店的零点菜单灵活进行。明确了接待规格，照顾了客人的特殊需求后，接着应考虑的是酒店的经营特色。菜单设计者所选取的菜品应与餐厅所供应的菜品保持一致，特别是酒店的一些特色菜(招牌菜、每日时菜)，既可保证质量，又可满足就餐者求新求异的心理，安排菜点时，不妨重

点考虑。

4. 应时定菜，突出名特物产

确立便席所需的菜点，还应符合节令要求。像原料的选用、口味的调配、质地的确定、冷热干稀的变化之类，都应视气候的不同而有所差异。第一，节令不同，原料的品质不同。如中秋时节上市的板栗，既香又糯；小暑时节的黄鳝肉嫩味鲜。第二，节令不同，菜单的内容应有所不同。如夏秋两季气温较高，汁稀、色淡、质脆的菜品居多；春冬两季，气温较低，汁浓、色深、质烂的菜品居多。所有这些，设计菜单时不能不加以考虑。

5. 注重品种调配，讲求营养平衡

顾客指定的特选菜品、酒店的招牌菜品、不同时节的节令菜品等选定之后，接着该考虑的是便席菜点品种的调配了。调配菜点品种，是便席菜单合理与否的关键之一。譬如，鱼鲜菜品确定了，可适当配用禽畜蛋奶菜；荤菜确定了，应考虑素菜；热菜确定了，应考虑冷菜、点心及水果等；无汁或少汁的菜肴确定了，应考虑汤羹菜；咸味菜肴确定了，可适当安排甜菜及其他风味菜品。此外，便席的菜品往往以一整套菜点的形式出现，完全可使之成为一组平衡膳食，那么，“鱼、畜、禽、蛋、奶兼顾，蔬、果、粮、豆、菌并用”的配膳原则不能不加以考虑。

6. 增强节约意识，以较小投入换取最佳效果

设计便席菜单，应在接待规格既定的前提下，以较小投入选配最为丰盛的菜点，以获取最佳宴饮效果。具体操作时，除了熟悉菜品（含菜价）、熟悉酒店、熟悉市场行情之外，还须注意菜品及原材料品种的合理安排。通常情况下，灵活选用本地的特色菜品；尽量选配物美价廉的特色菜肴；丰富菜式花色品种，适当增加素菜比例；适时参考酒店的促销菜品及酒水等。这样，花费的成本较小，给人的感觉则相对丰盛。

（二）便宴菜单设计实例

1. 山东风味便席菜单

例 1，德州扒鸡、葱辣鱼条、油爆双脆、蟹黄豆腐、滑熘肉片、蜜汁山药、海米菜心、糖醋鲤鱼、奶汤什锦。

例 2，双拼冷盘、海参扒肘子、油烹对虾、盐爆肚条、山东烧鸡、醋椒鱼条、白扒蹄筋、虾籽焖芸豆、八宝甜饭。

说明：山东便席以海鲜菜、水产菜与禽畜菜为主，装盘丰满，造型古朴，菜名平实，敦厚庄重。菜品的主要特色是鲜咸、纯正，善用面酱，葱香突出。

2. 四川风味便席菜单

例 1，陈皮兔丁、红油百叶、椒麻腰花、蒜泥黄瓜、宫保鸡丁、樟茶鸭子、

芙蓉鱼片、水煮牛肉、荷叶蒸肉、蒜苴时蔬、毛肚火锅、四喜汤圆。

例2，椒麻凤爪、芥末肫肝、糖醋蜇丝、回锅牛肉、宫保兔花、干烧岩鲤、三菌凤翅、清蒸填鸭、攒丝杂烩、火腿鸡丝卷、冰镇西瓜。

说明：四川便席的特色风味鲜明，菜式品种丰富多彩，原料多系地方特产，烹制调理较为精细，菜品口味宽广多变，居家饮膳气息浓烈。

3. 江苏风味便席菜单

例1，水晶肴肉、葱油蜇萝、碧螺虾仁、海米芹黄、全料烧鸭、梁溪脆鳝、大煮干丝、干贝菜心、奶汤财鱼片。

例2，糖醋排骨、盐水鸭块、苏式鳝糊、蟹黄狮子头、麻油仔鸡、清蒸鲥鱼、口蘑菜心、虫枣炖甲鱼。

说明：江苏便席菜品的主要风味特色是：清鲜平和，咸甜适中，组配谨严，菜形清丽，特别适合从事轻体力劳动的人士食用。

4. 广东风味便席菜单

例1，五彩鳕鱼粒、豉汁蟠龙鳝、香浓粟米羹、西芹炒百合、椒蒜田鸡腿、虾子扒鲜菇、大地扒圆蹄、冬瓜煲老鸭、鲜虾窝伊面。

例2，蚝油扒瑶柱、蒜子响螺片、五彩山瑞丝、姜芽炒鸭掌、凤果田鸡腿、江南百花鸡、豉汁蒸鳗鱼、虾籽鲜菇羹、上汤泡水饺。

说明：设计广式便席，除应遵守便席通行的菜单设计要求外，更须注重其特色风味：用料奇特、广博、精致，菜品生猛、鲜淡、清美。

5. 安徽风味便席菜单

例1，冷菜（盐水鸭、五香茶叶蛋、熏鱼、麻辣粉丝）；热菜（炒腰花、辣子鸡、糖醋面筋、蟹糊、红烧黄鱼）；汤菜（老蚌育珠汤）。

例2，冷菜（香肠、风鸡、卤豆腐干、凉拌菠菜）；热菜（炒鱼片、荤烩素、香辣豆腐、红烧蹄髈、酸辣鱿鱼）；汤菜（白果炖鸡汤）。

说明：上述菜单是淮北、滁州、芜湖、安庆等地常见的大众聚餐菜式，多在10道左右，经济实惠，朴实大方，佐酒用饭两宜，应用相当广泛。

6. 湖南风味便席菜单

例1，香腊鸡肫、姜醋白鸡、糖醋蜇皮、油辣冬笋、组庵鱼翅、红白肚尖、红煨水鱼、东安仔鸡、腊味合蒸、油淋鹌鹑、冰糖山药、鸡汁菜心、蒸五元龟、三鲜春卷、酥炸麻丸。

例2，叉烧乳猪、油辣菜卷、奶汤海三味、鲜贝竹筒鱼、酸辣肚尖花、网油香酥方、葱油凤尾虾、枇杷杏仁珠、竹荪乳鸽汤、鸡茸煎软饼、应时水果拼。

说明：湖南风味便席饮食水准较高，宴席铺陈华美，菜式酸辣、软嫩、香鲜、清淡、浓香，做工精细，受湖南官府菜影响较深。

7. 上海风味便席菜单

例 1，笋炒虾仁、三丝鱼卷、油爆肚尖、鸡油豆板、京葱竹鸡、枸杞肉丝、糖醋排骨、蟹粉蹄筋、雪菜香菇、清蒸鲥鱼、菜鸽鲜汤。

例 2，樱桃虾仁、番茄鱼丁、炸烹菊肫、云腿口蘑、松子嫩鸡、桂花香肉、蜜汁莲子、芙蓉青蟹、奶油菜心、软熘鳜鱼、应时鲜汤。

说明：上海人口密集，寸土寸金，居民红白喜庆招待宾客多在餐馆中举行，特别是阴历初八、十八、二十八这些吉日，面积本来不大的各式餐馆时常爆满。为提高接待能力，许多餐厅限制进餐时间，排菜时增加快捷便利的热炒的比例，于是便诞生了以炒菜为主的各式便席。

8. 湖北风味便席菜单

例 1，双黄鱼片、黄陂三合、芝麻藕元、煎糍粑鱼、腊肉炒菜苔、清蒸武昌鱼、瓦罐萝卜牛肉汤、五芳斋汤圆。

例 2，沔阳三蒸、江陵千张肉、田鸡烧鳝鱼、洪湖焖野鸭、孝感糯米酒、黄焖肉丸、酥炸茄夹、排骨煨藕汤、清水粽子。

说明：湖北风味便席多取用当地居民钟爱的乡土名菜，菜品咸鲜香辣，醇厚肥美；水产鱼鲜较多，蒸煨烧炸而成，装盘丰满大方，价格经济实惠。

第四节　西式宴席和中西合璧式宴席菜单设计

西式宴席在菜点组配及菜单设计方面与中式宴席有着明显的区别。为突出重点，本节着重介绍西式正式宴席及西式冷餐酒会的菜单设计。

一、西式宴席菜单设计

西式宴席在菜式风格的体现，菜点酒水的配套，菜品冷热干稀的组合，以及餐饮接待程式等方面，与中式宴席相差较远。其主要特色表现为四方面：一是在宴席格局上，强调以菜为中心；二是在菜点组合上，讲究简洁实用；三是在菜单设计上，注重突出个性；四是在菜式排列上，强调其固有程式。设计西式宴席菜单，必须明确其设计原则及具体要求。

（一）西式宴席菜单设计要求

设计西式宴席菜单，必须充分考虑顾客的饮食需求，在全面了解影响菜单设计诸多因素的前提下，依据宴席主题、接待规格及餐厅本身的基本资源灵活进行设计。西式宴席菜单设计原则与具体要求主要表现如下：

1. 根据就餐者的饮食需求设计

西式宴席中的一切餐饮都是为了满足就餐者的饮食需求。宴席菜品要想被就餐者接受，就必须进行必要的市场调研，制订出符合顾客要求的各式菜单。宴会调研主要为了了解就餐者对各类菜肴的爱好情况、对本地特色菜的喜爱程度、同行业的市场情报等，把调研结果作为设计西式宴席菜单的依据。

2. 依据宴席的接待标准合理设计

宴席的接待标准是西式宴席菜单设计的重要依据。宴席既然是一种特殊的商品，就必须遵循市场营销规律，其菜单的设计必须按照“质价相称”“优质优价”的原则，合理选配每一菜品和酒水。高档宴席的原料品质、工艺难度、菜品质量、酒水规格、宴饮环境、接待风范必须优于普通宴会。

3. 突出宴席主题和风味特色

饮食是人们最基本的生活需求，同时也是民族地方传统、风俗习惯及文化艺术的反映。西式宴席菜单的设计，除要考虑宾客需求、接待规格之外，还应着重考虑宴会主题、风味特色及地方饮食习俗，很多酒店的西餐厅就是靠风味特色来吸引客人。风味特色主要表现在菜肴原料、烹制工艺、色香味形、食用方式，甚至餐厅环境等方面。不同的宴席主题要求体现出不同的风味特色。

4. 熟悉食品原料的供应情况

食品原料是菜品制作的物质基础。如果原料的品质符合工艺要求，数量能够保证供应，价格也相对合理，那么用该原料烹制的各式菜肴就可作为营销菜品，否则就不能被列入宴席菜单。在原料的供应上，要考虑通过正当途径，保证原料正常供应的数量、通过努力能争取到的数量、某种食品原料有无供应的基地等，要考虑食品原料的季节性、储藏的难易程度等，还要考虑到本企业的原料库存情况。

5. 掌握烹饪和服务的技术水平

烹饪和服务的技术水平是宴席菜单设计的关键性要素。没有一定的技术水平做保障，设计出的宴席菜单只能是空中楼阁。技术力量包括厨师的技术力量和服务人员的服务技术。烹调技术是主要方面，有什么样的厨师，才有可能生产出什么质量的菜品。如果想要宴席取得成功，除了烹饪技术之外，服务技能也不可忽视。

6. 控制宴席的成本与价格

西式宴席菜单设计要着重考虑整套菜品酒水的餐饮成本与销售价格。既要注意每一道菜肴成本的合理控制，也要注意整桌宴席中菜品酒水的合理搭配；尽量安排一些利润率较高的畅销菜品，确保在总体上达到规定的毛利率；力争制订出深受双方赞许的各式宴席菜单。

7. 注意花色品种与季节因素

西式宴席菜单的设计，要注意各类菜品花色品种的调配，既要保持传统风味、地方特色，又要不断研制新花色、新品种，增加菜品的吸引力。要考虑季节因素，合理选配应时当令的新鲜食材，安排适合季节要求的节令佳肴。

8. 注意宴席菜单的合理排列

西式宴席菜单既强调内在美，也注重形式美。设计西式宴席菜单，在菜单外形的设计上，要使菜单的式样、大小、颜色、字体、纸质、版面安排等与餐厅的档次和气氛相协调，与餐厅的陈设、布置、餐具以及服务人员的服装风格相适应。既美观大方，又简便实用。

（二）西式宴席菜单实例

例 1，法式宴席菜单。

SET DINNER

（10 人 x RMB 400）

Henkell Trocken

汽泡酒

Pan–fried Goose Liver with Mango Fruit

香煎鹅肝配杧果

Chenin Blanc，Brown Brothers 1999

布朗兄弟梢南白

Asparagus Cream Soup with Frog Legs

芦笋奶油蛙腿汤

Pan–fried Beef Tenderloin “ Rossini” Style

传统“罗西尼”式煎牛柳配鹅肝及黑菌

Roasted French Duck Breast with Pine Nuts in Rice and Orange Sauce

烤法国鸭胸配松仁米饭及香橙汁

Monton Cadet 98’

武当红

Cream of Cheese with Berry Basket

浆果奶油芝士篮

例 2，意式宴会菜单。

开胃菜：

蒜味烤虾、红黑鱼子、大麦粥加意大利果仁和生腌火腿

头盘：

羊奶干酪和意大利熏火腿

汤菜：

奶油蘑菇汤

前菜：

焗头条鱼配奶油花菜

主菜：

烧鸡配甜菜饭和各式蔬菜

甜点：

萨巴里安尼甜点

饮料：

咖啡

二、中西合璧式宴席菜单设计

冷餐酒会，又称冷餐会，它是西方人经常采用的一种宴会形式，兴起于20世纪的欧洲，后来传入我国，现已在我国各大中城市广泛使用，成为中西合璧式宴席的一种主要表现形式。

（一）冷餐酒会菜单设计要求

冷餐酒会属于自助式宴席，适宜于正式的官方接待活动。设计冷餐酒会菜单，要特别注意各式菜点和装饰物品的合理摆放，要注意菜品的陈列与就餐环境的和谐统一；菜品的数量要科学合理，菜品的规格要体现接待标准，菜品的种类要多种多样，菜品的风味要特色鲜明。人数较多的冷餐会可根据餐厅的形状把菜肴、点心、水果和饮料分开摆放，形状可设计成长方形、半圆形、L形或S形；人数较少的冷餐会可将各种食物摆放在一张餐台上。

在整个设计过程中，要注意整体风格和艺术性，餐台上的装饰一般选用鲜花、盆景、水果塔、蛋糕塔、黄油雕塑或冰雕作品等，将这些装饰品巧妙地穿插在菜肴中，起到画龙点睛的作用。

（二）冷餐酒会菜单实例

例1，西式冷餐酒会菜单。

沙拉类：

墨西哥彩色沙拉、水果沙拉、法式尼斯沙拉、鲜虾蔬菜沙拉、金枪鱼蔬菜沙拉、加州烟三文鱼沙拉

冷餐类：

里昂那蘑菇肠、野餐肠、鸡尾肠、迷你汉堡、迷你三明治、香炸鸡翅、美式春卷

甜点类：

草莓慕斯、巧克力慕斯、香蕉蛋糕、法式肉松卷、杏仁泡芙、英格兰蛋

糕、维多利亚蛋糕、黑森林蛋糕、香橙蛋糕、提拉米苏、法兰西多士、瑞士蛋糕卷

主餐类：

咖喱鸡、西班牙辣鸡扒、墨西哥香辣烤鱼、黑椒牛扒、黑椒牛柳炒意粉、意大利肉酱面、香烤小牛舌配黑椒汁

烧烤类：

巴西串标牛板腱、泰式烧猪劲肉、串烧鸡肉、黑椒炭烧牛肉、蒜香烤大虾、手撕鱿鱼丝、泰式甜辣酱烧热狗肠、BBQ烧鸡翅

汤类：

罗宋汤、奶油南瓜汤、意大利蔬菜汤、奶油玉米浓汤、海鲜汤

果汁类：

柳橙汁、柠檬汁、特级冰咖啡、英式红茶、奶茶

例2，中西合璧式冷餐酒会菜单。

汤类：

俄罗斯什菜汤

小食类：

咖喱牛肉饺、鲜虾多士、吉列沙丁鱼、咸牛肉碌结、椒盐鱿鱼须、意大利薄饼、沙爹串烧牛柳、炸鸡翼、日式墨鱼仔、家乡水饺、煎马蹄糕、潮州粉果、莲蓉糯米糕

沙律类：

龙虾沙律、俄罗斯鸡蛋沙律、意大利海鲜沙律、吞拿鱼鲜茄沙律、青菜沙律

热菜：

椰汁葡国鸡、红酒煨牛腩、粟米烩海鲜、洋葱烧猪蹄、新西兰牛柳、黑椒汁牛排骨、蒜蓉沙丁鱼、扬州炒花饭、海鲜西蓝花

甜品：

吉士布丁、栗子布丁、拿破仑饼、黑森林饼、大苹果派、朱古力花球、曲奇饼、葡式饼

水果：

雪梨、苹果、香蕉、鲜柑

思考与练习

1. 宴席菜单按设计性质与应用特点可分为哪几种类型？
2. 中式宴席菜单设计的指导思想及其设计原则是什么？

3. 宴席菜单设计可分哪几个环节？确立宴席菜品应从哪几方面着手？

4. 检查宴席菜单设计是否合理应考虑哪些方面？

5. 家宴菜单设计有何具体要求？

6. 西式宴席菜单设计应遵守哪些原则？

7. 请设计者结合自己所在省区的饮膳风格，设计一组成本为 400 元的四季便宴菜单。

8. 请按如下要求设计一份中式宴席菜单，并做设计说明

（1）宴席类别：公务接待宴、岁时节日宴或人生仪礼宴；

（2）地方风味：设计者所在省区家乡风味；

（3）接待标准：宴席成本控制在 800 元左右；

（4）适用季节：春、夏季节；

（5）菜品数量：12~14 道；

（6）设计说明：注明宴席主题、接待标准、地方风味、适用季节。

9. 2021 年 12 月，某集团公司在重庆市一商务酒店预订商务宴 6 桌，每桌售价 2800 元。若酒店销售毛利率为 52%，试计算该酒店完成本次接待工作应投入多少生产成本？获取多少毛利额？请结合重庆市餐饮市场行情，以宴会预订部主管身份，为其设计一份商务宴菜单，并做设计说明。

第5章

宴席场景与台面台型设计

设宴待客，需要处理好美食、美景和美趣的关系。幽雅大方的就餐环境与实用美观的宴席台面台型设计，将为客人营造出良好的就餐氛围，提升赴宴宾客的满意度，能给酒店带来积极的口碑。宴席场景与台面台型设计主要由服务人员来完成，它在整个宴饮活动中占有非常重要的地位，能让客人在享受佳肴美酒的同时，获取精神上的愉悦感，实现宴饮聚餐的目的。

第一节　宴席场景设计

宴席场景是指客人赴宴就餐时宴席厅房的外部环境和内部场地陈设布置所形成的氛围与情景。主要包括宴席厅房外部环境和宴席厅房内部场地及陈设布置。宴席厅房的外部环境有自然环境和人文环境之分。外部环境稳定天成、难以改变，内部场地陈设布置要与之相融洽，通过借景映衬，实现锦上添花之效果。宴席厅内部场景分固定不变场景与临时布置场景两部分。固定不变场景，短期内不会因宴席主题需要而随意改变。临时布置场景则应因具体的宴席主题而具体确立，这是本章宴席场景设计的主要内容。

一、宴席场景设计内容与原则

宴席场景设计是依据宴席主题、标准、性质、宾主要求和宴席厅装饰风格进行就餐环境装饰布置的设计活动。合理的宴席场景设计，有利于提升宴饮接待的整体氛围，可有效提供餐饮服务与管理，合理控制酒店经营成本，使客人获得舒适感觉和美观享受。

（一）宴席场景设计内容

宴席场景设计要求对宴会场所的空间、色彩、灯光、音响、空气质量、陈设布置、绿化装饰、物理环境等进行整体规划与管理，涉及宴饮功能设计、装修装饰设计、物理环境设计及陈设艺术设计等内容，具有宴席整体环境设计、灯光音响设计、桌椅家私布局、绘制场景平面图等具体工作任务。

整体环境设计主要有主题风格设计和功能环境设计之分。主题风格设计要求突出主题，展现风格，着力整体，注重局部。功能环境设计主要指迎宾区的主题装饰、宴会指引等，舞台区的背景设计、装饰等，进餐区的餐桌椅陈列、装饰等，休闲区的甜品台、休闲座椅陈列布置等。灯光音响设计要求色调和谐统一，音韵欢快舒适。桌椅家私布局包括餐台布局、服务台布局、展示台布局、礼宾台布局等工作内容。

在这所有的设计活动中，宴席场景设计最为关键的工作内容是针对宴席进餐场地的布置、装饰以及餐桌椅排列而制订相应方案或图样。宴席场地是宾客的主要活动场所，人们可以从它的布置上感受到宴席的主题与气氛，故而其设计的好坏直接影响到宴席的效果。

（二）宴会场景设计原则

1. 突出主题

宴席场景设计要根据客人意愿及宴席主题这一主线来展开。如婚宴场景设计，要求喜庆祥和、热烈隆重，其环境布置要突出喜庆、热闹这一中心。一些诸如学术交流、学习培训之类的宴席，只需一般桌椅陈设及视听器材即可。

2. 展现风格

宴席场景设计既要突出地方民族风情，弘扬乡土文化特色，又要突出本店个性化文化特质，通过与众不同的风格来彰显自身独特的魅力和吸引力。

风格鲜明，客观上要求营造出一种巧夺天工、自然天成的用餐环境，切忌盲目模仿、粗制滥造。

3. 安全卫生

宴席场景设计应营造安全卫生的进餐环境，保证顾客人身财产安全、消防安全、建筑装饰及场地安全。保证宴席环境轻快温馨，窗明几净，一尘不染，使客人产生舒适感观。

4. 舒适愉悦

宴席厅应力求营造安静轻松、舒适愉悦的环境氛围，给人以舒适惬意感，娱悦神经、消除疲劳、增进食欲。

5. 便捷合理

宴席环境布置不仅要注重外表美观新颖，更要保证实用性与功能性。宴席厅空间要既宽敞舒适，又经济实用。

6. 统一协调

宴席整体设计与布局规划要做到统筹兼顾、合理安排，注意全局与部分之间的和谐与匀称，体现出浓郁的风格与情调。如大餐厅豪华高雅、富丽堂皇，小餐厅小巧玲珑、清静雅致。

7. 艺术雅致

宴席场景设计时，应在环境布置、色彩搭配、灯光配置、饰品摆设等方面营造出一种自然天成、幽雅别致的用餐环境，体现宴席文化的主题和内涵，树立酒店经营形象。如上海“红仔鸡”酒店的溜冰传菜服务，把静态的场景与动态的服务结合起来，给人以新奇之感。

8. 经济实用

宴席场景设计要求既为顾客提供舒适的就餐环境，又以较少的支出获取最大收益。使用费用较低且维修方便的设备、设施；最大限度地使用自然采光或采用高效节能的照明设施；充分利用餐厅可用营业空间，有效利用餐厅面积。

二、宴席场景设计步骤与方法

宴席场景设计是日常宴席设计的主要表现形式，其设计步骤与方法如下：

（一）确定餐台

餐台布局即确定餐台的类别、形状、数量及规格，其总体要求是：突出主台、排列整齐、动线流畅、距离适当。

1. 主台

宴席主台指供宴席主宾、主人或其他重要客人就餐的餐台，通称为“1号台”，它是宴请活动的中心部分。主台一般只设1个，安排8~20人就座，用圆形台或条形台。中式宴席以圆形主台为多，主台的规格为：圆台直径最小为180厘米，且要比其他餐台大。长台规格至少为240厘米×120厘米，根据所坐人数，再相应增大。

2. 副主台

参加宴席的贵宾较多时，可设若干副主台。它以圆台为主，设2~4个，每席坐8~12人。其大小应在主台和普通台之间，一般是直径为160~180厘米。

3. 一般餐台

一般餐台多选用圆台，每席坐10人，餐台的直径至少应为160厘米，但对于中低档大型宴席，由于场地面积的限制，也可选用相应略小的规格。

4. 备餐台

备餐台（含备餐柜、备餐车）多为长条形，根据餐桌数量和服务要求而设。一般是1餐台配1个或2~4个餐台配1个，用小条桌、活动折叠桌或小方桌拼接。备餐台有多种规格，不做统一要求，应视具体情况而定，如40厘米×80厘米、45厘米×90厘米、80厘米×160厘米等。

5. 临时酒水台

宴席规模较大时，可设若干临时酒水台，以方便值台员取用。精心布置的酒水台还具有一定的装饰效果。在有充足备餐台的情况下，亦可不设酒水台，而直接将酒水摆在备餐台上。酒水台的形状、规格不做统一要求。

（二）确定餐椅

宴席餐椅以靠背椅为主，主台的餐椅可以特殊一些，场地较小时还可选用餐凳，同时还要考虑预备一定数量的备用餐椅。

（三）确定绿化装饰

1. 绿化装饰区域

绿化装饰区域一般是在厅外两旁、厅室入口、楼梯进出口、厅内的边角或隔断处、话筒前、花架上、舞台边沿等，宴席餐台上有时也布置鲜花。

2. 盆栽品种

盆栽品种可供选用的有盆花、盆果、盆草、盆树、盆景等几种。一般来说，喜庆宴席可选用盆花，以季节的代表品种为主，形成百花争艳的意境，以示热烈欢快的气氛。如求典雅可多用观赏植物，如文竹、君子兰。至于阔叶植物棕榈、葵树以及苍松、翠柏之类，其树形开阔雄伟，点缀或排列在醒目之处，亦能增加庄重的效果。宴席餐台排列较松散时，可用盆栽点缀。选用盆花时还要考虑各国各地习俗对花的忌讳，如日本忌荷花、意大利忌菊花、法国忌黄花等。

（四）确定标志与墙饰

宴席标志指宴席厅中使用的横幅、徽章、标语、旗帜等。这是表现宴席主题的最直接方式，要根据宴席的性质、目的及承办者的要求来设置。如国宴，就要悬挂主客双方的国旗，菜单上要印国徽；婚宴可悬挂大红喜字或龙凤呈祥图案；其他可悬挂横幅。

墙饰指宴席厅内四周的字画、匾额、壁毯及其他类型的工艺装饰品，它对整个宴席的环境起着衬托和美化作用。在一般情况下，它是相对固定的，非特殊要求可不做更改。

（五）确定色彩与灯光

宴席厅内各部分的色彩必须依据一定美学原理合理搭配，注意色调的和谐及统一。因此，要注意对地毯、窗帘、台布、口布、台裙、椅套、服务人员制服等色彩的选择。对于一般的宴席厅来说，这方面的选择余地不会太大。

中式宴席的灯光应设计得明亮、辉煌，在讲台、主台、舞台所处的区域，其光线应当更强一些，以显示其重要性。席间演出时，餐台区域的光线要调暗些，可以通过调整灯光的亮度、色彩，增减灯具的数量等方式使灯光适合宴席要求，必要时也可辅以烛光，以增加特殊情调。

（六）画出餐台排列平面布局图

1. 依据突出主台、整齐划一、出入方便原则构思

主台应处于宴席场地的正中或最显眼的位置，要能纵观全场。其桌椅排列应整齐，形成一定的几何图案，不能太零散、太杂乱，至少应保持横竖成行。餐桌之间要留出适当的空间，以最小座空 40 厘米为基准。大规模的宴席要留出主行道，主台四周的空间也应适当地大一些。宴席标准较低且场地面积有限时，可酌情缩小餐桌之间的距离，但要保证客人能够坐下。

2. 标上餐台台号，合理安排备餐台

以主台为 1 号，副主台为 2、3 号，然后以主位面朝全场的方向为基准，按右高左低、近高远低的原则确定后续的台号。

备餐台多靠边、靠柱而设，且与相应的餐台较近。酒水台的位置视情况而定，一般宜在各区域的靠边位置。它们均不能影响整体布局。

3. 合理安排其他活动区域

签名台、礼品台区域。签名台多选用长条形餐桌，一般设在靠近宴席厅大门外的地方。礼品台可与签名台设在一起，也可单独设在签名台旁边或后面。

讲话致辞区域。设在餐台整体布局的正前方，或主台的右上方。配有立式话筒或简易讲台。必要时设台板以便讲话人更加醒目，并用鲜花盆栽簇围。盆栽高度一般不要超过 1 米。

伴宴乐队区域。有正规舞台的宴席厅，可设于舞台的左侧或右侧，一般不适于设在舞台正中，除非伴宴后有文艺演出或其他活动。无正规舞台的宴席厅，伴宴乐队可安排在距宾客座席 3~4 米处的厅内后侧或左右两侧，太近会影响交流，太远又达不到应有的效果。

席间演出区域。无舞台的宴席厅其席间演出场地可设于餐台布局正前方，或餐台布局的中间，并铺上地毯，场地四周用花木围起或点缀。

4. 画出示意图并以图示说明

画出宴席的整个场景示意图，并写出图示说明。

（七）列出宴会场景布置的物品配置清单

较为简单的物品配置可直接在场景布局示意图上标出，复杂情况下则须另列清单，以便有关人员逐一落实。

第二节 宴席台面设计

一、宴席台面的种类

宴席台面，即供客人就餐时使用的餐桌台面。宴席台面的种类很多，通常按餐饮风格划分为中式宴席台面、西式宴席台面和中西合璧式宴席台面；也可按宾客的人数和就餐的规格划分为便宴台面和正式宴席台面；按台面的用途又可以划分为餐台、看台和花台。

（一）按餐饮风格分

1. 中式宴席台面

中式宴席台面用于中式宴席，一般使用圆桌台面和中式餐具进行摆台设计，以圆桌台面为主，台面中心摆放转盘，四周使用中式餐具，如筷子、骨碟、汤碗、汤勺、味碟及各种酒杯等。

2. 西式宴席台面

西式宴席台面用于西式宴席。常用方形、长形台面，或用长形、半圆形、1/4圆形等台面搭成椭圆、T形、工形等各式台面。西餐摆台设计时使用西式餐具，如金属餐刀、餐叉、餐勺、菜盘、面包盘和各种酒具、银制烛台等。

3. 中西合璧式宴席台面

由于中西饮食文化的交流，许多中餐菜肴采用了中菜西吃的用餐形式，既保持了中菜的优点，又吸收了西菜用餐方式的长处，这是一种值得推广的用餐形式。中西合璧式宴席台面可使用圆台或西餐各种台面。摆放的餐具主要有：中餐用的筷子、骨碟、汤碗，西餐用的餐刀、餐叉、餐勺及各种酒具等。

（二）按台面用途分

1. 餐台

餐台也叫食台、素台，在饮食服务行业中称为正摆台。这种宴席台面的餐具摆放应按照就餐人数的多少、菜单的编排和宴席标准来配备。餐台上的各种餐具、用具，间隔距离要适当，清洁实用，美观大方，放在每位宾客的就餐席位前。各种装饰物品都必须整齐一致地摆放，而且要尽量相对集中。

2. 看台

看台是指根据宴席的性质、内容，用各种小件餐具、小件物品和装饰物品摆设成各种图案，供宾客在就餐前观赏。在开宴上菜时，撤掉桌上的各种装饰物品，再把小件餐具分给各位宾客，便于宾客在进餐时使用。这种台面多用于民间宴席和风味宴席。

3. 花台

花台，就是用鲜花、绢花、盆景、花篮以及各种工艺美术品和雕刻物品等，点缀构成各种新颖、别致、得体的台面。这种台面设计要符合宴席的内容，突出宴席主题，图案造型要结合宴席的特点，要具有一定的代表性或者政治性，色彩要鲜艳醒目，造型要新颖独特。

二、宴席台面设计要求

宴席台面设计，又称宴席餐台设计、餐桌布置艺术，是指根据宴席主题，采用多种艺术手段，对宴席台面的餐具用具等进行合理摆设，使宴席餐台形成一种完美的艺术组合形式。

一个成功的宴席台面设计，既要充分考虑到宾客用餐的需求，又要有大胆的构思、创意，将实用性和观赏性完美地结合，所以在宴席台面设计时，至少要满足以下几个基本要求。

（一）根据宾客的用餐要求进行设计

宴席设计时，每个餐位的大小、餐位之间的距离、餐用具的选择和摆放的位置，都要首先考虑到宾客用餐的方便和服务员为宾客提供席间服务的方便。餐桌间距、台面大小、餐位多少、餐椅高度与距离、餐具的摆放以及服务方式等，都应以满足顾客进餐需要为前提，以方便顾客用餐为原则。

（二）根据宴席的主题和档次进行设计

宴席台面设计应突出宴席的主题，体现宴会特色。例如，婚庆宴席就应摆“喜”字席、百鸟朝凤、蝴蝶戏花等台面；如果是接待外宾就应摆设迎宾席、友谊席、和平席等。

台面设计还应考虑到不同宴席档次，根据宴席档次的高低来决定餐位的大小、装饰物及餐用具的造价、质地和件数等。选择与布置餐具用具及装饰物品，须与宴席主题和档次相匹配。

（三）根据宴席菜点和酒水特点进行设计

餐用具及装饰物的选择与布置，必须由宴席菜点和酒水特点来确定。不同的宴席配备不同类型的餐用具及装饰物，如中式宴席应选用传统的中式餐用具，如筷子、骨碟、汤勺等；西式宴席讲究食用什么菜点配备什么餐具，如西餐中有头盘刀、头盘叉、沙律刀、沙律叉、主餐刀、主餐叉、甜品勺、甜品叉、汤勺等餐具，配以不同特色的菜点；饮用不同的酒水也应摆设不同的酒具，如饮料杯、红葡萄酒杯、白葡萄酒杯、啤酒杯等。

（四）根据实用美观要求进行设计

宴席台面设计应体现实用美观、方便快捷的原则。在方便顾客用餐及服务人员工作便利的同时，还应结合文化传统、美学原则进行创新设计，将各种餐用具加以艺术性陈列和布置，起到烘托宴席气氛、增强宾客食欲的作用。例如中餐摆台，餐用具摆放紧凑、整齐、方便，宴席餐区标识清楚，自助餐取食和进食区域区别明显，客人动线与服务动线合理，体现了中餐宴饮审美观念。西餐摆台，菜盘放在正中，盘前横匙，叉左刀右，先外后里，刀口朝盘，叉尖向上，饮具在右，面包盘在左，餐具间距均匀，酒具与酒品配套摆放，体现了西方人饮食审美观念。

（五）根据卫生要求进行设计

安全卫生是餐饮服务的前提和基础，也是宴席台面设计时应着重考虑的重要因素之一。设计宴席台面，要保证摆台所用的餐具用具符合安全卫生标准，操作工具安全干净，装饰物品符合卫生标准。在摆台操作时要注意操作卫生，不能用手抓餐具、杯具的进口或接触食物的部分。

三、宴席摆台步骤与方法

中式宴席摆台主要包括铺放台布、安排席位、摆放餐具、美化餐台等操作步骤。其基本技法为：

（一）选餐台

中式宴席一般选用木制圆台。圆台常用直径为160厘米、180厘米、200厘米、220厘米等规格的圆桌面。宴席组织者可根据用餐人数的多少、场地的大小等，选择合适的餐台进行摆台。

（二）铺台布、下转盘

在铺台布前要对所用的台布进行检查，看是否清洁，有无破损。铺台布分站位、抖台布、撒铺台布及台布落台定位四步。待台布铺好后，在餐台中间摆上转盘底座和转盘，使餐台圆心与转盘圆心重合。

（三）围餐椅

从主人位开始围餐椅。每把餐椅之间间距相等，并正对餐位。餐椅的前端与桌边平行，注意下垂的台布不可盖于椅面上。

（四）摆放餐具

我国南北两地摆放餐具的方法不尽相同，但都是先摆放骨碟、筷子、筷架、汤勺等小件餐具，再摆放水杯、色酒杯、白酒杯等饮具，最后是摆放餐巾。

（五）摆放公共餐用具

公共餐用具的摆放包括公用筷子、公用汤勺等公用餐具的摆放和牙签、烟灰缸、菜单、台号等公用用具的摆放。每件物品的摆放都有一定的讲究。

（六）美化餐台

全部餐具、用具摆好后，再次整理，检查台面，调整座椅，最后在餐桌中心摆上装饰物品，如花瓶、花篮等。

西式宴席由于用餐方式、使用餐用具等方面与中式宴席的不同，故在摆台上与中式宴席有明显的区别。西式宴席摆台的基本要领是：展示盘或叠好的餐巾摆放于餐位正中，左叉右刀，刀刃向左。餐具与菜肴相配，根据食用菜肴的先后顺序，从里至外依次码放。同时，由于用餐方式的不同，西式宴席餐具的摆放在各国各地都有所不同，摆台时应因人而异。

第三节　宴席台型设计

宴席台型设计是指根据宴席主题、接待规格、主办方要求、餐厅结构形状以及就餐人数、宴饮习俗等规划餐桌排列总体形状和布局。其目的是合理利用餐厅条件，表现宴席举办方意图，体现宴饮接待标准，烘托宴席气氛，便于宾客就餐和服务人员席间服务。

中式宴席台型设计的总体要求是：突出主台，布局合理。具体的设计原则有四：一是中心第一，突出主桌或主宾席；二是先右后左，主人右席尊于左席；三是近高远低，离主桌近者尊于远者；四是方便合理，宴席台型应整齐有序、间隔适当，排列合理、美观大方。

一、中式宴席台型设计

（一）小型宴席台型设计（1~10 桌）

1. 一桌宴席台型设计

餐桌应置于宴席厅的中央位置，宴席厅的屋顶灯对准桌心。

2. 二桌宴席台型设计

餐桌应根据厅房的形状及门的方位而定，分布成横一字形或竖一字形，第一桌在厅堂的正面上位，如图 5-1 所示。

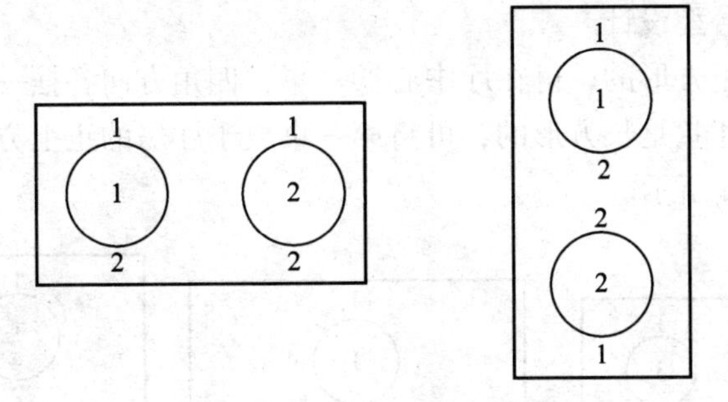

图 5-1 二桌宴席台型设计

3. 三桌宴席台型设计

如果厅堂是正方形的，可将餐桌摆放成品字形；如果厅堂是长方形的，可将餐桌安排成一字形，如图 5-2 所示。

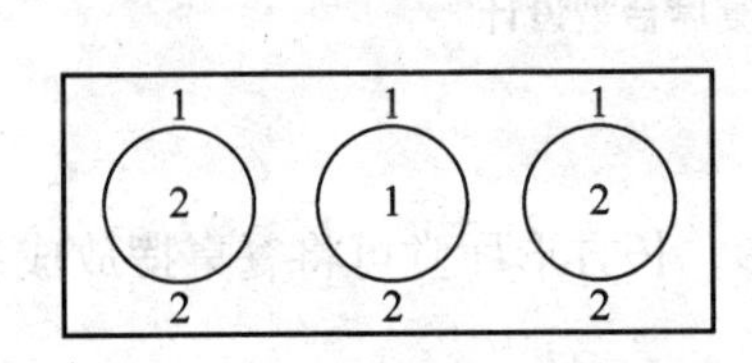

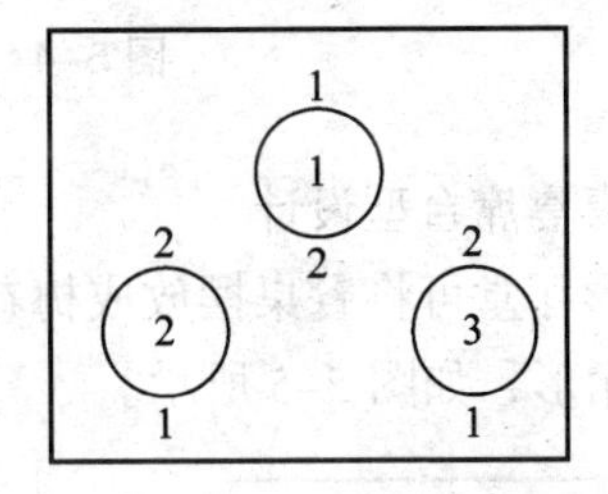

图 5-2 三桌宴席台型设计

4. 四桌宴席台型设计

如果厅堂是正方形的，可将餐桌摆放成正方形；如果是长方形的，可将餐桌摆放成菱形，如图 5-3 所示。

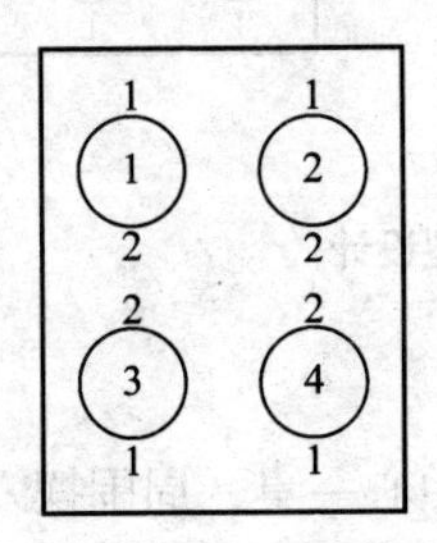

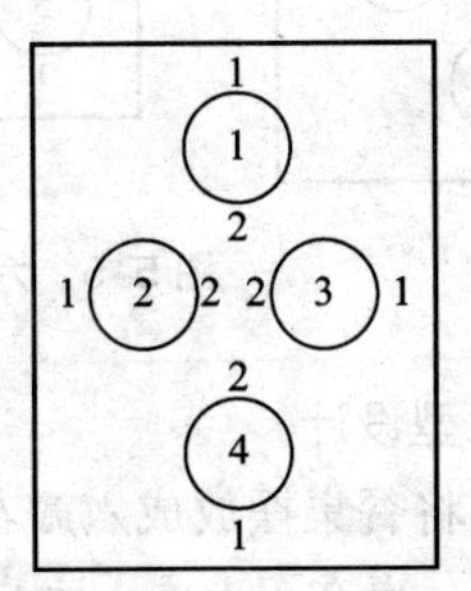

图 5-3 四桌宴席台型设计

5. 五桌宴席台型设计

如果厅堂是正方形的，可在厅中心摆一桌，四角方向各摆一桌：也可以摆成梅花瓣形。如果厅堂是长方形的，可将第一桌放于厅房的正上方，其余四桌摆成正方形，如图 5-4 所示。

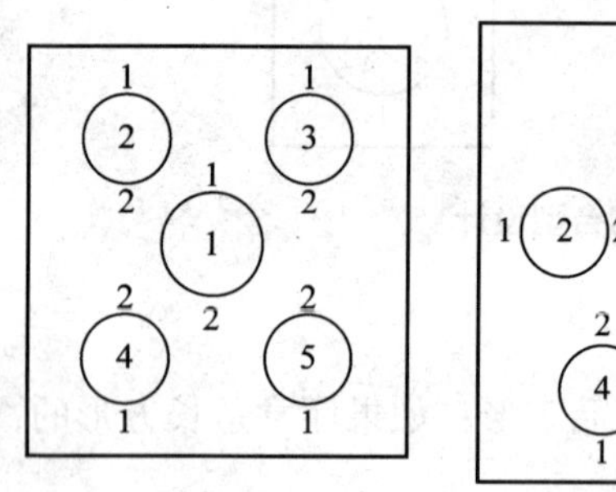

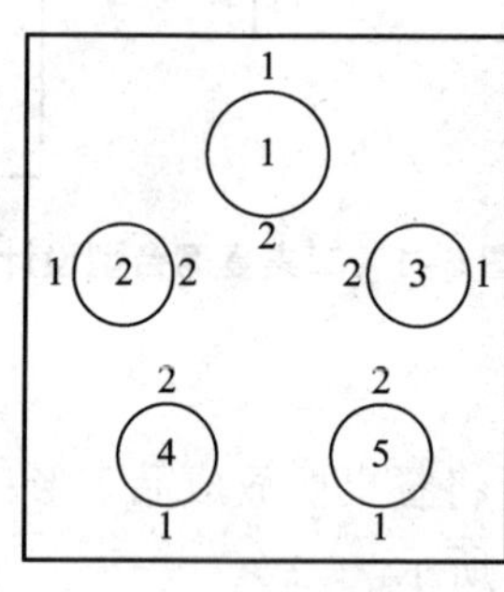

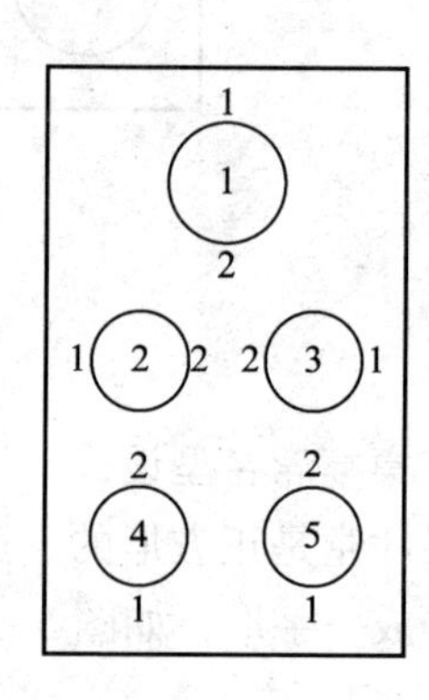

图 5-4 五桌宴席台型设计

6. 六桌宴席台型设计

正方形厅堂可将餐桌摆放成梅花瓣形，长方形厅堂可将餐桌摆放成菱形、长方形或三角形，如图 5-5 所示。

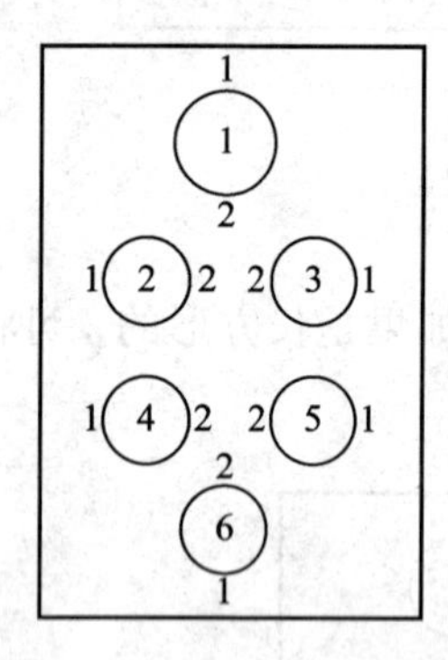

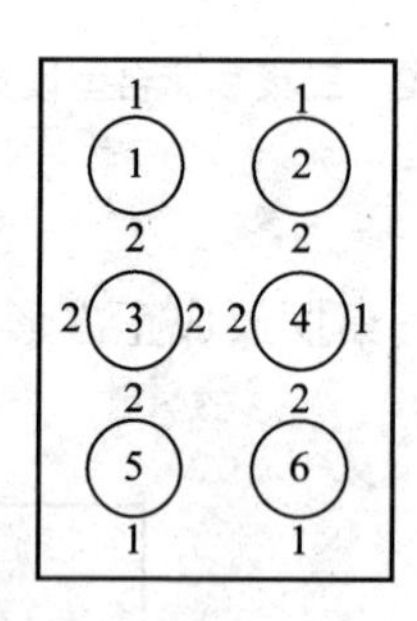

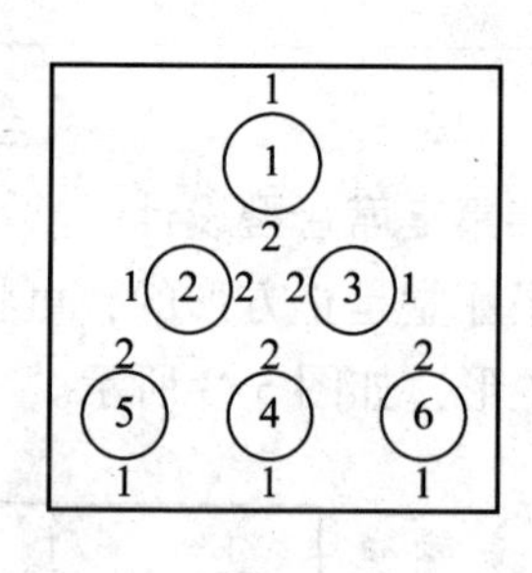

图 5-5 六桌宴席台型设计

7. 七桌宴席台型设计

正方形厅堂可将餐桌摆放成六瓣花形，即中心一桌，周围摆六桌：长方形厅堂可将餐桌摆放成一桌在正上方，六桌在下，呈竖长方形，如图 5-6 所示。

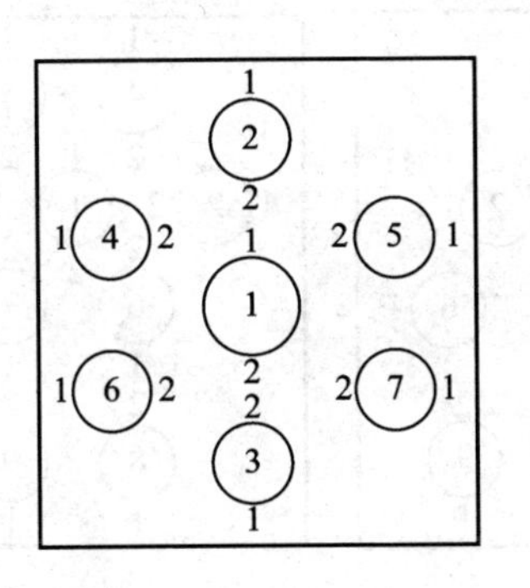

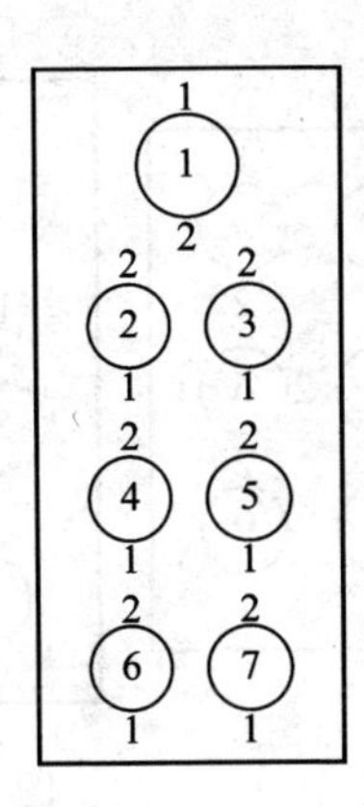

图 5-6 七桌宴席台型设计

8. 八桌至十桌宴席台型设计

将主桌摆放在厅堂正面上位或居中摆放，其余各桌按顺序排列，或横或竖，或双排或三排，如图 5-7、图 5-8、图 5-9 所示。

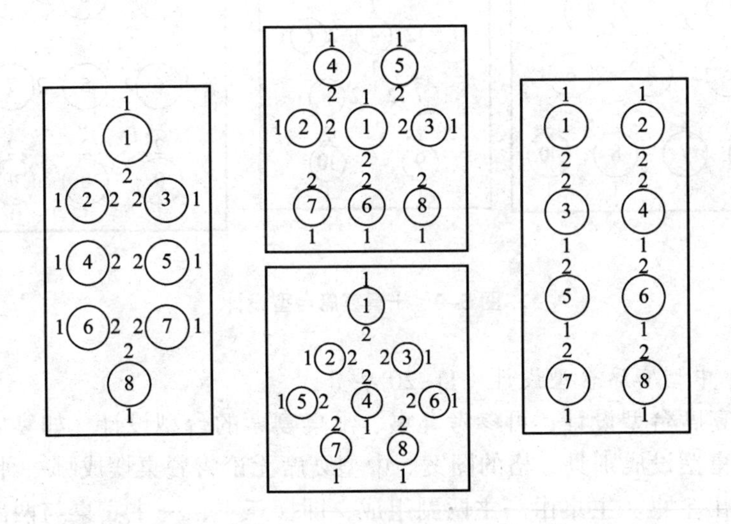

图 5-7 八桌宴席台型设计

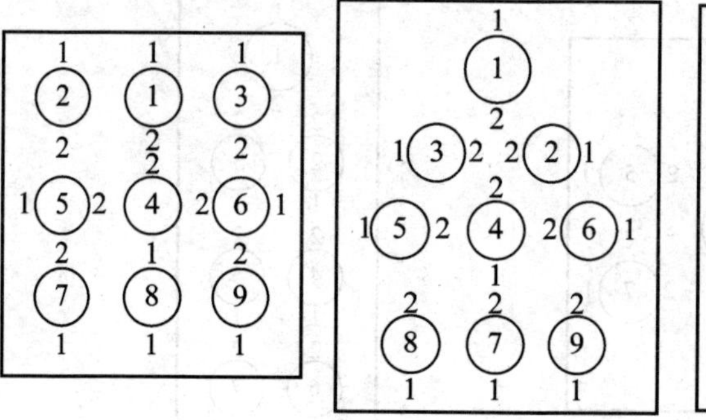

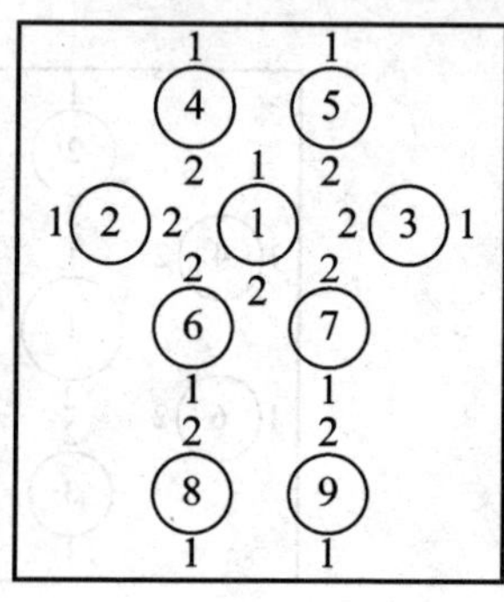

图 5-8　九桌宴席台型设计

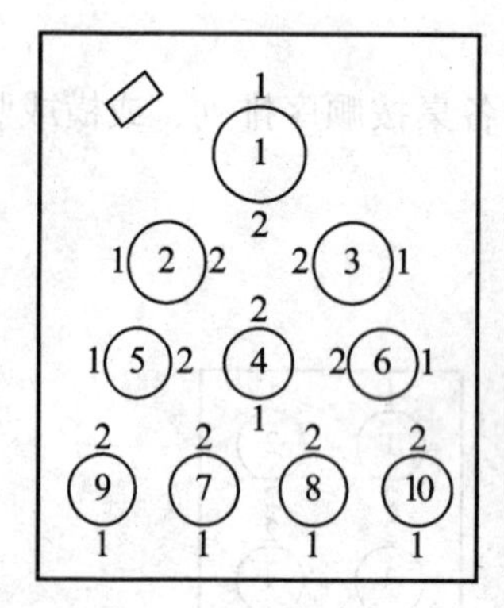

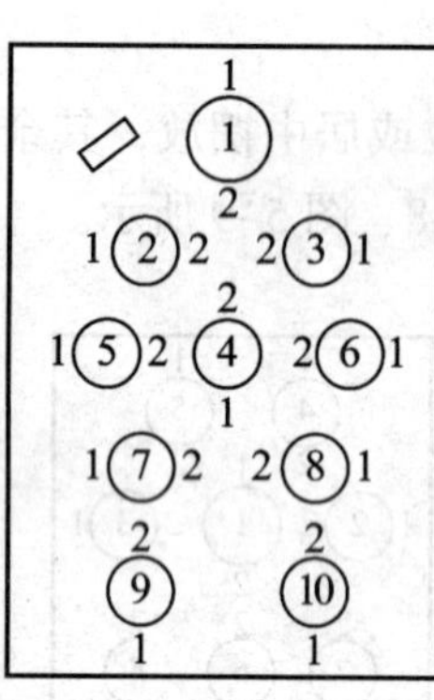

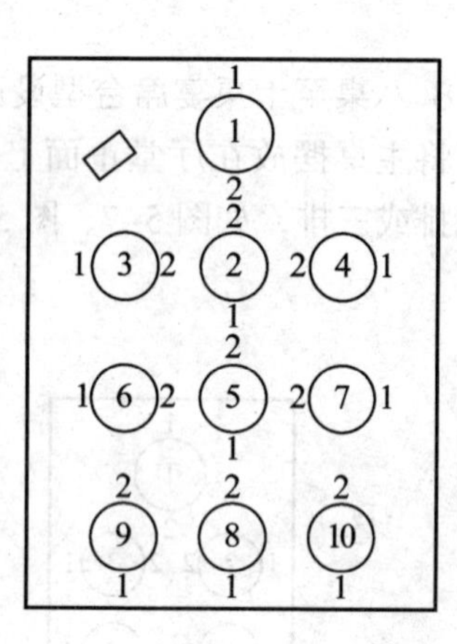

图 5-9　十桌宴席台型设计

（二）中型宴席台型设计（11~20 桌）

中型宴席台型设计，可参考九桌、十桌宴席的台型设计。如宴席厅够大，也可将餐桌摆设成别具一格的图案。中型宴席无论将餐桌摆成哪一种形状，均应注意突出主桌。主桌由一主两副组成，即摆三桌，一主宾桌与两副主宾桌。中型以上宴席均应在主桌的后侧设讲话台和麦克风。中型宴席台型设计如图 5-10 所示。

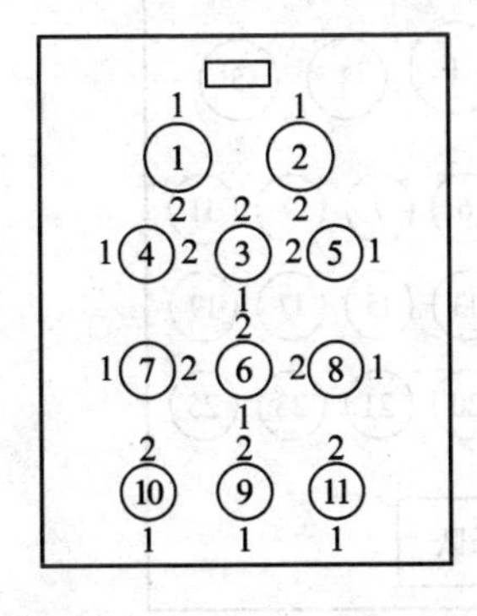

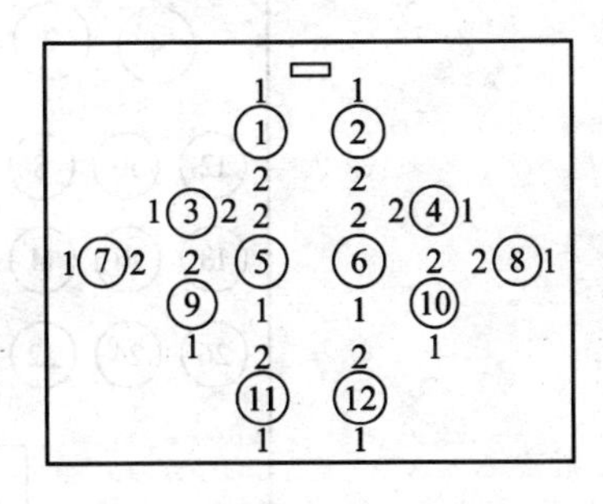

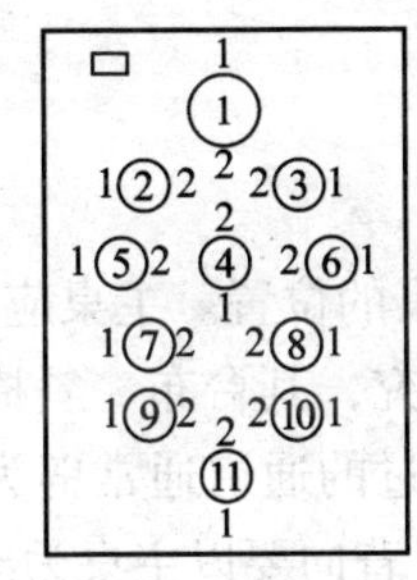

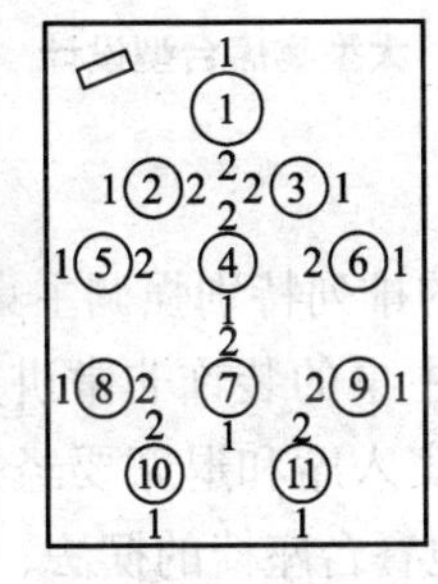

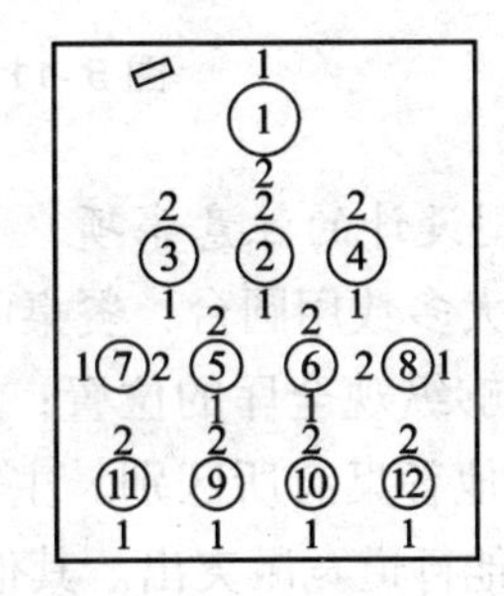

图 5–10 中型宴席台型设计

（三）大型宴席的台型设计（21 桌以上）

大型宴席由于人多、桌多，投入的服务力量也大，为指挥方便，行动统一，应视宴席的规模将宴席厅分成主宾席区和来宾席区等若干服务区。

主宾席区，一般设五桌，即一主四副，主宾餐桌位要突出于副主宾餐桌位，同时台面要略大于其他餐桌；来宾席区，视宴席规模的大小可分为来宾一区、来宾二区、来宾三区等。大型宴席的主宾区与来宾区之间应留有一条较宽的通道，其宽度应大于一般来宾席桌间的距离，如条件许可至少不少于 2 米，以便宾主出入席间通行方便。

大型宴席要设立与宴席规模相协调的讲台。如有乐队伴奏，可将乐队安排在主宾席的两侧或主宾席对面的宴席区外围。大型宴席台型设计如图 5–11 所示。

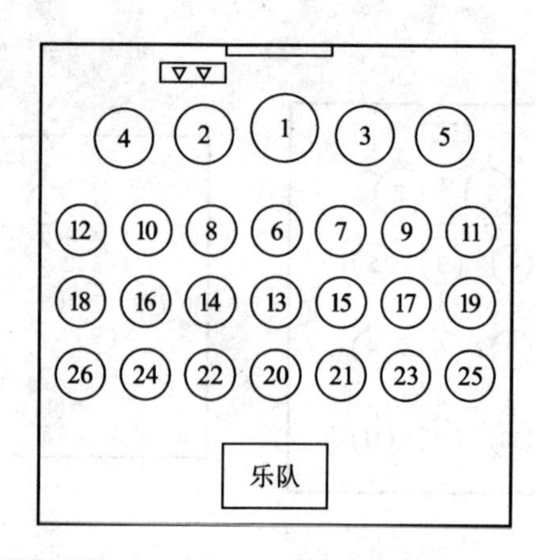

图 5-11 大型宴席台型设计

（四）台型设计的注意事项

中式宴席大多数用圆台，餐桌的排列特别强调主桌的位置。主桌应放在面向餐厅主门，能够纵观全厅的位置；主桌的装饰非常讲究，其台布、餐椅、餐具、花草等应与其他餐桌有所区别。主宾入席和退席要经过的通道通常辟为主行道，主行道应比其他行道宽敞突出。其他餐台座椅的摆法、背向要以主桌为准。

要有针对性地选择台面。一般直径为 150 厘米的圆桌，每桌可坐 8 人；直径为 180 厘米的圆桌，每桌可坐 10 人；直径为 200~220 厘米的圆桌，可坐 12~14 人，如主桌人数较多，可安放特大圆台，每桌坐 20 人左右；直径超过 180 厘米的圆台，应安放转台；不宜放转台的特大圆台，可在桌中间铺设鲜花。

摆餐椅时要留出服务员分菜位，其他餐位距离相等。若设服务台分菜，应在第一主宾右边、第一与第二位客人之间留出上菜位。

重要宴席或高级宴席要设分菜服务台。一切分菜服务都在服务台上进行，然后分送给客人。服务台摆设的距离要适当，便于服务员操作，一般放在宴席厅四周。

大型宴席除了主桌外，所有桌子都应编号。座位图应在宴席前画好，宴席的组织者按照宴席图来检查宴席的安排情况和划分服务员的工作区域。

台型排列根据餐厅形状和大小及赴宴人数来安排，桌与桌之间的距离以方便穿行上菜、斟酒、换盘为宜。一般桌与桌之间的距离不小于 1.5 米，餐桌距墙的距离不小于 1.2 米。

大型宴席要根据宴席厅大小及主人要求设计，设计要新颖、美观、大方，突出会场气氛。大型宴席如安排文艺演出或乐队演奏，在排列餐桌时应留出一定场地。

二、西式宴席台型设计

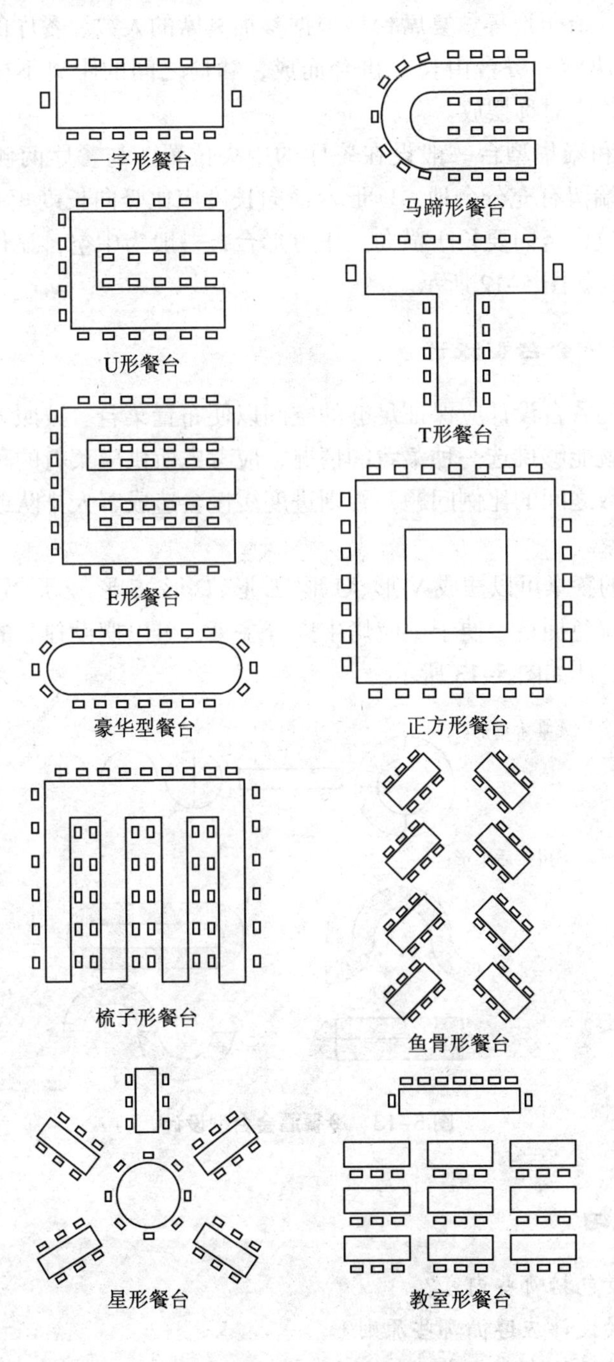

图 5-12 西式宴席台型设计

西式宴席一般使用长台。台型常摆成一字形、马蹄形、U形、T形、正方形、鱼骨形、星形、梳子形等。宴席台型根据参加宴席的人数、餐厅的形状以及主办单位的要求来决定。餐台由长台拼合而成，餐椅之间的距离不得少于20厘米，餐台两边的餐椅应对称摆放。

一字形台和豪华型台一般设在餐厅的中央位置，与餐厅两侧的距离大致相等，餐台的两端留有充分余地。U形台横向长度应比竖向长度短一些。E形台的三个翼长度一致，竖向要长于横向。正方形台，一般为中空，显得开阔疏朗。西式宴席台型设计如图5-12所示。

三、冷餐酒会台型设计

冷餐酒会的餐台设计应保证足够的空间以便布置菜肴。按照人们用正常的步幅，每走一步就能够挑选一种菜肴的情况，应考虑所供应菜肴的种类与规定时间内服务客人人数之间的比例问题，否则进度缓慢会造成客人排队或坐在自己的位子上等候等现象。

冷餐酒会的餐桌可以摆成V形、U形、L形、C形、S形、Z形及四分之一圆形、椭圆形。为了避免拥挤，便于供应烤牛肉等主菜，可以摆设独立的供应摊位。冷餐酒会的台型设计如图5-13所示。

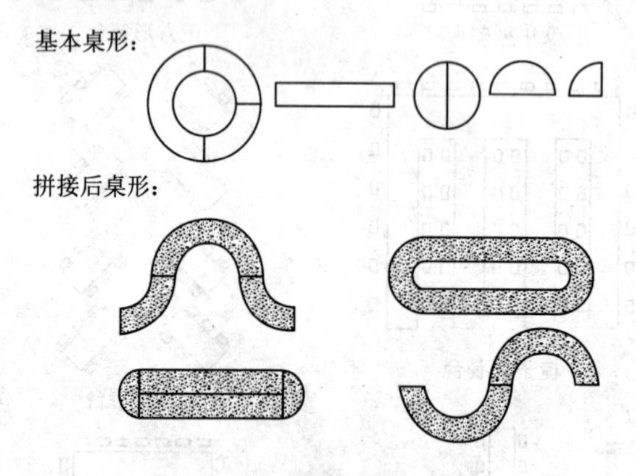

图5-13　冷餐酒会台型设计

思考与练习

1. 宴席场景包括哪些内容？
2. 宴席场景设计应遵循哪些原则？
3. 宴席场景设计有哪些步骤与方法？

4. 宴席台面按照餐饮风格、台面用途归类分别有哪些类型?

5. 宴席台面设计有哪些基本要求?

6. 中式宴席台型设计应注意哪些问题?

第6章

特色主题风味宴席创新设计

特色主题风味宴席，是指流行于中华大地，特色风味鲜明，主题意境突出，民俗风情浓郁，具有一定社会影响的各式筵席与宴会，包括各式特色风味名宴、主题风味宴席、民俗风情宴席等。它们是佳肴美点的组合艺术，是我国筵宴的杰出代表，其创意设计理念值得深入学习和探究。

第一节　古今特色风味名宴

古今特色风味名宴是指我国古今各式宴席中影响力特别强、传播面特别广、知名度特别高或风味特色特别鲜明的各式知名宴席。古典名宴虽然特色风味鲜明，但内含糟粕不少，有些甚至因为不合时代发展潮流而销声匿迹。现代创新名宴，既保留了东方饮食文化风采，又符合现代餐饮方向发展。探究这些特色风味名宴，一是便于了解中国宴席发展历程，认清中式宴席继承、发展关系；二是加深对宴席创新设计理论的领悟，为推动现代宴席创新发展奠定基础。

一、中式古典名宴

（一）楚国招魂宴

招魂是指人刚死时，亲属召唤亡灵复归肉体，企盼起死回生的一种古老仪式。楚怀王被骗到秦国后，久久不归，爱国诗人屈原思念故主，特写下《招魂》诗，盼望他能早早回到故国，励志图强。诗中借用巫神的口气，极力描写上下四方的险恶以及故乡的宫室、饮膳、音乐之美，召唤怀王归来。其中的饮膳部分便是一桌精美的楚宫大宴，其菜单是：

主食：大米饭、小米饭、新麦饭、高粱饭

菜肴：烧甲鱼、炖牛筋、烤羊羔、烹天鹅、扒肥雁、卤油鸡、烩野鸭、焖大龟

点心：酥麻花、炸馓子、油煎饼、蜜糖糕

饮料：冰甜酒、甘蔗汁、酸辣汤

宴席食品共19种，由主食、菜肴、点心和饮料四大部分构成。所用原料以水鲜和野味为主，技法有烧、烤、煨、卤、炸、煎、烹多种，调味偏重于酸甜，带有鲜明的江汉平原鱼米之乡气息。它不仅席面编排规整，注意到谷、果、蔬、畜的养助益充作用，而且烂熟的牛蹄筋、鲜香的羊羔肉、油亮的焖大龟、醇美的天鹅脯，都达到了较高的工艺水平。这一菜单反映了楚人的饮食审美风尚，是现代宴席的鼻祖，其基本格式至今仍在南北各地沿用。

（二）鸿门宴

鸿门宴乃秦末名宴，见于《史记·项羽本纪》。它的经过始末是：秦末群雄并起，楚怀王与诸将约定："先破秦入咸阳者王之。"公元前206年，刘邦率军10万进咸阳，秦王子婴投降。刘邦派兵扼守函谷关，不许其他义军进入。又传说，刘邦已将秦宫珍宝据为己有，自立为王。此事激怒了迟到一步的西楚霸王项羽，随即率军40万进驻鸿门（今陕西临潼），以示威胁。由于兵力悬殊，刘邦只好先请项伯（项羽的叔父）调解，说明自己并无野心，随后清早带领张良等人前往鸿门谢罪。项羽见其卑躬屈节，弄清封关原委之后消了气，亦设宴相待。"项王、项伯东向坐，范增南向坐，刘邦北向坐，张良西向侍。"宴会上，项羽的谋臣——范增不愿放虎归山，遂命项庄舞剑，伺机刺杀刘邦。为了保护儿女亲家，项伯亦拔剑对舞，用身体掩护刘邦。情急之中刘邦的妹夫——猛将樊哙带剑执盾闯宴，以大嚼生猪肉、大饮烈性酒的气势震慑住项营将士。刘邦在张良的谋划下，以上厕所为由趁机骑着快马逃脱。此后，"鸿门宴"就被视作杀机四伏的谈判宴，变成"宴无好宴，会无好会"的代称。

司马迁是从政治斗争的角度来描述此宴的，因而对宴会的陈设、肴馔及礼仪几乎未做介绍，但鸿门宴的社交性作用在国民心中挥之不去。

（三）烧尾宴

烧尾宴，指唐代士子初登金榜或大臣升官为皇帝或朋僚举办的宴会，名曰"烧尾"，主要取鱼跃龙门、官运亨通之意。唐朝初期，"献食"之风盛行，打了胜仗、封了大官、金榜题名，均有宴请之举。唐中宗时，弄臣韦巨源官拜尚书令左仆射，向皇帝敬献了一桌极为丰盛的宴席，其中主要的58道菜点被记载于《烧尾宴食单》中：

点心24道：单笼金乳酥（蒸制的含乳酥点）、曼陀样夹饼（烤制的曼陀罗果形夹饼）、巨胜奴（蜜制黑芝麻馓子）、婆罗门轻高面（用印度方法制的蒸饼）、贵妃红（红艳的酥饼）、御黄玉母饭（浇盖多种肴馔的黄米饭）、七返膏（七圈花饰的蒸糕）、金铃炙（金铃状的印模烤饼）、生进二十四气馄饨（24种花形、馅料各异的馄饨）、生进鸭花汤饼（带面码的鸭花状面条）、见风消（炸制的糍粑片）、唐安餤（四川唐安特制的拼花糕饼）、金银夹花平截（蟹肉、蟹黄分层包入蒸制的面卷）、火焰盏口䭔（上似火焰、下似灯盏的蒸糕）、水晶龙凤糕（红枣点缀的琼脂糕）、双拌方破饼（双色花角饼）、玉露团（雕花酥点）、汉宫棋（双钱形印花的棋子面）、长生粥（药膳，用进补药材熬制）、天花饆饠（配加平菇的抓饭或汤饼）、赐绯含香粽子（蜜汁的红色香粽）、甜雪（蜜浆淋烤的甜脆点心）、八方寒食饼（八角形冷面饼）、素蒸音声部（面蒸的歌人舞女）。

菜肴34道：光明虾炙（火烤活虾）、通花软牛肠（带羊骨髓拌料的牛肉香肠）、同心生结脯（生肉打着同心结风干）、白龙臛（鳜鱼片羹）、金粟平䭔（鱼子糕）、凤凰胎（烧鱼白）、羊皮花丝（拌羊肚丝）、逡巡酱（鱼羊混合肉酱）、乳酿鱼（奶酪酿制的全鱼）、丁子香淋脍（浇淋丁香油和香醋的鱼脍）、葱醋鸡（葱醋调制的蒸鸡）、吴兴连带鲊（吴兴腌制的原缸鱼鲊）、西江料（猪前夹剁蓉蒸制）、红羊枝杖（烤羊腿）、升平炙（羊舌鹿舌合烤）、八仙盘（剔骨鹅造型）、雪婴儿（青蛙裹粉糊煎制，形似婴儿）、仙人脔（乳汁炖鸡块）、小天酥（鸡、鹿肉拌米粉油煎）、分装蒸腊熊（清蒸腊熊肉）、卯羹（兔肉羹）、清凉臛碎（果子狸夹脂油制成冷羹）、箸头春（烤鹌鹑肉丁）、暖寒花酿驴蒸（烂蒸糟驴肉）、水炼犊炙（烤水牛犊）、五牲盘（羊、猪、牛、熊、鹿合拼的花碟）、格食（羊肉、羊肠分别拌豆粉煎烤）、过门香（各种肉片相配炸熟）、红罗饤（网油包裹血块煎制）、缠花云梦肉（缠成卷状的缠蹄，切片凉食）、遍地锦装鳖（羊油、鸭蛋清、鸭油炖甲鱼）、蕃体间缕宝相肝（装成宝相花形的七层冷肝彩碟）、汤浴绣丸（氽汤圆子）、冷蟾儿羹（蛤蜊羹）。

从所用原料看，飞潜动植，一一入馔，水陆八珍，应有尽有，仅肉禽水鲜便达20余种。从花色品种看，荤素兼备，咸甜并陈，菜点配套，冷热相辅，尤以饭粥面点和糕团饼酥最具特色。从调制方法看，有乳煮、生烹、活炙、油炸、笼蒸、冷拼种种，而且镂切雕饰和肴馔造型都颇见新意。从肴馔命名看，文采缤纷，典雅隽永。1300年前能出现如此齐整的宴席，说明盛唐饮馔水平之高超。

（四）宋皇寿筵

北宋时期为皇帝寿诞在集英殿内举办的盛大庆贺宴席。根据孟元老《东京梦华录·宰执亲王宗室百官入内上寿》的记载，这种大宴的程序如下：

十月十二日，宰执、亲王、宗室、百官入内上寿。集英殿山楼上教坊司的乐人鸣奏百鸟的和声，内外肃然。宰执、禁从、亲王、宗室和观察使以上的官员以及大辽、高丽、西夏的使臣在集英殿内入席；其他官员分坐两廊；军校以下，排在山楼之后。红木桌上围着青色桌幔，配黑漆坐凳。每人面前放置环饼、油饼、枣塔做“看盘”，四周陈放果品。大辽使臣的桌上加猪羊鸡鹅兔连骨熟肉为“看盘”，皆用彩绳捆扎，配置葱韭蒜醋各1碟。三五人共一桶美酒，由身着紫袍金带的教坊负责把盏。餐具全系漆、瓷制品，皇帝用弯把的玉杯，大臣和使节用金杯，其他人等用银杯。

开宴时钟鼓齐鸣，高奏雅乐，然后以饮九杯寿酒为序，把菜点羹汤、文艺节目和祝寿礼仪有机穿插起来。

第一杯御酒，“唱中腔”，笙管与箫笛伴和，跳“雷中庆”，群舞献寿。

第二杯御酒，仪礼同前，只是节奏稍慢。

第三杯御酒，左右军百戏入场，表演上竿、跳索、倒立、折腰、弄盏注、踢瓶、筋斗、擎戴等杂技，男女艺人皆红巾彩服，跳跃欢腾。同上下酒肉、咸豉、爆肉、双下驼峰角子4道菜，边看节目边品尝。

第四杯御酒，表演杂剧和小品，续上炙子骨头、索粉、白肉胡饼佐饮。

第五杯御酒，表演琵琶独奏，200多小儿跳祝寿舞，扮演杂剧，群舞“应天长”。上菜为群仙炙、天花饼、太平饆饠、干饭、镂肉羹和莲花肉饼。

第六杯御酒，表演足球比赛，胜者赐以银碗锦彩，拜舞谢恩，不胜者球头（队长）吃鞭。接着上假鼋鱼和蜜浮酥捺花。

第七杯御酒，奏舒缓悠扬的乐曲，400多女童各着新装，跳采莲舞，随后演杂剧，合唱。上酒菜：排炊羊胡饼、炙金肠。

第八杯御酒，“唱踏歌”，群舞；接上假鲨鱼、独下馒头、肚羹。

第九杯御酒，表演摔跤，上水饭、簇饤下饭，奏乐拜舞，叩谢圣恩。

然后，入宴者头上簪花，喜气洋洋归家，并沿路撒铜钱。女童队出右掖门，少年豪俊争以宝具供送，饮食酒果迎接，各乘骏骑而归。她们在御街驰骤，竞逞华丽，观者如堵。

这一盛宴，场面热闹，气氛欢悦，赴宴者数百，演出者上千，厨师、服务人员和警卫过万，表现出宫廷大宴的红火与风光。从宴席设计的角度看，它有五大特色。一是以九杯御赐寿酒为序。“九”在中国文化中既是最高数，又是吉数，九与久、酒谐音，寄托着美好的祝愿。后世的“九九长寿席”亦由此脱衍而来。二是庆寿与游艺相结合。筵宴节奏舒缓，娱乐性强。并且节目内容丰富，能满足多方面的欣赏趣味。后世的寿筵上多有“唱堂会”之举，与此不无联系。三是上菜程序的编排。2~5道一组，干湿、冷热、菜点、甜咸调配，采用分层推进的形式，分量适中，丰而不繁，简而不吝，便于细细品尝。四是安排了较多的“胡食”，既能满足大辽、西夏等使臣的嗜好，又使筵宴的风味多彩多姿，还暗寓“四海升平、八方来朝”的吉祥含义，用心良苦。五是宽松自如的气氛，寿筵上虽重礼仪，但不是那样苛繁，与宴者在行礼之后有较大的自由，不像明清宫廷大宴那般沉闷、死板。

（五）诈马宴

诈马宴是元朝皇帝或亲王在重大政事活动时举办的国宴或专宴。它又名“质孙宴”“马奶宴”“衣宴”，因为赴宴的王公大臣和侍宴的卫士乐工必须穿皇帝赏赐的同一颜色的“质孙服”而得名。其中，“诈马”是波斯语jaman——外衣的直译，“质孙”是蒙古语——jisun颜色的直译；马奶宴是此宴多以马奶、烤全羊和“迤北八珍”为主菜的缘故。至于质孙服，是用回族、维吾尔族等民族工匠织造的织金锦缎和西域珠宝缝缀而成，其式样类似今天蒙古族的礼袍。它不在市场上出售，而由皇帝论功赏赐，由于诈马宴通常举行3~7天，质孙服一天一换，获赏的人便可天天凭服饰赴宴，获赏少的人难免会因没有同色的礼服而被拒之门外。因此，被赏赐质孙服和参加诈马宴，在元代是皇帝的恩宠与臣僚地位的象征。

关于诈马宴的盛况，《诈马行》诗序中有详尽介绍：“国家之制，乘舆北幸上京，岁以六月吉日（初三），命宿卫大臣及近侍，服所赐质孙珠翠金宝衣冠腰带，盛饰名马，清晨自城外各持彩杖，列队驰入禁中；于是上（皇帝）盛服御殿临视，乃大张宴为乐。……质孙，华言（汉语）一色衣也，俗称为诈马宴。”

元朝是我国历史上第一个由北方游牧民族建立的君临天下的封建政权。由于蒙、汉、回、女真、契丹等各族的相互影响，南北风俗的彼此渗透，各种宗教的并存，中外科学技术与物质文化的广泛交流，故而当时的中国社会既延续了农业文明的主流，又呈现出其他影响的多元性。凡此种种，就孕育出奇特而又壮观的诈马大宴。

（六）千叟宴

千叟宴，又名千秋宴、敬老宴，系清代宫廷为年老重臣和贤达耆老举办的高级礼宴，因与宴者都是年过花甲的男子，每次都超过千人，故名。清代康熙至乾隆年间，此宴共举办4次，最多时达3056人，颇负盛名。

千叟宴由礼部主办，光禄寺供置，精膳司部署，准备工作冗繁。首先要逐级申报赴宴人员，最后由皇帝钦定，行文照会，由地方官派人护送到京，然后接回，前后耗时近一年。其次要筹办大量的物质，包括炊具、餐具、原料、桌椅、礼品等，耗费大量钱财。最后是进行礼仪训练和场景布置，以及安排警卫、服务人员，一般每次都要动用万人。

千叟宴的场景设计和入宴程序非常讲究。如嘉庆元年摆在宁寿宫、皇极殿的千叟宴，宝座前设乾隆和嘉庆御宴，外加黄幕帷罩。殿内左右为内外王公一品大臣席，殿檐下左右为二品大臣和外国使臣席，丹墀、甬路及左右为三品至九品官员和其他老人席。东西两旁各席，设蓝幕帷罩。其余人员，俱布席于宁寿宫门外两旁。

千叟宴分一等桌张和次等桌张两级摆设，餐具、膳品都有明显差别。一等席面接待王公、一二品大臣和外国使节，设在大殿与两廊。每席设置膳品如下：铜火锅1个、银火锅1个、猪肉片1盘、煺羊肉片1盘、鹿尾烧鹿肉1盘、煺羊肉乌叉1盘、荤菜4碗、蒸食寿意1盘、炉食寿意1盘，螺丝盒小菜2种，肉丝烫饭1份。二等席面，摆在丹墀、甬路及左右，菜式略低于前。

此宴仪程烦琐，席间有奏乐、叩拜、感谢皇恩浩荡等仪式。宴毕因人而异，各有赏赐，如恩赉诗刻、如意、寿杖、朝珠、貂皮、文玩、银牌之类。

千叟宴的有关史料现今完整地藏于故宫博物院，可供查阅。

（七）孔府官宴

孔府官宴乃山东曲阜孔府接待朝廷官员的礼席，有上、中、下三等。上等席接待钦差和一二品大员，排菜62道；中等席面接待信使和三品至七品官员，排菜50道；下等席接待随员、护卫和八九品属官，排菜24道，等级森严，下面是上等席中的一种菜单，可供鉴赏。

茶：龙井或碧螺春

四干果碟：苹果、雪梨、蜜橘、西瓜

十二冷盘：凤翅、鸭肫、鹅掌、蹄筋、熏鱼、香肠、白肚、蜇皮、皮蛋、拌参丝、火腿、酱肉

十六热炒：熘腰花、爆鸭腰、软炒鸡、炒鱼片、鸭舌菜心、熘虾饼、熘肚片、爆鸡丁、火腿青菜、芽韭肉丝、香菇肉片、炒羊肝、肉丝蒿菜、肉丝扁豆、鸡脯、玉兰片、海米炒春芽

四点：焦切、蜜食、小肉包、澄沙枣泥卷

珍珠鱼圆汤随上

另沏清茶（以上为第一轮次）

二海碗：清汤紫菜、清蒸鸭

四大碗：红扒鱼翅、红烧鱼、红烧鲍鱼、鹿筋海参

六中碗：扒鱼皮、锅烧虾、红烧鱼肚、扒裙边、拔丝金枣、八宝甜饭

二片盘：挂炉猪、挂炉鸭

露酒一坛

主食：馒首、香稻米饭

海参清汤随上

小菜：府制什锦酱菜（以上为第二轮次）

（八）扬州满汉席

满汉席，又称“满汉全席”“满汉燕翅烧烤全席”，是清代中叶兴起的一种气势宏大，礼仪隆重，接待程序繁复，广集各民族各地区肴馔精华，以满汉珍味和燕窝、鱼翅、烧猪、烤鸭四大名菜为龙头的特级酒筵。200余年来，它流行于南

北重要都会，各式宴席菜单几十种，宴席的菜式一般都在100款以上，堪称中国古典宴席之冠。

清代扬州满汉席是目前所能见到的年代最早、内容最完整的满汉全席席谱，记载于李斗的《扬州画舫录》中。

清代扬州满汉席只是各式满汉全席的代表之一。处在不同时期、不同地域，满汉席的规格、程序和菜品虽有不同，但其主要特色基本一致：

其一，礼仪重，程序繁，强调气势和文采。它大多用于“新亲上门，上司入境”，非大庆典不设。开宴时，要大张鼓乐，席中还有诗歌答奉、百戏歌舞、投壶行令等余兴，文采斐然。正因如此，官绅人家迎待贵客无不倾其所有，以大开满汉全席为荣，亮富斗富，求得尊荣心理的满足。

其二，规格高，菜式多，宴聚时间相当长。由于满汉全席实际上是清代档次最高的宴席，故而不仅赴宴者身份显贵，并且厅堂装饰、器物配备、菜品质量、服务接待也是第一流的。它的菜式少则70余道，多则200余品，通常情况下是取108这个神秘的吉数；冷荤、热炒、大菜、羹汤、茶酒、饭点和蜜果多为4件或8件一组，成龙配套，分层推进，显得多而不乱，广而不杂。此外，由于菜式较多，有的席面须分3餐，有的要持续2天，还有的整整需要3天9餐方能吃完。

其三，原料广，工艺精，南北名食汇一席。从取料看，从山珍的熊掌、驼峰、麒面，到海味的燕窝、鱼翅、鲍鱼、海参，还有各类名蔬佳果、珍谷良豆，飞潜动植，应有尽有。从工艺看，煎、炒、爆、熘、烧、烤、炸、蒸、腌、卤、醉、熏，百花齐放，无所不陈。从菜式看，汉、满、蒙、回、藏，东、南、西、北、中，均有最知名的美味被收录进来。从菜品特色看，菜肴中较为注重北京菜和江浙菜，点心中较为注重满族的茶点和宫廷小吃，并且将烧烤菜置于最显要的位置上。

其四，席套席，菜带菜，燕、翅、猪、鸭扛大旗。满汉全席的菜谱一般都是按照大席套小席的格局设计的。从整体上看，全席菜式井然有序；从局部看，各自又可以相对独立，如果把这些小席一一抽出，则可变成熊掌席、裙边席、猴头席等。所谓“菜带菜”，是指每一小席中常以一道高档大菜领衔，跟上相应的辅佐菜式，主行宾从，烘云托月。同时，由于受满汉权贵的嗜好和当时的饮食审美观念制约，燕窝、鱼翅、乳猪和烤鸭这四道珍馔，通常居于全席的“帅位”，统领着各小席的主菜及全部菜品。

二、中式现代名宴

（一）全聚德烤鸭席

北京市著名的特色风味宴席，特点有四：一是以烤鸭为主菜，辅以舌、脑、心、肝、肠、翅、掌、脯等制成的冷热菜式和点心，“盘盘见鸭，味各不同”。二是上菜程序多为冷菜—大菜—炒菜—烩菜—素菜—烤鸭—汤菜—甜菜—面点—软粥—水果的格式，与众有别。三是以北京菜和山东菜为主，兼有宫廷风味和清真风味，还吸收了南方各省的烹调方法，包容广泛，丰盛大方。四是作为中国宴席的代表，在海内外知名度甚高，有“不吃烤鸭席，白来北京城”之说。

全聚德烤鸭席实际上是北京众多烤鸭全席之杰出代表，现列其席单如下，以供赏鉴。

冷菜：芥末鸭掌、盐水鸭肝、酱汁鸭膀、水晶鸭舌、如意鸭卷、五香熏鸭

大菜：鸭包鱼肚、鸭茸蟹盒、珠联鸭脯、芝麻鸭排

炒菜：清炒胗肝、糟熘鸭三白、火燎鸭心、芫爆鸭胰

烩菜：烩鸭舌

素菜：鸭汁双菜

烤鸭：挂炉全鸭（带薄饼、大葱、甜面酱）

汤菜：鸭骨奶汤

甜菜：拔丝山药

点心：鸭子酥、口蘑鸭丁包、鸭丝春卷、盘丝鸭油饼

稀饭：小米粥

水果：“春江水暖鸭先知”诗意造型图案

（二）洛阳水席

河南洛阳水席，既是中国历史名宴，又是现代特色创新宴席。相传此席始于唐代的洛阳寺院，传承至今已有1000多年，是中国迄今保留下来的历史最久远的名宴之一。最早的洛阳水席为僧道承应官府的花素大宴，后被官衙引进成为官席，辗转流传到民间，逐步形成荤素参半的格局。此席的美称较多，因其头菜系用特大萝卜仿制的牡丹状燕窝，风味奇异，曾博得武则天的赞赏，故名“牡丹燕菜席”；还由于当地的真不同饭店，供应此席50余年，技艺精熟，高出同行一筹，亦称“真不同水席”；再加上洛阳人逢年过节、婚丧寿庆都习惯用此席款待宾客，它又叫作“豫西喜宴”。

作为中国特色名宴，洛阳水席的宴名含有两层含义：一是当地气候较为干燥，民间膳食多用汤羹，此席热菜皆有汤水；二是24道肴馔顺序推进，吃完一道热菜，撤后再上一道，连续不断，如同流水一般不断更新。

洛阳水席格式固定，一般都由24道菜品组成，连菜带汤，章法有序，毫不紊乱。其筵宴格式是：8冷盘（4荤4素）、4大件（特色风味镇席大菜）、8中件（普通热菜），4压桌菜（小件扫尾热菜）。每上一道大菜，带两道中菜，名曰“带子上朝”。第四道大菜上甜菜甜汤，接着上4个压桌菜，最后一道名曰“送客

汤”，意为菜已上毕。

洛阳水席的主要特色表现为五个方面：一是有荤素兼备，冷热俱全；二是有汤有水，干稀配套；三是菜品组配规整，顺次依规上菜；四是擅取当地物产，中原地方风味显著；五是筵宴规格应客所需，具有旺盛生命力和影响力。

随着时代的发展，洛阳水席的特色文化内涵得以传承，宴席格局和菜式内涵有了新的变化，人们结合当地物产资源、中原饮食风情、客人新的饮食需求及现代餐饮发展潮流，设计出风格各异的风味宴席，极大地推动了当地宴席的创新与发展。下面是一份洛阳“真不同水席”菜单，可供赏鉴。

河南真不同饭店洛阳水席菜单

冷荤：

杜康醉鸡、酱香牛肉、虎皮鸡蛋、五香熏蹄

冷素：

姜香脆莲、碧绿菠菜、雪花海蜇、翡翠青豆

大件：

牡丹燕菜、料子全鸡、西辣鱼块、炒三不粘

中件：

红烧两样、洛阳肉片、酸辣鱿鱼、炖鲜大肠

五彩肚丝、生氽丸子、蜜汁红薯、山楂甜露

压桌：

条子扣肉、香菇菜胆、洛阳水丸、鸡蛋鲜汤

（三）四川田席

四川田席始于清代中叶四川农村的民间宴请，又名九斗碗、三蒸九扣、杂烩席，因其设席地点多在田头院坝，故名。最初的田席仅用于欢庆秋收，后来扩展到婚嫁、寿庆、迎春、治丧以及农家其他重大活动。民国年间，一些地方又将田席引进到餐馆酒楼，使之成为川菜席中的常见款式。

据《成都通览》《川菜烹饪事典》等文献记载，四川田席常以“九斗碗”冠名，其原因有三：第一，“九”是指菜品的数量，既实指主菜为九品，又寓意菜品众多，筵席丰盛。第二，借“九”与“久”谐音，用以表达人们的良好祝愿，如称婚宴的九大碗为“喜九”（意为天长地久），称寿宴的九大碗为“寿九”（意谓寿比南山）。第三，盛菜的器皿多是乡下常用的大号碗，俗称“斗碗”，充分体现了田席朴实无华、讲求实惠的风格。

四川田席的食物原料，少有山珍海味，多是就地取材，以农家自产的猪、鸡、鸭、鱼和蔬菜水果为主，肉类原料要脂厚膘肥，做出的菜才形腴味美。

田席的菜品以蒸扣类菜式居多，如作为九斗碗头菜的蒸烧白、作为压轴戏的蒸肘子、中途上的扣鸡、扣鸭等皆属此类。蒸扣类菜式之所以独领风骚，这是因为它适合就餐人数多、上席要求快速的需要；蒸扣类菜可事先做好，保存在蒸笼里，开席时从笼里取出，一齐上桌，如此快捷利落，非其他成菜方式所能及。

四川田席的本质特征是就地取材，不尚新异，肥腴香美，朴实大方。它在流传过程中虽然产生过许多变异，各地市的菜单也各见其趣，但其菜式特色以民间风味为主，入乡随俗、丰俭由人的特质一直流传至今。

下面选录 3 例有代表性的田席菜单，以供赏鉴。

例 1，广汉九斗碗（低档农村田席）：

大杂烩、红烧肉、姜汁鸡、烩明笋、粉蒸肉、咸烧白、夹沙肉、蒸肘子、蛋花汤

前面八碗都以猪肉为主，走菜时一齐上桌，故又称“肉八碗”。

例 2，川南三蒸九扣席（中档农村田席）：

起席：花生米

大菜：清蒸杂烩、红糟肉、原汤酥肉、扣鸡、粉蒸鲫鱼、馅子千张、皮蛋蒸肉糕、干烧全鱼、姜汁热肘、坨子肉、扣肉、骨头酥、芝麻圆子

本席不仅有花生米“起席”，还将大菜增至 13 道，做工也较细致，显然是对“九大碗”的充实。

例 3，重庆大型田席（市场高档田席）：

起席：五香花生米、葵花瓜子

冷菜：糖醋排骨、五香卤鹅、凉拌鸡块、麻酱川肚、金钩黄瓜

热菜：攒丝杂烩、软炸肘子（配葱黄花卷）、三鲜蛋卷、姜汁热窝鸡、鲊辣椒蒸肉、鸳鸯烧白（猪腿肉与鹅脯制）、蜜汁果脯、素烩元菇、虾羹汤

饭菜：家居咸菜两样

此席对肥美油腻的农村田席做了改进，如改咸烧白为鸳鸯烧白，改红烧肉为三鲜蛋卷，并且变咸、甜为主的单一味型为多种味型，既保持了传统特色，又适应饮食新潮。

（四）西湖观光旅游宴

杭州西湖，是一处秀丽清雅的湖光山色与璀璨丰蕴的文物古迹和文化艺术交融一体的国家级风景名胜区。她以秀丽的西湖为中心，三面云山，中涵碧水，面积 60 平方千米。沿湖地带绿荫环抱，山色葱茏，画桥烟柳，云树笼纱，逶迤群山之间，林泉秀美，溪涧幽深。90 多处各具特色的景点中，有三秋桂子、六桥烟柳、九里云松、十里荷花，更有著名的“西湖十景”，将西湖连缀成色彩斑斓的大花环，使其春夏秋冬各有景色，晴雨风雪各有情致。

西湖十景形成于南宋时期，基本围绕西湖分布，有的就位于湖上：苏堤春晓、曲苑风荷、平湖秋月、断桥残雪、柳浪闻莺、花港观鱼、雷峰夕照、双峰插云、南屏晚钟、三潭印月，西湖十景各擅其胜，组合在一起又能代表古代西湖胜景精华，所以无论杭州本地人还是外地游客都津津乐道，先游为快。

西湖观光旅游宴，特色鲜明，源远流长。早在南宋时期，临安（今杭州）西湖风景区上就出现了著名的船宴。据《风入松·题酒肆》《题临安邸》《梦粱录·湖船》等诗文记载：南宋的西湖周长30余里（1里为500米），号为绝景。除西湖十景等胜迹之外，西湖之中，有大小船只数百舫，有用车轮脚踏飞行的"车船"、用香楠木建造的"御舟"，以及号为"乌龙"的湖舫。这些游船上都配置酒食，可以开出精美的宴席。

正是由于湖光山色清秀，接待服务周全，所以西湖船宴不仅肴馔齐楚，而且与游乐密切结合，颇有吸引力。林升诗："山外青山楼外楼，西湖歌舞几时休？暖风熏得游人醉，直把杭州作汴州。"就是西湖旅游宴的真实写照。

现今的西湖旅游宴多在宾馆酒店操办，西湖船宴的影子渐渐退去，但各色观光旅游宴席应运而生，它们全都围绕西湖胜景及文物古迹而选题，风味隽永，特色鲜明。下面是杭州楼外楼菜馆推出的创新宴席——西湖十景宴，主要由西湖十景冷盘、十大名菜、四大名点、一茶四果组配而成，多用于接待国内外游客，深受各界好评。

杭州西湖十景宴菜单

十景冷盘：

苏堤春晓、平湖秋月、花港观鱼、柳浪闻莺、双峰插云、三潭印月、雷峰夕照、南屏晚钟、曲院风荷、断桥残雪

十大名菜：

西湖醋鱼、东坡肉、龙井虾仁、油焖春笋、叫花童鸡、荷叶粉蒸肉、干炸响铃、蜜汁火方、咸件儿、西湖莼菜汤

四大名点：

幸福双、马蹄酥、万莲芳千张包子、嘉兴五芳斋鲜肉粽子

一茶四果：

虎咆龙井茶、黄岩蜜橘、镇海金柑、塘栖枇杷、超山梅子

（五）荆楚风味全鱼席

荆楚风味全鱼席，是指流行于湖北及周边地区，以荆楚特色饮食为旗帜，以淡水鱼鲜菜品为主体的一类特色主题风味宴席。此类宴席水乡特色鲜明、烹制技法规整，鱼馔精品荟萃、宴饮情趣雅致，素以精纯、严谨、齐整、高雅而著称。

根据宴席所用食材的不同，荆楚风味全鱼席可分为单料全鱼席、多料全鱼席和拓展型全鱼席三种。下面列有两款著名荆楚风味全鱼席菜单，其设计创意可供赏析。

例 1，汉口老大兴园鮰鱼宴。

汉口老大兴园创建于 1838 年（清道光十八年），是一家以经营楚菜为主的“中华老字号”，曾以红烧鮰鱼、粉蒸鮰鱼等招牌名菜享誉武汉 150 余年。该店第四代“鮰鱼大王”孙昌弼大师艺术功底精深，创新思维缜密，曾先后推出了奶汤汆鮰鱼、鸡粥鮰鱼肚等 30 余道创新鮰鱼菜，设计制作了以“长江浪阔鮰鱼美”为主题的鮰鱼宴。本宴席曾在第十四届中国厨师节上荣获当时的最高奖项“中国名宴——鮰鱼宴”。

长江浪阔鮰鱼宴菜单

冷菜：春令竹影动　　盛夏幽兰香
秋天傲菊放　　寒冬蜡梅开
头菜：鸡粥鮰鱼肚
热菜：珍珠扒鮰鱼　　五彩鮰鱼丝
荆沙鮰鱼糕　　粉蒸石首鮰
红烧鮰鱼块　　鮰鱼素三珍
汤菜：奶汤鮰鱼丸
主食：鸡汁鮰鱼饺　　鮰鱼阴米粥
水果：长江时果拼

创意说明：本鮰鱼宴是一款以鮰鱼为主要食材的单料全鱼席，头菜、热菜、座汤及主食全都以鮰鱼为主料，用料专一，精纯雅致。鮰鱼又名鮠鱼、江团、肥王鱼，是长江水产的三大珍品之一，其肉质细嫩，滋味鲜美，适于蒸、烧、焖、煮、汆、烩等多种技法。宋代文豪苏东坡曾经题诗赞颂曰：“粉红石首仍无骨，雪白河豚不药人”；明太祖朱元璋一直将湖北石首的“笔架鮰鱼肚”列为宫廷的贡品。本宴席以春夏之间产自湖北长江的鮰鱼制作全鱼宴，其设计创意主要体现在菜品的选用与菜式的调排两方面。

在菜品的选用上，本宴席的鮰鱼菜式以荆楚风味名肴为主体，制作技法规整，特色风味显著。例如宴席大菜红烧鮰鱼块，它晶亮润泽，柔嫩滑爽，油而不腻，凝而不散，汁浓味醇，鲜香适口，作为汉口老大兴园的“金字招牌”，吸引着一批批慕名而来的中外游客。又如筵席头菜鸡粥鮰鱼肚，系以湖北特产的“笔架鮰鱼肚”为主料，配以鸡脯肉蓉、鸡清汤等烩制而成，工艺精湛，品质上乘。再如筵席汤菜奶汤鮰鱼丸，汤汁醇美鲜香，色泽浓酽似奶，鱼丸晶莹剔透，质感细嫩滑润。现代诗人碧野尝过湖北石首的奶汤鮰鱼之后，曾作诗著文赞誉："长江浪阔鮰鱼美！"

在菜式的调排上，本鮰鱼宴的主要菜式仅8道，另有冷菜、点心、水果和饮品，它按湖北筵宴的菜式结构而排列，简约大方，朴实自然；既遵循了"按质论价"的调配原则，又满足了创新求变的设计要求。设计出的筵宴既具主料之专，又兼配料之博，主配调料相互依存，菜肴点心组配得体。排列筵宴菜品时，头菜鸡粥鮰鱼肚位列餐台正中，珍珠扒鮰鱼、红烧鮰鱼块、奶汤鮰鱼丸、鸡汁鮰鱼饺等菜点环列四周，辅以"竹影""幽兰""傲菊""蜡梅"等象形冷盘，如同一幅"泛舟长江"的优美画卷，是地方名宴，更是艺术珍品！

例2，武汉大中华酒楼全鱼席。

成立于1930年的武汉大中华酒楼，是一家以经营淡水鱼鲜为主的"中华老字号"，曾因毛泽东主席的诗词"才饮长沙水，又食武昌鱼"而名扬海内外，其后20多年来，一直引领湖北餐饮行业快速健康地发展。在楚菜旗手卢永良、余明社大师的主理下，该店能经营400余种淡水鱼鲜菜，组配成多款全国闻名的鱼鲜宴。下面是出自武汉大中华酒楼的一款经典全鱼席菜单，其设计创意可供赏鉴。

大中华酒楼鱼鲜宴菜单

冷盘：金鱼戏莲　　四味围碟
头菜：鸽蛋裙边
热菜：油爆鳝花　　韭黄鱼丝
粉蒸石鸡　　莲菱鱼饼
红烧鮰鱼　　财鱼焖藕
清蒸樊鳊　　珊瑚鳜鱼
座汤：虫草金龟
主食：云梦鱼面　　蟹黄鱼饺
果拼：吉庆有余

创意说明：本鱼鲜宴是一款以淡水鱼鲜菜式为主体的拓展型全鱼席，其主要菜式均由产自湖北的著名淡水鱼鲜所制成，而冷菜、主食和水果等则是按照全鱼席的设计要求灵活配置。与其他宴席相比较，本席的最大特色是：食材精纯，多由湖北鱼鲜精品所构成；名馔荟萃，楚乡的饮馔特色十分鲜明；组配合理，吸取了全鱼宴席的设计精髓；简约大方，符合创新设计之理念。

在原料构成方面，本宴席使用了多种著名的淡水鱼鲜，如鄂州樊口的武昌鱼、荆沙的断板龟、荆南的甲鱼（裙边）、石首的鮰鱼、咸宁的石鸡、沙市的财鱼、天门的鳜鱼等，全是湖北的地方特产，品质优良，全国闻名。

在菜品选用方面，本宴席以湖北著名的淡水鱼鲜菜品为主体，制作工艺谨严，特色风味显著。例如清蒸樊鳊、鸽蛋裙边、虫草金龟、云梦鱼面、珊瑚鳜鱼、红烧鮰鱼、财鱼焖藕、蒜爆鳝花、粉蒸石鸡等著名鱼鲜菜式的合理运用，能让顾客真切地领略全鱼宴席之精髓，领悟出楚菜鱼鲜技艺为何“冠绝天下”。

在菜式组配方面，本宴席菜品总数18道，其中的淡水鱼鲜菜式达12道，名肴荟萃，主题突出。它按宴席设计的基本原则调排菜品，在宴席的创新求变方面做了不少努力，既注重菜品之间色、质、味、形的巧妙搭配，更强调构建简约大方的筵宴格局。

在宴饮艺术风格方面，作为一种拓展型的全鱼席，本宴席的所有菜品特色风味鲜明，符合审美品鉴标准，若辅以江南水乡美景，施以完备的接待礼仪，即做到了“美食、美境与美趣的和谐统一”。

（六）宫观寺院清素席

寺观素菜，又称寺观菜、斋菜、斋食，泛指宫观寺院所烹制的以素食为主的各式肴馔，其供食对象原以大乘佛教徒和全真派道人为主，现已发展为喜爱素食的各地居民。宫观寺院的清素席主要由寺观素菜构成，与其他宴席菜品相比，这类清素席中的菜品风味迥异、特色鲜明，主要表现为：

第一，选料严谨。寺观素菜的原料多为蔬菜、果品、粮食、豆类及菌笋等植物性原料，它以三菇（香菇、草菇、蘑菇）六耳（石耳、黄耳、桂花耳、白背耳、银耳、榆耳）唱主角，配料是时令蔬菜与瓜果；调味汤多用黄豆芽、口蘑、冬菜、蚕豆、冬笋和老姜等熬制，清清醇醇，鲜香适口。在原料的取用上，寺观菜忌用动物油脂与蛋奶，回避“五辛”（大蒜、小蒜、兴蕖、葱、茖葱）和“五荤”（韭、薤、蒜、芸苔、胡荽），强调就地取材，突出乡土物产。

第二，做工考究。寺观素菜在构思上注重标新立异，擅长于包、扎、卷、叠等造型技巧，重视各种模具的合理使用，工艺素菜几可以假乱真。为了做到“以素托荤”，早期的寺观菜力求“名同、料别、形似、味近”。它用白萝卜加发面、米粉、豆粉、食油等依法制“猪肉”；用藕粉、面粉、胡萝卜、豆腐皮等制“火腿”；用绿豆粉、紫菜、黑木耳等制“海参”；用豆油皮、萝卜丝、面粉等制“全鸡”。真是鸡鸭鱼肉、鲍参翅肚，样样都可用素料制成。

第三，素净清香。在中国菜的各类菜式中，寺观素菜以素净清香见长。究其原因，主要有三：首先，寺观菜的品尝者多为佛道两教的教徒及部分香客，由于佛家“只吃朝天长，不吃背朝天”，道家也竖着“荤酒回避”“斋戒临坛”的巨幅匾额，这为寺观素菜的饮膳特色定下了基调。其次，寺观菜的执鼎者多为僧尼和道徒，他们全都“戒杀生”“重清素”“不沾荤腥”，禁绝“五辛”。山门寺院里的这些清规戒律，使得他们在烹制菜肴的过程中，“清心寡欲”，从不越雷池一步，这客观上保证了寺观菜的清丽风貌。最后，寺观菜的品评常以淡雅清香为时尚，普通菜肴，讲求清淡、洁净；工艺菜肴，多是“以素托荤”。

第四，疗疾健身。寺观素菜以素食为主，其饮膳结构符合合理营养、平衡膳食的基本要求。寺观素菜中植物蛋白、维生素、无机盐及纤维素的含量都较丰富，这些物质既可促进肌体的生长发育、调节体液的酸碱平衡，又可抗病疗疾，使人的脾气相对温顺。相关实验研究表明：素食中的汁液、叶素与纤维可促进胃肠蠕动，帮助人体消化吸收，可减肥健体，预防心血管疾病的发生；素食中的维生素和无机盐，可调节人体的生理机能，预防多种缺乏症的产生；素食中的干果类蔬菜，如核桃、芝麻等，能使皮肤滋润、头发乌亮；素食中菌笋类蔬菜，如猴头菌、鸡纵菌等，能够抗病疗疾，使人延缓衰老。此外，素食中的花卉、药材等，还有美容、减肥与益智功能。

第五，名品众多。寺观素菜的著名品种大多来自一些名刹古寺。据《清稗类钞》所述，清代“寺庙庵观素馔之著称于时者，京师为法源寺，镇江为定慧寺，上海为白云观，杭州为烟霞洞”。广州鼎湖山庆云寺的首席斋菜“鼎湖上素”广取素料之精华，模仿山势而造型，鲜嫩爽滑，层次分明，被列为“素斋中最高上素”，一直流传至今。北京法源寺的名馔罗汉斋，为取“十八罗汉”之意，特选素料十八种，运用素汤烧成，该菜质地滑软、素净清香，常被视作素馔之样板。现今的罗汉大菜、罗汉什锦、罗汉上素等一系列“罗汉菜”，皆由此菜演化而来。近代的著名寺院，如北京广济寺、上海玉佛寺、扬州大明寺、南京鸡鸣寺、西安卧佛寺、成都宝光寺、重庆罗汉寺、湖北黄梅五祖寺、安徽安庆迎江寺、山东泰山斗姆宫、厦门南普陀寺、武汉归元寺和宝通禅寺等，各有自家的特色素馔和素宴。

下面是北京广济寺香积厨设计的一份清素席菜单，可供赏鉴。

北京广济寺清素席菜单

一主盘：各色豆制品净面拼摆

七小碟：炝芹菜、炸杏仁、卤冬笋、酸辣黄瓜、糖拌西红柿、酱蘑菇、卤香菇

六热菜：三色芙蓉、奶油烤花菜、草菇栗子、雪中送炭（香菇掐菜）、青椒凤尾、炸素果（豆腐衣制）

一座汤：什锦火锅（内有香菇、粉丝、白菜、菠菜、豆制品等 10 多种原料）

我国知名美食家王世襄先生对此席的评语是：“选料极精，工艺至细，重视色、香、味，而以味当先，确实做到了一菜一味，味味不同。菜肴朴实无华而富

自然美，应该说这就是最美的形。”

（七）毛肚火锅小吃宴

本宴席是一款极具巴蜀风情的新式便餐席。它以毛肚火锅系列菜式为主菜、辅以川式风味小吃，有时还配以适量的水果及茶酒。这类宴席的特点是格调清新、气氛热烈、组配灵活、菜点兼备、方便食用、丰俭宜人、自助涮食、轻松随意；与巴山蜀水的饮食风情紧密结合，极易满足宾客（包括外地客人）尝新求异、唯美务实的饮食心理。

该宴席以燃气火锅（或电炉火锅）为主要炊具，6~8 人，设中号炉，配方桌；8~10 人，设大号炉，配圆桌；12~16 人，设两个炉，两张方桌相连；16~22 人，设三炉，3 张方桌相连。为适应客人的口味，通常使用鸳鸯锅（一锅二格），分别盛入清汤与红汤；设两炉或三炉者，可用正宗麻辣汤料、稍淡麻辣料和清汤各一盆，让不同嗜好者分别围炉而坐。

毛肚火锅是其主菜，要求滋味浓厚，用料丰富，一般都配置毛肚、鲫鱼、鳝鱼、鳅鱼、鱿鱼、墨鱼、海参、猪肝、牛腰、脑花、食用菌、粉条、菠菜等 10 多种，高档的还可加配对虾、鳜鱼片、猴头菇、田鸡腿之类，让客人尽兴吃够；席间穿插上桌的小吃有八宝绿豆沙、花生酱、芝麻糊、莲米羹、小汤圆、清汤抄手、开洋年糕、三鲜烧卖、鸭参粥等 10 余种，做到咸甜交错，浓淡相间，干稀调配，冷热均衡，最后上水果、蜜饯与茶，去荤解腻，醒酒化食。

毛肚火锅小吃席由重庆会仙楼宾馆首创。宴席设在会仙楼宾馆楼顶花园，景色宜人，白天可凭眺山城风光，晚间可纵览雾都灯火，不少美食家慕名而来。下面是其宴席菜单，可供鉴赏。

重庆会仙楼宾馆毛肚火锅小吃宴菜单

主菜：毛肚火锅（鸳鸯锅，一锅二格）

涮品：毛肚、对虾、鳜鱼片、肥牛、羊肉片、鲫鱼、鳅鱼、鱿鱼、鱼丸、海参、黄喉、脑花、金针菇、白灵菇、粉条、菠菜、猴头菇

小吃：山城小汤圆、过桥抄手、小笼牛肉包、红油水饺、担担面、白面锅盔、芝麻烧饼、如意春卷、鸡汁锅贴、萝卜丝饼

水果：蜜橘、香蕉

第二节　中式宴席改革与创新

中式宴席是指按照中华民族的聚餐方式、宴饮礼仪和审美观念设计并制作的各式筵席与宴会，如民俗风情宴、迎送接待宴、婚寿喜丧宴、岁时节日宴、商务

应酬宴、祝捷庆典宴等，它是中华民族饮食文化的组成部分，是我国饮馔文明发展的重要标志。但长期以来，由于思想观念、宴饮习俗及逐利思潮等的影响和制约，我国传统宴席存有较多不合理、不科学的因素。特别是随着时代的发展与进步，不少传统宴席的种种弊端日益凸显，只有进行改革与创新，才能使之更好、更快地发展。

一、中式传统宴席现存基本问题

中式宴席历史悠久，源远流长。它组配谨严、调理精细、注重环境气氛、强调礼俗食趣等优点值得肯定，应予弘扬。但部分宴席菜品数量过大，宴饮时间太长，选料崇尚珍奇，烹制故弄玄虚，进餐方式落后，忽视营养卫生等弊端必须摒弃。具体说来，中式传统宴席现存的基本问题主要表现为以下几方面。

（一）贪图丰盛，排菜过多

中国人请客设宴习惯于以丰为敬，笑穷不笑奢。满桌佳肴，即使吃不完浪费，也不以为耻；如果恰到好处，反被视为不敬。人们常将待客的诚恳、友谊的分量与菜点的数量联系起来，宴席的菜点越丰盛，越能显示交情深厚，越能表达主人待客盛情。一些贫困的家庭，平时节衣缩食，省吃俭用，一旦请客设宴，竟然全都叠碗摞盘，不倾其所有，则难以彰显其盛情。很多浅薄的富商，以饮食奢靡为荣耀，视满汉全席等高档宴席为国粹，吃不完的菜点全部倒掉，竟毫不可惜！

（二）崇尚珍奇，忽视营养

中式传统宴席素以崇尚珍奇而著称。正式的宴会，强调选用山珍海味、奇珍异馔，越是稀有怪异的食材，越能迎合宾主的消费意愿；普通的家宴，通常也是“大鱼大肉”的排菜格局，不安排适量的珍贵食材，恐难提升接待的档次。由于国民崇尚珍奇，因此宴席设计与制作者只能是投其所好，避其所忌。诸如编排过分雕琢、选料搜奇猎异、烹制故弄玄虚等现象，虽然时有出现，但人们早已见怪不怪了。中式宴席传承了三千余年，很少有人去思考宴席的膳食配置是否合理，宴席的营养供给是否平衡。一些文化名人所津津乐道的各式全席，如全羊席等，即便是荤素食材的合理搭配也很难做到，至于整套菜品的膳食营养平衡，更是奢谈。

（三）进餐方式落后，礼节仪程烦琐

我国传统宴席实行的是多人围坐聚餐的就餐方式，注重宴饮节奏，强调就餐氛围。所有客人都是在一个盘子中搛菜，在一个汤碗中盛汤，很容易造成病菌传播或交叉传染。主人用自己的筷子替客人搛菜，宾客之间用筷子互相让菜等现象，千百年来，一直相沿成习。关于宴饮的礼节与仪程，仅安排席位时的相互谦

让，前后就要折腾多时；至于上菜、用餐、敬酒、饮茶之类，更是礼节仪程繁多。据行家粗略估算，在我国，仅一般的宴饮聚餐，少则一两个小时，多则三四个小时。宴席的级别越高，菜品的数目越多，就餐的礼节仪程越复杂，宴饮所造成的时间上的浪费越是惊人。古人云："饮食，非细故也。"国人重视宴饮聚餐，但也要考虑它与现代快节奏的生活方式是否协调，如果太过注重礼节仪程而浪费大量时间，实不可取。

（四）宴饮观念陈腐，败坏社会风气

国人请客设宴，通过宴席聚会宾朋、敦亲睦谊，纪念节日、欢庆大典，接谈商务、开展交际，这都无可厚非。但通过宴席比丰富、摆排场、讲阔气、分尊卑、浪费钱财、暴殄天物，则应坚决制止。一些高端的宴饮接待，在食材的择选及烹制上，往往是什么食材稀少就安排什么，什么制法奇特就怎么烹制。一些稀有珍贵的原料，如鱼翅、燕窝等，备受尊崇；一些怪异的制作方法，如炙鸭掌、烹猴脑等，竟被视为经典。长期以来，这种陈腐的饮食观念破坏了珍稀生态资源，严重地损害了既有的生态平衡。此外，由此而引起的奢靡享乐、畸形消费之风气，极易滋生腐败，少数公务人员大肆挥霍公款，在人们思想领域所造成的负面影响不可估量。

（五）宴席格式固定，排菜缺乏新意

中式传统宴席无论在内容上，还是形式上，都大同小异。尤其是同一地区宴席所用的菜肴用料、风味特色、菜品数量，乃至上菜顺序等大多如出一辙。中式传统宴席的这种规格化的餐饮模式已传承多年，相沿成习。其菜式的排列虽为广大民众所接受，但缺乏创新意识的宴席不能满足人们日益丰富的生活需求，同时也不能推动中国饮食文化创新发展，在国际舞台上更是缺乏竞争实力。因此，中国宴席既要传承传统，更要推陈出新。

二、中式宴席革新原则与对策

（一）中式宴席改革基本原则

随着社会经济的不断发展，人们的思想观念和饮食习俗在不断进步，现代餐饮正向着多样化、个性化、快速化、国际化、科学化、节俭化的方向发展。中式宴席只有顺应这些发展趋势，遵循宴席改革的基本要求，实施合理的革新措施，才会焕发生机与活力，并在激烈的市场竞争中保持优势。

中式传统宴席的改革，不应全盘否定，只能是在借鉴中扬弃，在继承中创新。第一，改革不能失去宴席的本质特征，要注意风格的统一性、工艺的丰富性、配菜的科学性、形式的典雅性和接待的礼仪性。第二，要兼顾我国的饮食传统和礼仪观念，使宴席具有一定规格和气氛，能显示待客的真诚和友情的分量。

第三，必须考虑市场上的宴席具有商品属性。挥霍公款应当严格限制，私人宴请则只能加以引导。

中式宴席改革的总原则是：从我国国情、民情出发，顺应餐饮潮流，科学地指导与调整食物消费，切实保证营养卫生，注重实际效益，努力树立时代新风尚。具体地讲，应使宴席符合精、全、特、雅、省的要求，保留东方饮食文化风采，强化它的科学内涵和时代气息。

精，是指设计与制作中式宴席，既要适当控制菜点的数量与用料，防止堆盘叠碗的现象；又需改进烹制技艺，重视口味与质地，防止粗制滥造的流弊。

全，是要求用料广博，营养配置全面，菜点组配合理。在原料的择用、菜点的配置、宴席的格局上，都要符合平衡膳食的要求。

特，是指宴席要具有地方风情和民族特色；要灵活安排本地特色食材及名菜美点；要充分发挥自身的技术专长，显示酒店独特的饮食风采。

雅，是指讲究卫生，注重礼仪，强化酒筵情趣，提高服务质量，体现中华民族饮食文化的风采，起到陶冶情操、净化心灵的作用。

省，一是强化管理，控制成本，防止铺张浪费；二是简化酒宴仪程，缩短宴饮时间，既减少主办方的支出，又节省就餐者的时间。

（二）中式宴席创新发展对策

关于中式宴席的改革与创新，应着力解决好以下几方面问题。

1. 优化宴席结构，减少菜品数目

中式传统宴席的结构千篇一律，风格雷同，制约了宴席设计师的创造性思维，影响了宴席的传播和发展。因此，应提倡风格多样的宴席模式，这种宴席模式是宴席改革发展的方向。中式传统宴席的菜品数量偏多、分量过足、总量偏大，既造成了不必要的浪费，又增加了厨师和服务人员的工作量。因此，减少菜品数量，提高菜品质量，缩短烹调和进餐时间，是宴席改革的一项重要内容。

2. 改革宴席食物结构，力求营养全面、均衡

改革凡高档宴席必重用山珍海味和奇珍异馔的弊端，注重烹饪原料的多样化和均衡化，降低动物性原料的用量比例，增加蔬果粮豆菌笋等植物性食材的用量，综合考虑整套宴席菜品的营养平衡。此外，还可以通过增加点心数量、减少热菜数量、实行素菜荤做等办法，达到膳食营养均衡的目的。

3. 更新饮食观念，搞好技术创新

改变高级宴席必用名贵原料的做法，杜绝搜奇猎异、暴殄天物、故弄玄虚、过分雕琢等烹制弊端，多在普通原料上下功夫，用低档原料制作出高档特色佳肴。加大对违规烹制禁用原料、使用公款高端消费的惩处力度。借鉴西式宴会的用餐理念和餐饮格局，用自助餐或团体包餐等餐饮形式替代传统宴席；用创造性

思维设计出更多更好的特色主题宴席。

4. 提高文化艺术含量，突出宴饮聚餐主题

宴席可联络感情、沟通信息、表达情意、增进交流，能使宾客在宴饮活动中受到文化与艺术的熏陶。未来的中式宴席，要注重文化气氛的营造，使传统菜肴、精美食品与营造文化氛围之间相互促进、相得益彰；要针对不同的主题进行环境包装、艺术渲染，营造一种既符合宴席主题思想，又具有民族和地方特色的文化艺术氛围。

5. 突出宴席个性化特色，增强宴席市场竞争能力

一个地区应该有一个地区的宴席风格，一家酒店应该有一家酒店的宴席特色，不同主题的宴席，都应具有鲜明的个性。未来餐饮企业在宴席业务上的竞争，归根到底是宴席个性化特色的竞争。一桌没有特色的宴席，既没有消费吸引力，也没有市场竞争力。

6. 革新宴席就餐方式，合理选用餐具和用具

为确保国民饮食健康，提升中式宴席的市场竞争力，必须改变一桌人同夹一盘菜、同舀一锅汤的传统进餐方式。可以采用每客一份的单上式、配置公筷的合餐制、听从客便的自选式。特别是分餐制的用餐方法，既控制菜量，减少浪费，卫生方便，节省时间，又有利于酒店实施规范化管理。

总之，中式宴席的改革与创新是时代的要求，也是历史的必然。宴席改革与创新的目的是弘扬传统宴席的优良特色，摒弃不科学、不合理的内容，把具有中国特色的宴席引向健康发展的道路，使之更好、更快地发展。

第三节　主题风味宴席创新设计

主题风味宴席，是指突现活动主题、注重餐饮风格的一类特色风味筵宴。这类宴席通常是根据消费时尚、酒店特色、时令季节、客源需求、原料个性、人文风貌、历史渊源、菜品特色等因素，选定某一主题作为宴饮活动的中心内容，以此为营销标志，吸引公众关注，并调动顾客进餐欲望，使其产生消费行为。主题风味宴席的最大卖点是赋予一般的营销活动以某种主题，围绕既定的主题来营造宴席气氛，宴席中所有菜品的立意、命名、设色、造型，以及环境布置、餐饮服务等都要为宴席主题服务。

一、主题风味宴席创新设计要求

主题风味宴席的策划，一直以来深受餐饮行业、旅游行业关注。餐旅企业组织与策划各种主题宴席的营销活动，应根据时代风尚、消费导向、地方风格、客

源需求、社会热点、时令季节、人文风貌、菜品特色等因素，选定某一主题作为宴席活动的中心内容，然后根据主题收集整理资料，依照主题特色去设计菜单，规划筵宴生产与营销。

（一）可供选择的宴席主题

现代餐饮经营，可供选择的主题很多。美食主题是所有餐饮活动所要表达的中心思想，确定美食主题，应进行扎实的饮食需求调研。一般来说，可供选择的宴席主题大体上可以分为以下几类：

第一，地域、民族类主题，如岭南宴、巴蜀宴、蒙古族风味宴、维吾尔族风味宴以及泰国风味宴、意大利风味宴等。

第二，人文、史料类主题，如乾隆宴、大千宴、东坡宴、红楼宴、金瓶宴、三国宴、水浒宴、随园宴、仿明宴、宫廷宴等。

第三，原料、食品类主题，如镇江江鲜宴、云南百虫宴、西安饺子宴、海南椰子宴、东莞荔枝宴、漳州柚子宴等。

第四，节日、庆典类主题，如新春宴、元宵宴、中秋宴、圣诞宴会、大厦落成宴、周年店庆宴等。

（二）强调主题单一性与个性化

主题宴席的显著特点就是主题的单一性。一桌宴席只有一个主题，只突出一种文化特色。推出某一个主题宴席时，要求主题个性鲜明，与众不同，形成自己独特的风格。其差异性越大，就越有优势。宴席主题的差异也是多方位的，产品、服务、环境、服饰、设施、宣传、营销等有形与无形的差异都行，只要有特色，就能引来绝佳的市场人气。

（三）从文化角度加深主题宴席内涵

餐饮经营不仅仅是一个商业性的经济活动，在餐饮经营的全过程始终贯穿着文化的特性。在策划宴席主题时，更是离不开“文化”二字。每一个宴席主题，都是文化铸就。如地方特色餐饮的地方文化渲染，不同地区有不同的地域文化和民俗特色。如以某一类原料为主题的餐饮活动，应体现某一类原料的个性特点，从原料的使用、知识的介绍，到食品的装饰、菜品的烹制等，进行原料文化的展示。

主题宴席的设计，如仅是粗浅地玩特色，是不可能收到理想效果的。在确定主题后，策划者要围绕主题挖掘文化内涵、寻找主题特色、设计文化方案，制作文化产品，这是最重要、最具体、最花精力的重要环节。只要有了独特的主题、运用独特的文化选点，主题宴会自然就会获得圆满成功。

（四）紧扣宴席主题文化

第一，菜单的核心内容，即菜式品种的特色、品质必须反映文化主题的饮食内涵和特征，这是主题宴席的根本，否则设计出的宴席就没有鲜明的主题特色。

第二，菜单、菜名、菜品生产及营销服务应围绕文化主题这个中心展开。可根据不同的主题确定不同风格的菜单，应考虑整个菜名的文化性、主题性，使每一道菜品都围绕主题，这样可使整场宴席气氛和谐、热烈，产生美好的联想。

二、主题风味宴席创意设计实务

（一）扬州春江花月宴创意设计

1. 扬州春江花月宴宴席菜单

八凉菜：

四荤冷盘　　四素冷盘

十热菜：

蟹黄扒翅　　金陵烤鸭

油焖大虾　　大煮干丝

菊花套蟹　　香煎藕饼

金秋五鲜　　清蒸鳜鱼

银耳甜羹　　蟹粉狮头

四面点：

乳酪紫薯　　文楼汤包

故乡月饼　　扬州炒饭

二茶果：

时果拼盘　　碧螺春茶

2. 春江花月宴创意说明

扬州春江花月宴，是一款以扬州中秋饮食文化为主题的淮扬特色风味宴席，它集传统名肴与创新菜式于一席，将传统风格与时代特色融为一体，既是现代餐饮需求的反映，也是淮扬饮食文化的综合表现。

（1）定名“春江花月宴”极具文化特色。本中秋宴具有一个如诗如画的名字——“春江花月宴”。宴席的定名，与宴会人数多、层次高、规模大、要求高、时值中秋、文人聚会等联系紧密。宴席的举办时间是中秋之夜，花好月圆；宴席的举办场地是文化名城扬州，素有“月城”之称；宴会的主题是文人聚会、观花赏月，欢庆佳节；宴席的菜品组合彰显了淮扬特色风味，突现了节令要求。使用“春江花月宴”定名，会使宴会主题更加突出，使筵宴特色更具魅力，以达到“名从宴得，宴因名传”的效果。

（2）重视地方特产，彰显季节特征。春江花月宴充分考虑时令物产，根据季节的变换精选原料。扬州地域四季分明，烹饪原料因时而异，“春有刀鲴，夏有鲥鳝，秋有蟹鸭，冬有野蔬”。本宴席紧密围绕淮扬风味和中秋佳节，在原料选择上突出时令特色和地方特产（如螃蟹、麻鸭、荷藕、老菱、花生、鳜鱼等）。在菜品的设置上，避免了原料的重复使用，并尽量做到应时而化，例如菜单中的“清蒸鳜鱼”，既肉质细嫩，滋味鲜美，属上乘食用鱼；又因“鳜”与“贵”谐音，有“富贵发财”之意，能取悦宾客。“蟹粉狮子头”为淮扬特色名菜，此菜的蟹粉（蟹肉）原料取自秋熟蟹肥季节的螃蟹。菜单中的“金秋五鲜”寓意“五福临门”所用的藕、老菱、花生、香芋、红薯原料，也都是扬州秋季成熟的农作物，中秋上市，滋味鲜醇、清香。

（3）名肴佳点结合，展示地方风情。本宴席名肴佳点荟萃，极具扬州地方风情。如蟹黄扒翅、金陵烤鸭、大煮干丝、蟹粉狮子头、菊花套蟹、扬州炒饭、文楼汤包、淮扬月饼等多是苏扬风味名品，地方特色鲜明，盛名传遍全国。例如主食“扬州炒饭”，它色彩鲜丽，口感松散、软糯，美味可口。围绕宴席主题合理选配菜品，既能提升宴席的格调，更能充分展现宴席的地方风情。

（4）设计理念创新，筵宴多彩多姿。本宴席总计 8 道凉菜、10 道热菜、4 道面点，采用拌、渍、炝、冻、红卤、白卤、煮、炖、焖、烩、炒、炸、烤、蒸 14 种技法制作而成。整桌筵宴在质感变换上有腴嫩、爽脆、酥松、软糯之别，呈现出一菜一格之理想效果。在味型组配上给人以味道多变、浓醇交错、延绵起伏、回味悠长的美味享受。在色彩组合上，运用了对比、互补等方法，使得整桌筵宴色彩生动而鲜明。在营养搭配上，其显著特色是荤素食材的搭配比例趋于合理，突出了“三少一多（即少盐，少动物脂肪，少糖，多素食）”，满足了现代人的饮食养生需求，有利于形成合理的平衡膳食。在品种搭配上，全席菜点紧紧围绕宴席的主题而设计，使宾客在品尝美味佳肴的同时，感受“淮扬菜之乡”扬州食文化的气息和情韵。

（二）荆风楚韵宴席创意设计

2011 年 6 月 5 日，第三届全国高等学校烹饪技能竞赛在北京落幕。武汉商学院（原武汉商业服务学院）学生代表队设计与制作的“荆风楚韵宴席”荣获大赛金奖。下面是该筵宴的设计理念及创意说明，可供鉴赏。

1. 荆风楚韵宴席设计理念

荆风楚韵宴席是荆楚风味宴席的代表作品之一。本宴席以“荆风楚韵”为主题，按照赛事主办方规定的接待规格，由武汉商学院代表队设计制作而成。它秉承荆楚风味宴席之特色，融汇湖北古今名食之精品，展现了荆楚大地的饮馔风情，显示了楚菜新秀的精神风貌。其筵宴设计与制作，旨在充分展现湖北地方特色，努力显示楚乡风情，具体的设计理念主要体现在“精、全、特、雅、新”五个方面：

（1）精，指宴席结构简练，菜品数量适中。本宴席的菜品设计务求符合特色主题风味宴设计要求，菜品主要分冷菜、热菜、点心（含水果）三部分，短小精悍，用以体现湖北地区的上菜格局。

（2）全，指用料广博，菜点组配合理。本宴席在原料的择用、菜点的配置上力求符合平衡膳食的基本要求，鱼畜禽蛋兼顾，蔬果粮豆并用，烹饪原料的品种既种类齐全，又组配合理。

（3）特，指展示地方风情，显现荆楚饮食特色。本宴席尽量安排本地名菜与名点，菜品的设计与创新不能脱离本地的饮食风情，整桌宴席应以“荆风楚韵”为主题，以显示独特的饮馔风貌。

（4）雅，指注重宴饮环境，强化酒筵的饮食风情。本宴席从菜品设计、筵宴制作到台面展示，力图将美食与美境和谐统一，使宾客在享受美味的同时，娱悦身心。

（5）新，指宴席的设计与制作务求符合创新要求。第一，本宴席不用明令禁止的保护动物，避免使用奇珍异馔；第二，注重原料的合理取舍与组配，符合物尽其用的调配原则；第三，菜品的设计体现创新原则，力争引领或顺应湖北餐饮潮流；第四，符合高职学生自身的特色与水平，反映湖北新秀的创新能力；第五，生产工艺大方实用，宴席制作便捷省时。

2. 荆风楚韵宴席菜单

荆风六冷碟

寒香　兰芳　高节

霜彩　含露　仙寿

楚韵八热菜

福鼎冬瓜甲鱼裙

琴台珊瑚鳜花鱼

知音金钱龙凤簪

沔阳珍珠扣鳝鱼

荷塘风味炒石鸡

荆楚招财进宝虾

桂花八宝长寿球

游龙戏水闯天下

楚情双色点

长阳土家腰鼓酥

楚城吉祥苹果包

荆乡水果拼

行吟波涛瓜果颂

3. 荆风楚韵宴席菜品赏析

宴席的第一部分是凉菜。它以花中四君子——梅、兰、竹、菊以及莲荷、水仙为题材，分别拼制成为“寒香”“兰芳”“高节”“霜彩”“洁雅”“仙寿”6味冷碟。

上述6味冷碟系宴席的“前奏曲”，所用烹饪原料全是湖北本地物产，生产工艺符合营养卫生要求。菜品质精味美，造型形象逼真；它能开席见彩，引人入胜。

宴席的第二部分是热菜，包括1头菜、6热菜、1座汤。这是宴席的“主题歌”，全由热菜组成，排菜跌宕变化，能把宴饮推向高潮。

头菜“福鼎冬瓜甲鱼裙”，参照荆州传统风味名菜——冬瓜鳖裙羹创制而成。“新粟米炊鱼子饭，嫩冬瓜煮鳖裙羹”，这是荆楚饮食的真实写照。本菜以荆南特产的野生甲鱼为主料，配以时令物产嫩冬瓜，借鉴荆南厨师擅长烹制淡水鱼鲜之特长，以形成“用芡薄，重清纯，原汁原味，淡雅爽口”之特色。

热菜“珊瑚鳜花鱼”，系湖北风味名菜之一。“西塞山前白鹭飞，桃花流水鳜鱼肥。”本队师生以湖北黄石西塞山特产的鳜鱼为原料，经出骨、造型等工艺，焦熘而成。成菜外焦里嫩，滋味酸甜，红亮油润，酷似红珊瑚，故名“琴台珊瑚鳜花鱼”。

“沔阳三蒸”，属湖北汉沔风味名菜。本校师生取其“蒸鱼、蒸肉、蒸蔬菜”之含义，以当地特产黄鳝为主料，辅以珍珠米丸和蔬菜，创制出“沔阳珍珠扣鳝鱼”，既保持了传统鄂菜之特色，又兼具创新求变之理念。民谚说：“小暑黄鳝赛人参。”本宴席于小暑节前后推出此菜，可谓应时当令。

以龙凤为图腾向来都是荆楚民众的风俗习惯。“金钱龙凤簪”以高汤焖制海参，穿进出骨的凤翅之中，制成楚国妇女常用的“龙凤簪”，熟制后排列在豆角制成的竹排上，再辅以类似于古币的“金钱串”，成菜色泽明快，香滑适口。这款创新菜品既结合楚地民众的乡风民俗，又表达了湖北人民祝愿各位来宾富贵吉祥的美好愿景。

湖北咸宁出产石鸡，其肉质细嫩，味美如鸡，极具清热解毒、补肾益精之功效。荷塘风味炒石鸡水陆两栖，优雅洁净，其生活习性像莲荷一样清纯不染。“荷塘风味炒石鸡”的设计理念是：选其物料，兼取寓意，以求滋味优美而韵味高洁。

“荆楚招财进宝虾”是以湖北特产的湖山龙虾为主料，油焖而成。本品富含蛋白质及钙、磷、铁等多种矿物质，具有壮阳益肾、补精通乳等药用功能；它以元宝状的造型形式表达了荆楚人民的美好心声。

荆楚文化有着浓厚的道家文化气息，崇尚神仙，追求长寿。“桂花八宝长寿球”由产自武汉东湖的葛仙米、湖北咸宁的糖桂花等湖北名优特产运用分子烹饪技术制成，预祝与会来宾幸福美满、长寿安康!

武汉菜吸取了鲁川苏粤菜式之特长，讲究刀工火功，精于配色造型，汤羹菜式在宴席中的应用非常老到。本宴席之座汤“游龙戏水闯天下”就是以武汉名特物产鮰鱼为主料，辅以黄孝土母鸡煨制的鲜汤，先将鮰鱼肉制成鱼胶，再氽成游龙戏水的造型，取飞龙冲天，勇猛无敌之寓意，以展现楚人“一飞冲天”的文化特质。

宴席的第三部分是点心与果拼，包括2道面点和1道水果拼盘。这是宴席的“尾声”，目的是使宴席锦上添花，余音绕梁。

“长阳腰鼓酥”以湖北长阳土家族的腰鼓为素材，做成咸点腰鼓酥;“吉祥苹果包”以“平安之果”苹果为主题，制成甜点苹果包。本宴席之咸甜双色席点兼顾了荆楚民众的饮食习俗，反映出鄂菜新秀的美好愿景：愿民族团结、盼祖国平安。

“后皇嘉树，橘徕服兮”，楚国爱国诗人屈原用华丽的离骚体歌颂了橘子的华美与高洁。受屈原诗句的启发，本代表队取用了湖北生鲜市场上的特色水果拼制了这份水果拼盘，取名“行吟波涛瓜果颂”，给整桌宴席画上一个完美的句号。

4. 荆风楚韵宴席创意设计说明

荆风楚韵宴席是荆楚风味宴席的代表之一，其设计创意表现如下：

第一，从宴席结构上看：本宴席共计安排菜品17道，其中冷菜6道、热菜8道、点心2道、水果1道。上菜程序是：冷菜—热菜（头菜 + 热荤 + 汤菜）—点心—水果，体现了华中地区的排菜格局。

第二，从原料构成上看，本宴席使用了多种著名特产，如长江的鮰鱼、荆南的甲鱼、巴河的莲藕、湖山的龙虾、鄂州的白鱼、洪湖的黄鳝、咸宁的石鸡、随县的蜜枣、黄孝老母鸡、东湖葛仙米、咸宁糖桂花、武当山猴头菇，此外，本地的鳜鱼、才鱼、口蘑、独头蒜等也颇耐品尝。

第三，从制作方法上看，它集蒸、焖、烩、炒、熘、炖等多种技法于一体，因料而异，尽现各种烹饪原料之特长；此外，安排较多的鱼鲜制品及当地风味名菜，也是本宴席的一大亮点。

第四，从宴席菜品的组合程式上看，它讲究菜品之间色、质、味、形、器的巧妙搭配，注重菜品本身的纯真自然，力求味纯而不杂，汤清而不寡，并尽可能地展示当地的特色名菜。如沔阳三蒸、珊瑚鳜鱼、鄂州八宝饭、蒜香鸿运鳝、双味鮰鱼、油焖大虾等，有的是古今名菜，有的是创新作品。

第五，从营养配置的角度上看，本宴席的主要特色有三：一是在烹调技法的选择上，多运用蒸、煨、烧、焖、氽、烩等方法，注重烹饪温度和加热时间的控制，最大限度地减少了营养素的损失，避免了有害物质的产生。二是本宴席提供的能量人均1008卡路里左右，约占轻体力劳动成年男性一日总能量的42%；其中蛋白质的供能比为21%，且优质蛋白约占蛋白质总量的90%，维生素和矿物质也达到或超过了人均一日需要量的40%。三是符合中医食疗养生学的相关原理，原料中的甲鱼、鳜鱼、鳝鱼、鮰鱼、牛肉、莲藕等多具滋补作用，有滋阴、补虚、养血等功效。

第六，从文化内涵方面看，荆风楚韵主题风味宴具备“全”“品”“趣”三大特色。所谓“全”，就是做到了名品荟萃，形成系列；所谓“品”，指规格档次适中，符合审美情趣；所谓“趣”，指美食与美境和谐统一，既有物质享受，又能娱悦身心。

第四节　简约型民俗风情宴创新设计

简约型民俗风情宴，是指以地方民俗风情为旗帜，以节约资源、提高效能为特征，以地方特色风味饮食为主体，长时期流行于我国乡村与集镇的各式民间风味宴席。

在我国广袤的乡村与城镇，遍布着数以千计的简约型民俗风情宴，如四川田席、洛阳水席、鲁西阳谷乡宴、辽东三套碗席、青岛渔家宴、宁夏清真十大碗席、襄阳三蒸九扣席、孔府家宴、湖北天门九蒸宴、金陵船宴、青城山养生宴等。此类宴席有别于奢华型筵席与宴会，它根植于广袤的乡村与城镇，常以地方民俗风情为旗帜，以简约朴实宴席为主流，既具鲜明的特色风味，又有广泛的群众基础。具体地讲，我国简约型民俗风情宴具有八个基本特征：一是资源利用充分；二是宴席特色鲜明；三是民俗风情浓烈；四是工艺简捷大方；五是宴席结构小巧；六是服务仪程明快；七是就餐环境幽雅；八是深受民众欢迎。

设计与制作简约型民俗风情宴，既要熟悉该类宴席的基本特征，明确宴席设计的普遍规则，还需把握简约型宴席创新发展的总体原则和具体要求。

一、简约型民俗风情宴创新发展要求

设计与制作简约型民俗风情宴，其总体原则是根据我国地方饮食习俗、风味物产及饮膳风情，结合顾客的饮食需求、酒宴的接待标准、举宴的季节特征，餐厅的设施条件及厨务人员的技术水平，以尽可能少的资源消耗来设计与生产各式特色鲜明的民俗风情宴，力争以最小的投入，取得最好的效益。具体地讲，即是要在遵循宴席设计一般原则的基础上，大力倡导节约餐饮，推出小巧、经济、便捷、实用的简约型宴席，使传承久远的中式宴席焕发出新的生机与活力。

（一）加大监管力度，改变认识上的误区

设计与制作简约型民俗风情宴，离不开全社会齐抓共管的良好氛围。大力倡导勤俭节约、艰苦朴素的生活作风，可从根本上改变攀比心理、面子工程，让奢靡享乐之风、奢侈浪费现象失去生存之土壤。通过正确的舆论引导、合理的法规制度，形成社会监督机制，可正确引导餐饮消费，形成行业自律的市场新秩序。确立合理的社会消费模式，适时打击超额公务接待，正本清源，可让简约型中式宴席发挥其应有的社交作用。

（二）提高从业人员素质，夯实宴席设计基础

设计与制作简约型民俗风情宴，应着力培训从业人员，强化合理膳食理论及营销管理策略的学习与应用，准确定位简约型中式宴席，加强宴席设计与制作的实操演练与归纳总结，提高从业人员的整体素质，全方位提升我国简约型宴席的设计水平，为设计出更多更好的简约型宴席夯实基础。

（三）简化传统宴席结构，节省人力、物力和财力

我国宴席的快速化、节俭化趋势，要求宴席菜式结构要合理、菜品制作要便捷、礼节仪程要简省、就餐时间要缩短。就中式民俗宴席的菜式结构而言，凡正式宴请，宴席的主菜最好是人均一道；凡简易招待，便餐席的主菜可确定为“四菜一汤”。就宴席的生产营销而言，无论是菜品加工烹制、餐饮接待服务、营销组织管理，还是宾客宴饮聚餐，都要结合当地实情，节省人力、物力和财力，提倡适度消费，反对铺张浪费，以适应现代餐饮需求。

（四）加强民俗宴席研发力度，努力推进宴席改革与创新

设置简约型民俗风情宴，应鼓励和引导餐饮企业不拘一格，大胆创新。进一步提高特色食材在中式宴席中的比例，充分发挥传统烹制工艺之所长，积极借鉴西式宴席格局，在接待规程、服务方式、环境布置、经营策略等方面做出更多创新，形成一大批小巧、经济、便捷、实用的创新宴席，以满足不同层次的饮食需求。简约型民俗风情宴的研发要根据健康饮食要求，运用现代科技手段，体现地方饮膳风情；要按照顾客的社交目的和接待标准，提供个性化服务，凸显简约型宴席的风味特色和文化品位，提升我国宴席的整体实力和水平。

（五）传承民俗宴席精髓，突出个性化特色

作为民间交往应酬的重要工具，我国民俗风情宴虽在创新发展方面存在诸多问题，但其地方特色鲜明、民俗风情浓烈、饮食文化底蕴深厚、深受当地民众青睐等宴席精髓仍然值得肯定。因此，对待此类宴席，不应全盘否定，只能是在借鉴中扬弃，在继承中创新。为提升我国民俗宴席的品位与格调，扩大其市场竞争力和占有率，突出宴席个性化特色尤为重要。

就原料构成看，要充分利用当地地理优势，广辟食源，注重物料的多样化。

就宴席格式看，既要尊重民众的饮食习尚，保留部分席礼酒规和宴席格局，又要借鉴外地的餐饮模式，如分餐制宴席、自助式宴席等，提倡风格多样的宴席模式，以形成个性化特色极强的地方宴席新格局。就菜品的制作而言，既要对传统菜品进行改造，注重粗料精做，力争物尽其用，控制烹调时间，确保制品质量；又要引进富有特色的流行菜品，取人之长，补己之短。就宴席环境的布局而言，要针对不同宴席主题进行环境包装、艺术渲染，营造一种既符合宴席主题，又具地方特色的文化艺术氛围，力争使餐室装潢与环境设计具有浓郁的地方风情。

二、简约型民俗风情宴创意设计实务

民俗风情宴，是我国宴席的主体与根基，不但特色风味鲜明，而且拓展空间广阔。为全面认识此类宴席，现以湖北郧西七夕婚庆宴、天门九蒸宴为代表，对其创意设计理念做如下分析。

（一）郧西七夕婚庆宴创意设计

1. 宴席设计背景

湖北郧西位于秦岭南麓、汉水北岸。优越的地理环境，富饶的物产资源，悠久的文化传承，造就了郧西秀美的自然风貌、独特的饮食风格。

在郧西天河之畔，自古就有七夕庆婚的淳朴风俗。2010 年 8 月 16 日，首届中国（郧西）天河七夕文化节暨中国《牛郎织女》邮票首发式在湖北郧西县天河广场隆重举行。央视著名主持人李咏主持了开幕式文艺演出，众多的中外明星登台献艺，来自世界各地的 113 对新人举行了集体婚礼，30 家各级媒体、160 多名记者参与了现场报道。本次文艺演出共分龙凤呈祥、鹊桥相会、天河作证、地久天长、牵手郧西五个板块，凸现了“七夕在中国，天河在郧西”的节庆主题。

作为郧西天河七夕文化节的配套项目，当地的宾馆酒店按照郧西七夕文化节举办方的要求，设计与制作了规模盛大、便捷实惠的郧西七夕婚庆宴。

2. 宴席设计理念

郧西天河发源于秦岭南麓，全长 69 千米，清浅幽婉，走向与银河一致，沿岸的几十个景点真实地再现了牛郎织女传说中的相关意境，其七夕文化底蕴相当深厚。为充分展现天河七夕文化内涵，本次郧西七夕婚庆宴拟将宴会主题确定为“七夕婚庆，天河作证”。具体的指导思想是：举办的宴会既要彰显郧西地方特色饮食，又要展示天河七夕文化艺术；既要符合主办方提出的“安全、喜庆、节俭、圆满”的节庆原则，又要体现简约型民俗风情宴的设计要求。全席拟设置菜品 12 道，每菜配上一则七夕文化故事，让人细细品味，仿佛身临其境。

3. 宴席菜单

郧西七夕婚庆宴菜单

（2010年8月16日）

冷碟：鹊渡银桥（天河什锦拼）
热菜：男耕女织（凤翅扒牛腩）
纤手弄巧（茄汁熘鱼卷）
珠联璧合（青豆炒虾球）
吉祥如意（粉蒸盘龙鳝）
四喜临门（砂钵四喜丸）
满园生辉（荷塘炒四宝）
吉庆有余（清蒸槎头鳊）
座汤：美人浣纱（鸡汁汆鱼丸）
点心：穿针引线（银丝龙须面）
早生贵子（枣桂莲蓉糕）
果拼：仙女散花（南国水果荟）

4. 创意设计说明

本宴席是一款以“七夕婚庆，天河作证”为主题的简约型郧西地方风味乡情宴，每席的销售价格为880元。全席共设菜品12道，按照“冷菜—热菜—汤菜—点心—水果”的上菜格局排列而成，既便捷实惠，又新潮高效。

第一，从宴席结构上看，本宴席简捷明快，小巧实用。冷菜什锦拼盘仅1道，开席见彩，直切主题。热菜共8道，量足而质优，一热且三鲜，味醇而不杂，朴实显高雅。点心、水果共3道，咸甜兼备，寓意精深，灵巧雅致，见好就收。

第二，从食材选用上看，本宴席选用了郧巴黄牛、鄂西汉江鸡、天河青鱼、汉江槎头鳊、郧西山葡萄、郧西马头山羊、板桥豆腐干以及宜城大虾、随州蜜枣、房县黑木耳、襄郧缠蹄等多种地方特产，名品荟萃，物美价廉。

第三，从制作工艺上看，本宴席集多种烹调技法于一体，工艺简捷，朴实大方，尤以蒸、煨、烧、扒、炒最具地方风情。为合理调控宴席成本，本宴席除广取地方特产之外，特别注重食材的综合利用。例如汉江鸡除用以制作“凤翅扒牛腩”“天河什锦拼”以外，余下的部分用以煨制鸡汤，烹制“鸡汁汆鱼丸”。

第四，从特色风味上看，本宴席全由襄郧地方风味肴馔构成，纯真自然，大方天成。菜品之间注重色、质、味、形的巧妙搭配，讲究冷热、干稀、荤素的合理变换；郧西饮膳风格显著，夏令宴席特色鲜明。

第五，从饮食文化内涵上看，本宴席最为显著的特色是将七夕文化与婚庆祝福融为一体，婚庆主题突出，七夕文化浓郁。整桌宴席菜品全用寓意法命名，吉祥典雅，寓意精深。每道菜品所对应的故事与“牛郎织女”的美丽传说紧密相连，扣人心弦。

（二）天门九蒸宴创意设计

湖北天门九蒸宴，是一款源自中国蒸菜之乡——湖北省天门市的荆楚风味民俗风情宴。此宴席流行于湖北天门乡镇，传播至长江汉水流域，常以江汉民俗庆典为筵宴主题，以湖北土特食材为主要原料，以天门九蒸技艺为主流制法，其宴席结构简约大方，湖乡菜式特色鲜明，宴客礼俗极富地方风情，深受社会各界一致好评。2018 年 9 月，作为湖北“十大主题名宴”之一的天门九蒸宴录入《中国菜——全国省籍地域经典名菜、主题名宴名录》，由中国餐饮协会公之于世。同年 12 月，天门九蒸宴在湖北首届楚菜美食博览会上荣获“楚菜宴金奖”，业界专家学者视之为“湖北民俗风情宴的典范”。

1. 天门九蒸宴风味特色

作为天门民众交往应酬的重要工具，天门九蒸宴湖乡风味特色显著，极富荆楚民俗饮膳风情，其主要风味特色表现为：

（1）擅取本地食材，突出湖北名优物产。湖北天门市位于鄂中南江汉平原之腹地，自古就是著名的“鱼米之乡”。天门九蒸宴的食物原料，常以本地的家畜家禽、淡水鱼鲜、农耕作物及野生动植物为主体，品类齐全，物美价廉。当地厨师操办酒宴，注重从鱼鲜水产、畜禽蛋奶、蔬果粮豆和山乡野味中优选名特物产，如天门义河蚶、干驿黄鳝、佛祖山鳅鱼、麻洋溏心皮蛋、天门捆蹄、竟陵酱鸭、张港花椰菜等本地特色原料以及樊口武昌鱼、黄孝老母鸡、荆南鳜鱼、襄郧黄牛、宜都甲鱼、洪湖莲菱等湖北名优食材，经合理调制，常用以招待往来嘉宾。

（2）九蒸技法精湛，备受当地民众推崇。天门九蒸宴盛行于湖北天门全境，并且经久不衰，得益于该地传承至今的粉蒸、清蒸、炮蒸、扣蒸、干蒸、包蒸、酿蒸、封蒸和花样造型蒸九蒸技法。第一，天门九蒸技法具有广泛的适应性，鱼畜禽蛋蔬果粮豆皆可蒸制，男女老幼往来客商都能接受。第二，相对于其他加工技艺，天门九蒸技法操作规程严明，加工工艺精准，尤以粉蒸、清蒸、炮蒸和扣蒸最为考究，自古至今，一脉相承。第三，以九蒸技法制成的菜品地方特色鲜明，风味品质隽永，既保持了食材的原色、原汁、原形和本味，又避免了营养素因高温长时间加热而大量损失。

（3）菜式品类丰繁，湖乡特色风味显著。在菜式结构方面，天门九蒸宴常以蒸扣类热菜为主干，辅以冷菜、汤羹和主食。其常用蒸菜主要有炮蒸鳝鱼、荷叶粉蒸肉、珍珠圆子、蒸白丸、三鲜蒸鱼糕、清蒸义河蚶、粉蒸南瓜、糜菜扣肉、蒸菱角、粉蒸排骨、粉蒸茼蒿、粉蒸鮰鱼、粉蒸鸡、粉蒸鲇鱼、风鱼蒸腊肉、蒸卤藕、太极蒸双蔬、蒸豆腐圆子、三鲜蒸饺等，品类丰繁，风格各异。就其主要特色看，天门九蒸宴的各式蒸菜以湖乡风味菜式为旗帜，讲究原型、原色、原汁和本味，主味咸鲜，兼及香辣和清甜。成菜粉香扑鼻、鲜嫩软糯、原汁原味、肥美不腻、一热三鲜，深受当地民众青睐。

（4）宴席简约大方，极具荆楚饮膳风情。就宴席类别而言，天门九蒸宴有正式宴会席与简易便餐席之区分。正式宴席常由冷菜、热菜和点心（主食）三类食品构成，讲究花色品种的合理调配，注重突显筵宴接待规格。简易便餐席通常安排九款蒸扣菜式，选用大盘大碗盛装，菜汤并举、大方天成。每逢年节庆典、婚丧嫁娶、商务宴请或亲友团聚，天门九蒸宴都要坚守她那历久弥新的宴客仪程。无论接待规格之高低，宴客规模之大小，其场景布置朴素大方，方便实用；其酒规席礼简约快捷，单纯凝练；其就餐氛围欢快热烈，亲切自如；特别是其个性化的餐饮服务方式极具荆楚湖乡浓郁淳朴的饮膳风情。

2. 天门九蒸宴创意设计说明

为打造特色餐饮品牌，天门餐饮名企聚樽苑酒店研发出多款地方风味九蒸宴，以下是其获奖宴席菜单及宴席设计创意分析，可供赏鉴。

天门聚樽苑酒店中秋宴菜单

彩碟：故乡皓月明
围碟：香菜拌牛肉　秘制卤鸭舌
　　　老醋海蜇丝　爽脆泡藕带
热菜：明珠荆沙甲　天门炮蒸鳝
　　　仔鸡扒猴头　天沔新三蒸
　　　珍珠豆腐丸　清蒸大闸蟹
　　　太极蒸时蔬　双圆煲乳鸽
点心：菊花香酥糕　小笼灌汤包
水果：南国时果拼

宴席创意设计赏析：

本宴席是一款以中秋节庆为主题的天门民俗风情宴。在菜品组配方面，注重精选天沔地方风味名菜，强调花色品种的巧妙搭配，既遵守大方天成的宴席格局，更突出文化主题的合理构建。细品天门炮蒸鳝、天沔新三蒸、太极蒸时蔬等蒸菜精品，能让顾客真切地领略九蒸宴之非凡魅力，亲身感受浓郁的江汉饮膳风情。

在菜式创新方面，本宴席以天沔特色蒸菜为主体，既展示了九蒸技法的技艺精髓，又突显其创新求变之革新理念。例如天沔新三蒸，色泽明快、造型雅丽、质酥味醇、一热三鲜，颠覆了“以小笼蒸水产、蒸禽畜、蒸蔬菜”的传统制法。

在艺术风格方面，本宴席之菜点感官品质优良，命名工巧含蓄，符合审美品鉴之标准。特别是其朴实明朗的宴会主旨，意境深邃的饮食文化，辅以清新雅致的湖乡美景，施以精细周全的接待礼仪，美食、美境与美趣和谐统一。

第五节　会务接待宴创新设计

在我国，形式不一的各种会务活动经常举办。与会务活动相配套的会议餐主要有宴会式会议餐、便席式会议餐、自助餐式会议餐等。宴会式会议餐，又称会务接待宴，是会议餐中规格较高的一种餐饮接待形式。设计与制作此类宴席，须遵循一定的菜点选配原则，采用合理的宴席排调方法，突出宴席主题设计，展示接待宴席之风味特色。

一、会务接待宴创新设计要求

第一，设计会务接待宴要明确就餐者的具体情况，尊重与会宾客的合理需求。只有在明确了就餐人数、宴饮规格、接待方式、用餐时间、宾客构成以及订席人的具体要求后，才能据实选用宴席菜品。例如，高级别的会务接待宴，宜配名酒名菜，而普通的会议餐则宜使用便席式接待餐。再如，桌次较多的会务宴忌讳菜式的冗繁，不可多配工艺造型菜；会务周期较长时，会议餐更应注意更新菜品花样，避免菜式单调、工艺雷同。至于与会成员的具体要求，特别是订席人指定的菜品，只要在条件允许的范围内，都应尽量安排。只有投其所好，避其所忌，最大限度地满足主办方的合理要求，才能为菜单的设计和宴席的制作奠定良好的基础。

第二，根据会务宴的接待标准确立菜品取向。会务接待宴作为餐饮营销的一种重要形式，其菜品的配置必须遵循“质价相称”“优质优价”的选配原则。会议主办方如果选择在风味餐厅就餐，则应多选当地知名的特色菜品，为其提供个性化服务；如果与会成员较多，接待标准较低，则应安排普通原料，上大众化菜品。力求以最小的成本，取得最佳效果。

第三，按照会务宴格局合理组合、依次排列宴席菜品。通常情况下，会务接待宴的排菜格式为：冷菜—热菜（包括汤菜）—点心—水果。其菜品数量不多，但质量较精，排菜时应以客人的具体需求为准。也就是说，菜与菜的排列必须兼顾好冷热、荤素、咸甜、浓淡、干稀的搭配关系，特别是原料的调配、色泽的变换、技法的区别、味型的层次和质感的差异，只有合理调排，灵活多变，才能显现出会务宴的生机和活力，才能给与会成员以新颖、畅快的观感。如果菜式单调、技法雷同、味型重复，宾客难免会产生厌食情绪。

第四，设计与制作会务周期较长的会议餐，除了菜与菜之间应注意“翻新花样，避免雷同”之外，不同餐次之间也应安排合理。通常情况下，会议起始日和结束日的菜品规格应高，其他时间菜品的规格可相对较低；同一天里，早餐的菜品规格最低，午餐的菜品相对简单，晚宴的菜品比较丰盛。这种“应时而化”的排菜手法在会务接待宴的设计中经常使用。

第五，会务宴的设计特别注重务本求实。由于会务宴的主要特征是人多面广、简易聚餐，餐饮接待部门用有限的会务宴费，去承制一整套菜点，去迎合众多的宾客，不能不注重其实用性。因此，无论是原料的择用与组配、菜品的烹制与调理，还是套餐的品评与服务都应强调以食用为中心。如果在菜品的制作过程中偷工减料、胡乱组配、过分雕琢、违规烹制或者敷衍了事，虽然一时欺哄了宾客，但最终受损的是酒店的声誉。

第六，会务宴的创意设计要因人、因时、因价、因料、因菜而变，务求灵活变通，切忌墨守成规。普通菜品的烹制方法并非金科玉律，凡订席人提出的要求，只要行得通，完全可以尝试着迎合对方，特别是招待食俗不同的与会宾客，因人制菜非常必要。调制规格较低的会务宴，除选用大众化菜品外，每份菜肴还可改变主配料间的搭配关系，例如，梅菜扣肉，用价格低廉的素料做主料，其佐餐的效果说不定更好。特别是制作餐次较多、规格较低的会务宴，“因料施艺”的调制法则行之有效，屡见不鲜。至于地方名菜与名点，其原料构成、烹调方法及成菜特色虽然强调“正宗”，但每份菜品的分量及装盘方式仍可做适当调整。总之，会务宴的制作不必死守常规，只要能确保质量、取悦宾客，多一份变通又有何妨！

二、会务接待宴创意设计实务

为印证会务接待宴创新设计要求，现摘录2001年中国“APEC会议”宴会菜单，望能从中领略其设计创意，为相关会务宴主题意境设计提供借鉴。

“APEC会议”宴会菜单

（2001年 中国上海）

迎宾龙虾冷盘

翡翠鸡蓉珍羹

炒虾仁蟹黄斗
锦江品牌烤鸭
香煎鳕鱼松茸
上海风味细点
天鹅鲜果冰盅

此菜单是为出席 APEC 第九次领导人非正式会议的经济体领导人的工作午餐而设计的。时间为 2001 年 10 月 21 日中午，地点在上海。

设计思路：按照宴席主题，本宴席设计是以绿色食品为主体，根据要求，把工作午餐按照超国宴的要求来操办，但是不用高档原料（鱼翅、海参、鲍鱼、燕窝等慎用），不用猪肉、牛肉（避免宗教禁忌）。利用精美的装盘艺术来显现其豪华高档；用精湛的烹饪技艺来展现中华饮食文化的精髓，来体现海派文化接纳四方的精神。

由于贵宾来自不同国家和地区，有各自不同的口味要求和嗜好，所以，宴席菜式的安排按照中菜西吃的方法进行设计，菜肴制作按纯中菜的方法，装盘方式、器皿、菜单结构按西式的要求（冷盘、汤、热头盘、家禽、主菜、甜品、水果）排列，以此反映出中国传统文化与世界优秀文化融合在一起。

除上述菜品外，每位客人配有四味碟，各吃黑鱼子酱、糖醋三椒、琉璃橄仁肉、瑶柱辣椒酱。面包、黄油、鹅肝酱分放在小盅、小味碟中，主要起开胃的作用。各吃的安排是方便客人取用，并方便服务人员添加。

此类宴席特别注重宴饮氛围的创意设计。

迎宾龙虾冷盘：第一个高潮要掀起在客人入席之初，使之有眼前一亮的感觉。客人入座后映入眼帘的是经厨师精心雕刻的龙形南瓜罩，其底层是古钱币图案，中层是中国民间传统的双龙拱寿图案，上层是 20 多条形态各异的腾龙，栩栩如生，寓意各国主要领导人，为了各国的经济发展聚在一起，为社会的发展与富裕开会讨论。打开瓜盖，是由 1000 克左右深海龙虾所制的、配有特制的含有芥末的调味酱，适合西方人的口味，边上配以上海特色豆瓣酥、茭白、糖醋萝卜圈的冷盘，令人食欲大振。

翡翠鸡蓉珍羹：高汤配以野生荠菜汁加上鸡蓉，按传统淮扬菜鸡粥工艺的做法，经改良后而成，香滑可口。为了达到鲜美、滑溜、喷香、烫口的效果，在制作工艺上进行了改良，使用了 20 多种食材，用西菜的烧汤制成了中式的粥。这一款老菜新做的创新菜在餐桌上得到了各国领导人的特别青睐。

炒虾仁蟹黄斗：十月正是螃蟹当令时节，用阳澄湖大闸蟹的肉、蟹膏熬制成蟹油，与高邮湖的虾仁同炒，体现了上海菜的特色风味。蟹肉鲜美，虾仁滑嫩而有弹性；选用应时当令的菜品，是本次宴会的亮点之一。

锦江品牌烤鸭：锦江烤鸭经过50多年的精炼，已成为国家元首访问上海的传统品牌菜。此菜肥而不腻，入口即化，配以特制的面酱和京葱、黄瓜条，厨师现场片鸭，营造了热烈的气氛。主菜的现场操作与法式服务的方式不谋而合，掀起了宴会的第二次高潮。

香煎鳕鱼松茸：选用深海鳕鱼，用数种酱汁腌制后以文火扒烤成熟，配以菌皇松茸橄榄菜，能适应东西方客人的口味，此菜为本宴会的副菜。

上海风味细点：造型美观的巧克力慕司与薄脆饼，体现出中西饮食文化的完美结合。

天鹅鲜果冰盅：果盅是用冰雕凿而成的小天鹅，冰天鹅盅内放着哈密瓜、葡萄等新鲜水果，底座还亮起用纽扣电源发电的蓝色灯光，如此精致的手工艺品，又一次聚焦了所有人的目光，为午餐平添了新的情调，将宴席推向最后一个高潮，同时，与头道闪亮登场的南瓜雕首尾呼应，为此宴会添上了精彩的句号。

本次宴席菜单又可写成如下形式，取每句头字即为“相互依存，共同繁荣”。

相辅天地蟠龙腾
互助互惠相得欢
依山傍水螯匡盈
存抚伙伴年丰余
共襄盛举春江暖
同气同怀庆联袂
繁荣经济万里红

APEC宴席菜单词义注解如下：

相互依存、共同繁荣：菜单每行句子的首字连词，为APEC会议的宗旨和目标。

相辅天地蟠龙腾：《周易·泰》“辅相天地之宜”，指相互辅佐以办天下大事。“蟠龙腾”指龙腾升，尤指中华龙腾升，气势千万，龙虾喻蟠龙。

互助互惠相得欢：《尚书·说命》“若作和羹，尔惟盐梅”，喻举办地区经济合作大事如作和羹，必须具备互助互惠的合作原则。

依山傍水螯匡盈：喻亚太地区，大好山河，地利人和，特产充沛。螯匡，蟹斗别称，盈即丰盈肥满。

存抚伙伴年丰余：《汉书》“存抚其孤弱”，“存抚”指关心爱抚，引申为参与世界经济发展的良好贸易伙伴关系。鱼喻年年丰收有余。

共襄盛举春江暖：苏轼《惠崇春江晚景》诗云“竹外桃花三两枝，春江水暖鸭先知”，即用鸭子喻春江水暖。

同气同怀庆联袂：《周易·乾》“同声相应，同气相求”，“同气”指气质相同。

贾至《闲居秋怀》"我有同怀友，各在天一方"，"同怀"指同心。

繁荣经济万里红：江泽民《登黄山偶感》诗云"且持梦笔书奇景，日破云涛万里红"，喻示亚太人民繁荣、健康和幸福生活的美好前景。

思考与练习

1. 结合满汉全席与四川田席，试述中式宴席传承与发展的关系。

2. 中式宴席的改革与创新应遵循哪些基本原则？应着力解决哪几方面问题？

3. 选定某一宴席主题，设计特色宴席菜单，并做设计说明。

4. 简约型民俗风情宴有何基本特征？其创新发展应遵循哪些原则和要求？

5. 请按下列要求设计一份宴席菜单，提出宴席创意设计构想，明确宴席主题和风味特色，并对筵宴生产工艺和服务程序进行设计分析。

（1）宴席主题：商务宴、婚庆宴、寿庆宴或迎送宴。

（2）承办宴席季节：冬季或秋季。

（3）特色风味：设计者所在省区家乡风味。

（4）宴席成本：整桌菜品成本控制在 800 元左右。

（5）宴席菜式：简洁、实惠；安排菜品 12~16 道。

第7章

宴席业务组织与实施

宴席运营与管理主要由餐饮企业宴席业务部门通过一定的组织形式来实现。宴席业务部门的组织状况关系到宴席生产经营的工作效率、产品质量、经济效益和管理水平。为使宴席业务部门高效、有序地运转，必须建立合理有效的组织网络，制订严格规范的管理制度，进行科学合理的生产分工，使宴席预订、宴席准备、菜品制作、接待服务、经营管理及质量控制等得以有效组织并实施，提高宴席业务的经营效能，有效实现组织管理目标。

第一节　宴席业务部门机构设置

在餐饮企业里，由于各酒楼饭店的经营规模和项目不同，宴席在餐饮销售中的比重不同，宴席业务部门的组织机构也各不相同。

我国大中型餐饮企业的宴席业务主要由餐饮部负责完成。一些宴席业务占比较大的餐饮企业往往另设宴席部，宴席部或隶属于餐饮部，或独立于餐饮部而成为一个独立的机构体系。它拥有举办大中型宴席的环境设施和实际能力，其主要任务是负责宴席、酒会、招待会等的生产销售和组织实施等业务。

一、宴席业务部门机构设置原则

宴席业务部门是由各种职责或职位组成的一个阶梯性组织机构。设置宴席业务组织机构，要根据本酒店宴席业务部门的规模、等级、经营要求及生产目标等内容来确立。其机构设置原则如下：

（一）根据业务需要设置组织机构

酒店宴席业务部门的基本工作内容通常包括宴席预订、宴席菜单设计、食品原料采购与验收、宴席菜品加工与烹调、宴席布场与准备、餐饮接待与服务、宴席营销与管理等。但不同宴席部门的经营目标不同，各自的规模、特色和侧重点各异，只有从各自业务需要出发设置组织机构，才能取得更好的经济效益和社会声誉。

（二）确定有序指挥链，避免多头指挥

餐饮企业宴席业务工作环节较多，需要众多员工分工合作、共同努力才能有效完成。其宴席业务在组织上要形成一个有序的指挥链，保证一位职工只接受一位上级指挥，不宜同时受多人指挥。各级、各层次管理者也只能按级、按层次向本人所管辖的下属发号施令。合理有序指挥，可使各种业务活动在统一指挥下步调一致，保持本部门内及与其他部门之间的信息交流始终保持畅通，使各项决定、各种指令得以顺利贯彻实施。

（三）逐级授权，分级负责，权责分明

设置组织机构，必须在划清责任的同时，赋予对等的权力，要做到逐级授权，分级负责，权责分明，以保证各项业务活动有条不紊地进行。责任是权力的基础，权力是责任的保证。如果责任和权力不相适应，管理人员就无法正常地从事各项管理工作。

（四）缩短指挥链，提高管理效率

宴席部组织机构是为宴席生产经营活动服务的。设置宴席部组织机构，须在满足生产、经营、管理需要的前提下，将人员减少到最低限度，以保证各级管理人员之间和职工之间有快捷合理的信息渠道。缩短指挥链，减少管理层，有利于确立快捷的信息渠道，用最少的人力去高效完成宴席业务工作任务。

总之，确定组织层次及生产岗位，要充分体现宴席部生产功能；要明确职务分工、上下级关系、岗位职责以及科学的劳动组合，使宴席部的每项工作都有具体人员去直接负责并接受相应的督导。

二、餐饮部及宴席部的机构设置

（一）餐饮部的机构设置

餐饮部是餐饮企业组织机构中最为重要的组成部分。虽然各级各类餐饮企业的规模不同、经营思路各异，各餐饮部的组织机构不尽相同，但就我国大中型餐饮企业而言，它主要由餐厅、厨房、宴席部、管事部、酒水部等部门构成，具体职能主要表现为：

1. 餐厅的职能

按照规定的标准和规格程序，用娴熟的服务技能、热情的服务态度，为宾客提供餐饮服务，使宾客饮食需求得到满足，同时根据客人的个性化需求提供针对性的服务。扩大宣传推销，强化全员促销观念，提供建议性销售服务，保证经济效益。加强对餐厅财产和物品的管理，控制费用开支，降低经营成本。

2. 厨房的职能

根据宾客需求，向其提供安全、卫生、精美可口的菜肴和面点。加强对生产流程的管理，控制原料成本，减少费用开支。不断开拓创新，提高菜点质量，扩大产品销售。

3. 宴席部的职能

宣传、销售各种类型的宴会产品，接受宴席等活动的预订，提高宴席厅的利用率。负责宴席活动的策划、组织、协调、实施等，向客人提供尽善尽美的服务。从各环节着手控制成本与费用，增加效益。

4. 管事部的职能

根据事先确定的库存量，负责为指定的餐厅、厨房请领、供给、存储、收集、洗涤和补充各种餐用具。负责机器设备的正常使用与维护保养。负责收集和运送垃圾，收集和处理相关物品。

5. 酒水部的职能

保证整个酒店的酒水供应。负责控制酒水成本，做好酒水的销售，扩大营业收入。

（二）宴席部的机构设置

宴席部的机构设置应因餐饮企业及酒店餐饮部的经营规模和业务重点而定，宴席业务在餐饮销售中所占的比重不同，宴席业务部门的组织机构设置也不相同。

在我国大部分酒店中，有的宴席部是餐饮部的直属部门，大多数宴席部拥有自己相对独立的组织体系，常常独立于餐饮部成为一个独立的部门。一些大型餐饮企业的宴席部常常设有若干中小宴席厅、多功能厅，其经营面积大，台位数多，营业额高，除举办宴席外，还承办庆功会、招待会、研讨会、文艺晚会等业务。下面是我国大中型宴席部的组织机构设置状况，可供参考。

1. 中型宴席部机构设置

中型宴席部一般下设1~2个专门的宴席厅（多功能厅），其管理层次和管理人员较小型宴席部多，一般来说，其组织机构设有4个层次，2个部门。如图7–1所示。

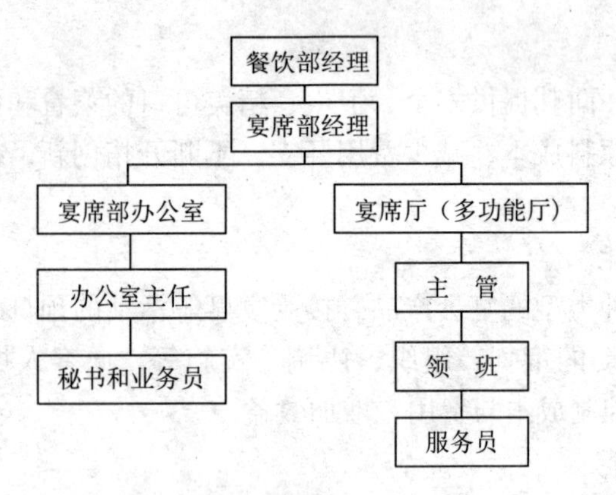

图 7-1　中型宴席部机构设置

2. 大型宴席部机构设置

大型宴席部一般拥有举办大型宴席的环境设施和实际能力，它常常独立于餐饮部而成为一个独立部门，有时也隶属于餐饮部。但即使隶属于餐饮部，它也拥有自己相对独立的组织体系，其管理层次至少有 4 个，常设 3 大部门、20 多个岗位。下面介绍两种大型宴席部的组织机构，可供参考。

（1）隶属于餐饮部的宴席部组织机构（见图 7-2）。

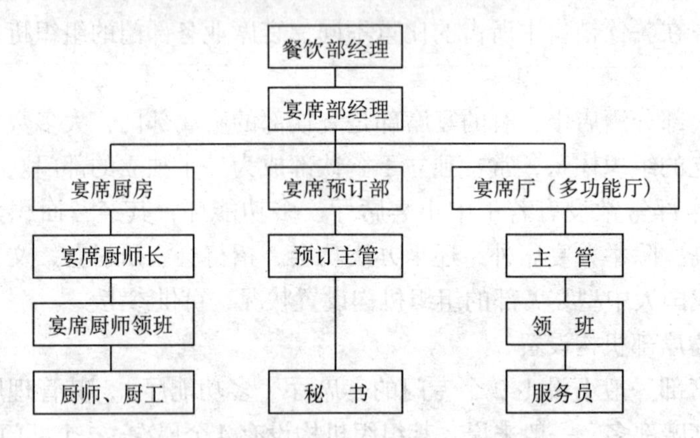

图 7-2　隶属于餐饮部的宴席部组织机构

（2）独立于餐饮部的宴席部组织机构（见图 7-3）。

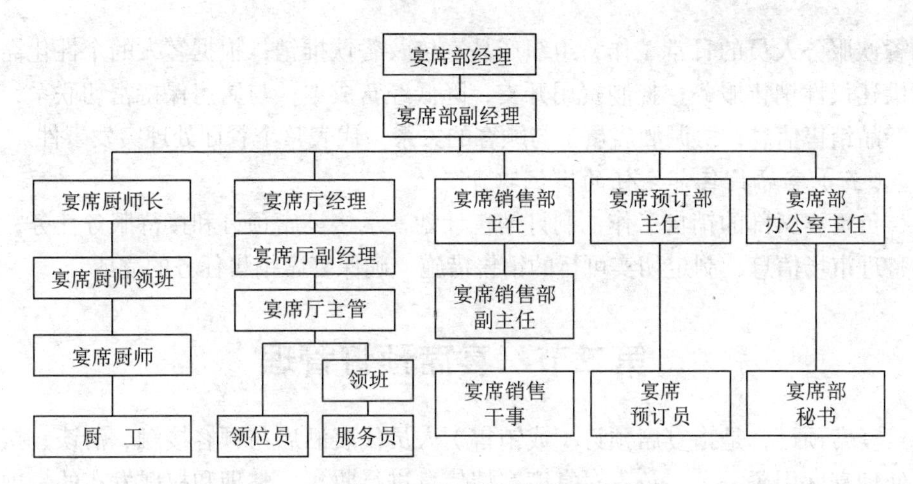

图7–3 独立于餐饮部的宴席部组织机构

三、大型宴席部部门负责人岗位职责

(一)宴席部经理的岗位职责

对宴席部进行全面行政领导，负责宴席部全员的人力资源管理，负责宴席部所属厨房、餐厅、办公室的物质、设施、设备的管理；负责宴席的预订、销售和接待服务；制定并落实经营项目，进行成本控制；负责大型宴席及重要活动实施方案的制订；负责宴席菜单、宴席计划的制订、下达、组织实施与检查；负责宴席部食品质量及营销价格的检查和督促；协调宴席部各部门之间及与酒店内其他部门的工作关系。

(二)宴席预订部主任的岗位职责

代表宴席部与其他部门沟通、协调，并协助上级督导部门的日常经营管理；负责接洽与推广宴席预订业务，并通过相关业务活动，搜集市场信息，协助制定销售策略，以完成企业的年度销售计划与经营目标。

(三)厨师长(行政总厨)的岗位职责

负责主持厨房的日常事务，根据客源、货源及厨房技术力量和设备条件，准备各式宴席菜单，制定食品原料的购买清单；检查宴席菜点的生产质量，检查食品卫生情况及厨房用具的安全状况；合理安排各组工作人员，检查各项任务的执行情况；加强对生产流程的管理，控制原料成本，减少费用开支；不断研发新潮菜品，满足宾客不同需求。

(四)餐厅经理的岗位职责

负责主持餐厅的日常事务，掌控餐饮服务的全部过程和各个环节；指挥、协调餐饮服务人员的日常工作；组织产品宣传及餐饮推销，根据客人的个性化需求提供建议性销售服务；控制费用开支，降低经营成本；与厨房保持密切联系，提供产品销售信息；协调酒店员工与顾客的关系，代表整个餐厅处理突发事件。

（五）宴席销售部主任的岗位职责

负责宴席部的销售工作，制订销售计划，承接宴席预订和接待服务任务；搜集整理市场信息，制定切实可行的销售措施，确保宴席销售任务的完成。

第二节　宴席预订管理

宴席预订，是指宴席预订（或销售）人员代表酒店与顾客接触、洽谈、接受并处理宴席用餐需求，负责对宴席客情信息进行收集、整理和权威发布的一项常规化工作。

宴席预订是宴席经营运转的首要环节，是宴席生产、服务及销售活动的第一步。宴席预订工作的好坏，直接影响宴席菜单的拟定、宴席场景的布置、宴席台面的设计、宴席厅的人员安排等。它既是客户对宾馆饭店的要求，也是宾馆饭店对客户的承诺，二者通过预订，达成协议，形成合同，规范彼此行为，指导宴席生产和服务。

一、宴席预订要求与方式

（一）宴席预订要求

一个管理严格规范、运行高效有序的酒店餐饮部或宴席部，是十分重视宴席预订工作的，不仅设有专门的宴席预订机构和岗位，还建立和完善了一整套宴席预订管理制度。关于宴席预订，有如下总体要求：

第一，获取准确信息。对于客人姓名、电话、宴会的日期、性质、桌数、餐标、来宾特点等具体信息必须清楚明晰；客人对菜品酒水、场地布置、舞台音响、特别优惠等基本需求更应准确掌握。俗语说，知己知彼，方能百战不殆。宴席预订人员准确把握客人需求信息和酒店现实条件，是实现宴饮成功接待的前提和基础。

第二，及时签订宴席订单。宴席预订成功的显著标志是及时签订宴会订单。签订宴席订单的前提是结合酒店自身条件满足顾客餐饮需求，针对顾客疑难问题提出具体解决方案，创造条件最大限度赢得客人信任。

第三，合理完成宴席规划设计。宴席规划设计是实现宴席预订的有力保障和必经路径，涵盖主题策划、菜单设计、场景设计、仪式设计、互动环节、任务通知等具体内容。良好的宴席规划设计须以获取准确信息为前提，须与签订的宴席订单相吻合。

（二）宴席预订方式

宴席预订方式是指客户与宴席预订有关人员接洽、沟通宴席预订信息的过程，主要有如下几种：

1. 电话预订

电话预订是最常见的一种预订方法，具有方便、经济的特性。由于不是面对面的服务，电话预订对沟通的技能要求较高。在语言表达方面，要求声音清晰、柔和，音量适中，语速快慢适度。在接洽交谈方面，要礼貌待客，细心询问客人要求，主动介绍服务项目、宴席标准、宴席场所及特色菜点。接受预订时，要将预订信息准确记录在宴席预订登记簿上，及时填写宴席客情表、宴席通知单等。预订完成之后，还应加强与客户的联系，及时告知相关信息。与电话预订相类似，电传预订也是一种方便快捷的宴席预订方式，它能更为详细地说明具体要求。

2. 面谈预订

面谈预订，又称面洽预订，是顾客到酒店直接与宴席预订人员商谈宴席预订的一种方法。面洽预订在所有宴席预订方式中效果最为理想，应用最为普遍，其他宴席预订方式绝大多数都要结合面谈进行。

面洽预订有客人临时上门预订与事先预约预订两种。预订员应主动交换名片，陪同他们参观宴席场所，并对本店宴席特色及有关情况进行详细的介绍，消除顾客的疑虑。然后，预订员与顾客当面洽谈讨论所有的细节安排，解决宾客提出的特殊要求，讲明付款方式等。

3. 网络及信函预订

当今世界已进入信息时代，高新技术、信息网络在酒店经营管理中的应用非常广泛。网上预订、微信预订、电脑点菜等网络预订方式缩短了酒店与顾客的距离，日渐成为仅次于面谈预订、电话预订的一种高效实用性宴席预订方式。

信函是与客户联络的另一种方式，适合于提前较长时间的预订。收到宾客的询问信时，应立即回复宾客询问的有关在饭店举办宴席、会议、酒会等一切事项，并附上饭店场所、设施介绍和有关的建设性意见。事后还要与客户保持联络，争取说服客人在本酒店举办宴席活动。

4. 其他形式预订

除电话预订、面谈预订、网络及信函预订之外，宴席预订还有登门推销预订、指令性预订、中介人代表客人向宴席部预订等其他预订方式。

登门推销预订是指酒店销售部推销人员有针对性地登门拜访客户，同时提供宴席预订服务。这种预订方式既宣传酒店、推销产品，又为客户提供方便，在大型宴席和其他大型会议、团体活动中经常使用。其优点是直接接触、印象深刻，双向沟通、方便交流，了解需求、得到许诺，介绍情况，提供预订。缺点是销售成本费用较高，覆盖面相对窄小。

指令性预订指政府机关或主管部门在政务交往、外事接待或业务往来中安排宴请活动，专门向直属宾馆、酒店宴席部发出预订的方式。指令性预订往往具有一定强制性，酒店必须无条件地接受，并精心完成各项宴席接待任务。

在宴席营销活动中，中介人（专业中介公司或本单位职工）也可代表客人向酒店宴席部预订酒宴。专业公司可与酒店宴席部签订常年合同代为预订，收取一定佣金。本单位职工代为预订适用于酒店比较熟悉的老客户，客户有时会委托酒店工作人员代为预订。

二、宴席预订程序与内容

宴席预订的方式多种多样，各酒店的预订程序与内容各有不同。现从接洽宴席预订、确认宴席预订、落实宴席预订、宴席预订检查追踪及立卷建档四方面介绍宴席预订的基本程序与主要工作内容。

（一）接洽宴席预订

1. 安排专人受理，提前准备相关资料

宴席预订是一项专业性很强的常规性工作，需要安排业务技能娴熟的专职人员负责宴会预订接洽工作。为确保宴席预订工作高效有序开展，各酒店应根据自身的经营风格、规格档次及目标市场等事先制订一套完整的宣传资料（高清纸质版及电子音像资料），供客人预订酒宴时咨询和选用。

作为宴席预订人员，事先应掌握本店宴席厅的基本状况，如宴席厅面积、餐厅布局情况、最大客容量、宴席标准、菜品特色及售价、宴席预订状况等，做到心中有数。与此同时，还应为客人准备相关预订资料，如各类宴席、酒会的起点标准费用；各类宴席菜单及替补菜单；酒店特色菜品及酒水的文字简介及实物照片；不同标准的宴席所提供的服务规格及配套服务项目；各类宴席、酒会的台型布置实例图案；宴席预订金的收费标准及取消宴席预订的有关规定。

2. 了解预订信息，回答有关宴席问讯

宴席预订人员需要向客人了解的预订信息主要涵盖如下几方面：

（1）宴席时间。即宴席举办的具体日期、午晚宴餐别、宴席持续时间。

（2）宴席主题。即宴席举办方的办宴目的与性质。

（3）宴席规模。即拟出席宴席的人数、宴席的桌数。

（4）宴席标准。即举办方拟订宴席的价格预期（每桌宴席单价）、宴席消费总额。

（5）宾客情况。包括预订人姓名、单位及联系方式；主宾年龄、性别、职业、风俗习惯、喜好禁忌等。

（6）其他要求。如场地布置要求、菜点酒水要求及其他特殊要求等。

在仔细了解宾客情况后，还需结合酒店的餐饮服务实情及时解答客人有关宴席的问讯。其相关问讯信息内容主要表现如下：

（1）宴席、酒会及宴席厅的起点费用标准。

（2）不同费用标准的宴席可提供的配套服务项目。

（3）宴席菜单所涉及的菜肴点心；可供选用的酒单，是否允许客人自带酒水。

（4）宴席厅的大小、氛围和使用情况，租金收费标准。

（5）宴席、酒会的场景与台型布局；舞台、音响、灯光设备等准备情况。

（6）有无祝酒词、音乐、文艺表演等。

（7）其他问题。如宴席预订金的收费规定、取消宴席预订的有关规定等。

（二）确认宴席预订

根据面谈结果，宴席预订人员应结合意向客源信息填写宴席预订单及宴席安排日记簿、签订宴席合同书，收取订金，完成宴会预订工作。

1. 填写宴席预订单及宴席安排日记簿

填写宴席预订单，是指根据意向客源面谈信息，逐项填写举宴人的单位名称、宾主身份、宴席时间、标准、人数、场地的布置要求，菜点酒水要求及其他特殊要求等，为正式签订宴会合同书做准备。如表7–1所示。

表7–1　××酒店宴席预订单

<table>
<tr><td>预订日期</td><td></td><td>预订单位</td><td></td><td>联系方式</td><td></td></tr>
<tr><td>宴席名称</td><td colspan="2"></td><td>宴席类别</td><td colspan="2"></td></tr>
<tr><td>预计人数</td><td></td><td>最低桌数</td><td></td><td>结账方式</td><td></td></tr>
<tr><td>费用标准</td><td></td><td>每桌餐标</td><td></td><td>预收订金</td><td></td></tr>
<tr><td>具体要求</td><td>宴席菜单
酒水清单</td><td colspan="4"></td></tr>
</table>

续表

具体要求	宴席布置	台型	
		主桌	
		场地	
		设备	
确认签字		承办人	
备注			

填写宴席安排日记簿，是指在宴席安排日记簿上按日期标明活动地点、时间、人数等，注明是否需要确认的标记，加强内部销售预订人员之间的信息沟通，避免宴席设施重复使用。

2. 签订宴席合同书，收取定金

宴席具体承办事项经过双方商洽，在确定宴席菜单、饮品清单、场地布置示意图、灯光、音乐等具体细节的基础上，以确认信的方式递交给宾客，经客人确认后签订宴席合同书。宴席合同书（协议书）一式两份，经双方签字后生效。如有变动，需双方协商，另行确定。如表 7–2 所示。

表 7–2　××酒店餐饮有限公司宴席合同书

××酒店餐饮有限公司宴席合同书

甲方：××酒店餐饮有限公司　　乙方：________

地址：________　　身份证号：________

电话：________　　电话：________

联系人：________　　地址：________

经甲乙双方共同协商，现就________宴席预订事宜，订立如下合同。

一、宴席预订

1. 根据乙方要求，____年____月____日 □午宴 □晚宴 在甲方________宴席厅预留宴席场地。

2. 宴席桌数及要求：乙方要求甲方届时确保宴席____桌，预留____桌，每桌接待标准为____元。本费用标准不含酒水费，具体费用据实结算。

二、预收定金

为保障双方权益，甲方在本合同签订生效时预收乙方预订宴席总金额 20% 的定金，乙方预付定金人民币____元整，作为场地预留定金。

续表

三、违约赔偿 1. 甲乙双方因单方面原因导致宴席不能如期举行，如距宴席预订日期提前30日（含30日）取消，双方互不追究责任，甲方全额退还乙方预交定金。如乙方距宴席预订日期30日至15日（含15日）内取消宴席预订，乙方负责赔偿50%宴席定金。如乙方距宴席预订日期15日以内取消宴席预订，乙方负责赔偿100%宴席定金。宴席如期举行，乙方因故未能使用全部预订宴席桌数，则甲方按每桌60%预收定金向乙方收取宴席成本费。 2. 宴席举办期间，甲方应严格履行服务承诺，如出现食物中毒或故意损伤客人等现象，乙方有权拒付宴席费用，并向相关管理部门投诉。如遇不可抗拒因素而导致宴会不能如期举行，甲方应积极帮助乙方调整举办宴席场地，但不承担违约赔偿责任。 四、其他约定 1. 甲乙双方必须遵守国家相关规定，公共场所严禁携带和使用易燃易爆违禁物品，严禁食用国家明文保护生物，如未遵守相关规定而造成不良后果，由肇事方承担全部责任。 2. 乙方必须正确使用甲方提供的设备设施，如有人为损坏，应照价赔偿相关损失。 3. 甲乙双方如产生合同纠纷，可通过友好协商解决；协商不成，可通过法院依法解决。 4. 本合同一式两份，甲乙双方各执一份（每份合同附宴席菜单一份、预收定金单据一份），自双方签字之日起生效。 甲方签章：　　　　　　　　乙方签章： 日期：　　　　　　　　　　日期：

为保证宴席预订活动成功举办，同时也使宾客放心，宴席预订部门在签订宴席合同书的同时，应向举宴人收取一定比例的宴席定金，并对违约方做出相应赔偿约定。宴席定金一般不超过宴席总费用的20%，如果单方违约，应按宴席合同书之相关约定做出赔偿。

（三）落实宴席预订

1. 制定发布宴席通知单

宴席预订部门确认宴席预订以后，报请宴席部主管批复，在宴席部主管领导下，根据宴席合同要求，着手制订宴席接待计划，形成宴席活动通知单，提前发往相关部门，如厨房、宴席厅、管事部、工程部、安全部等，确保各职能部门明确工作任务，各负其责，各司其职，并接受相关督促检查。以下是某酒店宴席通知单，如表7–3所示。

表 7–3　××酒店餐饮有限公司宴席通知单

发文日期		编号		审批人	
宴席日期		定金金额		收据单号	
宴席名称		付款人		付款方式	
客户单位		联系方式			
宴席时间	宴席类型	宴席地点	桌餐标准	确保桌数	预估桌数
宴席厨房			宴席服务部		
酒 吧			客户部		
保安部			工程部		
预订业务员		主管领导			
发送部门	总经理 餐饮部 宴席部 财务部 工程部 客户部 宴席厨房 管事部 保安部 酒吧				
附 件					

2. 跟踪联系，落实宴席预订任务

跟踪联系的目的是确保宴席按要求如期顺利举行。对待提前较长时间预订的宴席活动，应主动与主办单位保持联络，通过跟踪查询，进一步确定宴席举办的有关细节，以提升宴席活动成功率。在宴请活动前一周，必须设法与宾客联系，进一步确定已谈妥的所有事项。确认宴席预订后，制订宴席接待计划，形成宴席活动通知单。宴席活动通知单一经下发，各职能部门必须严格按通知要求执行。对酒店各部门的跟踪联系，主要是检查各项工作安排落实情况，配合管理部门督促检查宴席活动的准备工作，及时提供有关信息，发现问题随时纠正。

（四）宴席预订检查追踪及立卷建档

1. 宴席预订检查追踪

宴席预订检查追踪分宴前检查和宴后追踪两方面。

宴前检查，是指宴席开始前一小时对宴席准备工作做出最后检查。酒店宴席部联系客户相关负责人到达现场，根据宴席预订合同，逐一检查宴席准备情况，客户若有不甚满意之处，可立即协商更正。宴席负责人是宴席检查追踪的主要责任人，对宴席准备工作的完成情况具体负责。

宴后追踪，是指宴席结束后，宴席销售人员在向客户表达谢意的同时，追踪询问客户对此次宴席的满意度以及酒店所需改进之处。如客户负面反映较多，有误解之处应及时解释，若情况属实，则应诚恳致谢并努力改进。如客户对酒店宴席服务工作提出赞许，则可作为日后宴席经营的卖点加以推广。

2. 宴席预订立卷建档

所有查询追踪的结果均应记录在客史档案之中，作为将来评估、整改的工作资料，以供从事宴席经营的各个部门参阅，还可作为客户下次光临酒店时应特别注意的服务资讯，以便提供更有针对性的服务。

第三节　宴席菜品生产

在餐饮行业里，宴席作为一种特殊商品，同时具有加工生产、产品销售和消费服务三种职能，宴席的生产运营存在着宴席预订、菜品制作、接待服务及营销管理四个环节。在宴席生产运营的这四个有机链条中，宴席菜品生产是执行宴席设计的主要活动，是餐饮接待服务的重要载体，是实现营销管理目标的必经之路。宴席菜单所确定的菜品，只是停留在计划中的一种安排，它的实现主要依靠生产活动，只有通过生产活动才能把处于计划中的菜品设计转化为现实的物质产品——宴席菜品，然后才能提供给顾客。所以，宴席菜品生产活动是保证宴席设计实现的基本活动。

一、宴席菜品生产工艺与生产设计要求

（一）宴席菜品生产工艺

宴席菜品生产是指接受宴席任务后，从制订生产计划开始，直至把所有宴席菜品生产出来并输送出去的全部过程。宴席菜品生产包括宴席菜肴生产和面食点心生产两部分。明确宴席菜品的生产工艺，有助于宴席菜品生产实施方案的合理制订，有助于宴饮接待活动的成功举办。

1. 宴席菜肴生产工艺

就宴席构成而言，中式宴席主要由酒水、冷碟、热炒、大菜（含汤菜）、面点和水果等构成，以菜肴为主。宴席菜肴有冷菜、热菜之分，以热菜为主。宴席热菜的主要生产工艺流程如下：

（1）原料选用。选择原料，是指餐饮部原料采购人员及储存保管人员根据食物原料属性和菜品质量要求，选择适合于烹制加工的理想食材。

（2）初步加工。宴席热菜的初步加工主要由厨房水案负责完成，包括鲜活原料的加工、干货原料的涨发加工及整形原料的分档加工等。

（3）切配加工。切配加工包括刀工切割工艺和菜品组配工艺，主要由厨房案台岗负责完成。宴席菜肴切配加工决定着宴席菜品用料、分量、件数、上菜程序、花色品种等的配置，对宴席生产运营起着重要作用。

（4）烹制调理。菜品烹制与调理是宴席菜肴加工工艺的核心和关键，主要包括菜点的烹制工艺、调和工艺及烹调方法等。

（5）装盘美化组配入席。菜肴的装盘美化主要包括菜肴的盛装工艺和盘饰工艺，相对于宴席菜肴，特别是宴席大菜，尤为讲究。宴席菜肴组配入席是宴席菜品生产加工的最后环节，需遵守宴席菜单所规定的上菜顺序，按餐饮接待进程讲究上菜的快慢节奏。

宴席冷菜的生产工艺与热菜有一定区别，主要表现为：原料选用—初步加工—烹调加工—切配加工—装盘美化—组配入席。

2. 宴席面点生产工艺

宴席面点主要包括宴席点心、小吃等，品类繁多。如面食制品，其加工工艺主要为：原料选用—制胚工艺—制馅工艺—成型工艺—熟制工艺—组配入席。这其中，制胚工艺（面团调制）是指将面粉、米粉或杂粮粉掺入适量水、油、蛋、糖等调配料，经调制形成均匀混合坯料的过程，常有水调、膨松、油酥、米粉和其他面团。制馅工艺（馅心制作）是指将动植物原料加工成丁、粒、丝、末、茸或泥后，再经拌制或熟制，用以包入面皮内，充当馅心，常有甜馅与咸馅之分。成型工艺（面点成形）是指将调制好的面团、馅料等，按照制品质量要求，通过

一定加工方法，制成成品或半成品的过程，常有手工成型和模具成型两类方法。熟制工艺（面点熟制）是指对已成形的生坯或半成品，运用蒸、煮、炸、煎、烤等技法进行加热调制，使其成为色、质、味、形俱佳的熟食品的过程。宴席面点的组配入席因各地宴饮习俗而异，特别注重与宴席菜肴的合理配合。

（二）宴席菜品生产设计要求

1. 目标性要求

目标性是宴席菜品生产设计的首要要求。它是生产过程、生产工艺组成及其运转所要达到的阶段成果和总目标。宴席菜品生产的目标，是由一系列相互联系、相互制约的技术经济指标组成的，如质量指标、成本指标、利润指标、技术指标等。宴席菜品生产设计，必须首先明确目标，保证所设计的生产工艺能有效地实现目标要求。

2. 集合性要求

集合性是指为达到宴席生产目标要求，合理组织菜品生产过程。要通过集合性分析，明确宴席生产任务的轻重缓急，确定宴席菜单中菜品的生产工艺的难易繁简程度和经济技术指标，根据各生产部门的人员配置、生产能力、运作程序等情况，合理地分解宴席生产任务，组织生产过程，并采用相应的调控手段，保证生产正常运转。

3. 协调性要求

协调性是指从宴席菜品生产过程总体出发，明确规定各生产部门、各工艺阶段之间的联系和作用关系。宴席菜品的生产既需要分工明确、责任明确，以保证各自生产任务的按质按量按时完成，同时，也需要各生产部门相互间的合作与协调，各工艺阶段、各工序之间的衔接和连续，以保证整个生产过程中生产对象始终处于运动状态。

4. 平行性要求

平行性是指宴席菜品生产过程的各阶段、各工序可以平行作业。这种平行性的具体表现是，在一定时间段内，不同品种的菜肴与点心可以在不同生产部门平行生产，各工艺阶段可以平行作业；一种菜肴或点心的各组成部分可以单独地进行加工，可以在不同工序上同时加工。平行性的实现可以使生产部门和生产人员无忙闲不均的现象，缩短宴席菜品生产时间，提高生产效率。

5. 标准性要求

标准性是指宴席菜品必须按统一的标准进行生产，以保证菜点质量的稳定。标准性是宴席菜品生产的生命线。有了标准，就能高效率地组织生产，生产工艺过程就能进行控制，成本就能控制在规定的范围内，菜品质量就能保持一贯性。

6. 节奏性要求

生产过程的节奏性是指在一定的时间限度内，有序输出宴席菜品。宴席活动时间的长短、顾客用餐速度的快慢规定和制约着宴席菜品生产、菜品输出的节奏性。设计中要规定菜品输出的间隔时间，同时又要根据宴会活动实际、现场顾客用餐速度随时调整生产节奏，保证菜品输出不掉台或过度集中。

总之，目标性是宴席菜品生产的首要要求，通过目标指引，可以消除生产的盲目性；集合性是分析解决生产过程组织的合理性，保证生产任务的分解与落实；协调性是要求生产部门、各工艺阶段、各工序之间的相互联系，发挥整体的功能；标准性是宴席菜品生产设计的中心，是目标性要求的具体落实，没有菜点的制作标准、质量标准，菜品生产与菜品质量就无法控制；平行性和节奏性是对生产过程运行的基本要求，是对集合性和协调性的验证。

二、宴席菜品生产实施方案的编制

宴席菜品生产实施方案，是指在接到宴席任务通知书，确定了宴席菜单之后，为完成宴席菜品生产任务而制订的计划书。

（一）宴席菜品生产实施方案的编制步骤

宴席菜品生产实施方案是根据宴席任务的目标要求编制的用于指导和规范宴席生产活动的技术性文件，是整个宴席实施方案的组成部分，其编制步骤如下：

第一，充分了解宴席任务的性质、目标和要求。

第二，认真研究宴席菜单的结构，确定菜品生产量、生产技术要求，如加工规格、配份规格、盛器规格、装盘形式等。

第三，制定标准菜谱，开出宴席菜品用料标准单，初步核算成本。

第四，制订宴席生产计划。

第五，编制宴席菜品生产实施方案。

（二）宴席菜品生产实施方案的内容

1. 宴席菜品用料单

宴席菜品用料单是按实际需要量填写的，即按照设计需要量加上一定的损耗量填写。设计的需要量是理想用量，在实际应用中，由于市场供应原料状况、原料加工等多种因素的影响，会产生一定数量的损耗，因此，实际需要量会大于设计需要量。有了用料单，可以对储存、发货、实际用料进行宴席食品成本跟踪控制。

2. 原材料订购计划单

原材料订购计划单是在原料实际需要量用料单的基础上填写的，格式如表7–4所示。

表7–4　原材料订购计划单

订购部门＿＿＿＿＿＿＿＿　　订购日期＿＿＿＿＿＿＿＿

原料名称	单位	数量	质量要求	供货时间	费用估算		备注
					单位价格	总价	

填写原材料订购计划单要注意以下几点：

（1）如果所需原料品种在市场上有符合要求的净料出售，则写明是净料；如果市场上只有毛料而没有净料，则要先进行净料与毛料的换算再填写。其计算方法是：净料重量＝毛料重量 × 净料率。

（2）原料数量一般是需要量乘以一定的安全保险系数，然后减去库存数量后得到的数量。如果有些原料库存数量较多，能充分满足生产需要，则应省去不填写。

（3）对原材料质量要求一定要准确地说明，如有特别要求的原料，则将希望达到的质量要求在备注栏中清楚地写明。

（4）原料的供货时间要填写明确，不填或误填都会影响菜品生产。

3. 生产设备与餐具的使用计划

在宴席菜品生产过程中，需要使用诸如和面机、绞肉机、烤箱、冷藏柜、蒸汽柜、微波炉、瓦罐、火锅、煲仔锅、铁板等多种设备以及各种不同规格的餐具等。所以，要根据不同宴席任务的生产特点和菜品特色，制订生产设备与餐具使用计划，并检查落实情况、完成情况和使用情况，以保证生产的正常运行。特别是宴席菜品所涉及的一些特殊设备与餐具，更应加以重视。

4. 宴席生产分工与完成时间计划

除临时性紧急宴席任务外，一般情况下，尤其在有大型宴席或高规格宴席任务时，应根据宴席生产任务的需要，对有关宴会生产任务进行分解，合理配置厨务人员，明确职责，提出完成任务的时间要求。

就宴席整个加工过程而言，原料准备必须先于初步加工，完成初加工后又必须进行冷菜、热菜和面食点心的切配及烹调加工，待成品装盘美化之后，止于组配入席。所以，对顺序移动的加工工序而言，对前道工序的完成时间应有明确的要求，否则将影响后续工序的顺利进行和加工质量。

5. 影响宴席生产的因素与处理预案

影响宴席生产的因素主要有原料因素、设备条件、生产任务的轻重难易、生产人员的技术水平等；影响宴席生产的主观因素主要有生产人员的责任意识、工作态度、对生产的重视程度和主观能动性的发挥水平。为了保证生产计划的贯彻执行和生产有效运行，应针对可能影响宴席生产的主客观因素提出相应的处理预案。

另外，在执行过程中，要加强现场生产检查、督导和指挥，及时进行调节控制，有效地防止和消除生产过程中出现的一些问题。

第四节　宴席接待服务

不同类型的宴席，为突出各自的宴饮主题和风味特色，达到相应的宴请效果，在进行接待服务时，其服务规格、隆重程度、礼节仪程、具体要求都应有所不同。这里，我们主要就中式宴席服务、西式宴席服务、宴席接待礼仪、宴席服务实施方案的编制进行简要阐述。

一、中式宴席服务

中式宴席的进餐方式有共餐式、分餐式、中餐西吃式等形式，其服务方式各有不同。

共餐式宴席服务，指菜点上桌后，由客人使用各自的餐具夹菜进食，服务人员进行席间服务。享用共餐服务的客人用餐比较自由，宴饮气氛和乐融洽，但得到的服务较少。分餐式宴席服务，指服务人员将整盘菜点分配以后，再由各位客人食用。这种方式既展示了中餐菜肴的整体精美，又倍显高雅卫生。中餐西吃式宴席服务，是餐台同时摆放中式筷子汤匙和西式的刀叉供客人选用，客人用餐时享受中西合璧式餐饮服务。

无论选用哪种服务方式，就宴席服务流程而言，中式宴席服务涵盖宴前准备工作、宴间现场服务、宴后收尾工作三大环节。明确宴席服务的三大环节，可为中式宴席服务设计提供参照。

（一）宴前准备工作

酒店餐饮部（宴席部）完成宴席预订后，应于开宴前做好相应准备工作。宴席服务准备工作包括掌握情况、人员分工、场地布置、熟悉菜单、物品准备、宴席摆台、摆放冷盘、全面检查等程序。

1. 掌握情况

宴前准备工作，首先应明确落实宴会通知，让相关业务人员掌握宴席承接情况，做到“八知”（知出席宴席人数及宴席桌数、知主办单位、知客人国籍、知宾主身份、知宴席标准、知开席时间、知菜式品种、知上菜顺序）、“三了解”（了解宾客风俗习惯、了解客人生活忌讳、了解宾客的特殊要求）。

2. 明确分工

大型宴席、重要宴席涉及面广，工作量大，在组织协调、工作衔接、任务落实等方面任务繁重，需要调配各部门力量，临时组建接待专班，确定总指挥人员。迎宾、值台、传菜、斟酒及贵宾房等岗位，都要有明确分工，将宴席活动各项内容细节和安排落实到人。

3. 场景布置

宴席场景布置主要包括宴席氛围营造与宴席台面台型等的布置。特别是宴席厅的布置，要根据宴席的性质、档次、人数及宾客要求来调整宴席厅的布局，做到环境幽雅，干净整洁。

4. 熟悉菜单

服务人员要熟悉筵宴格局、上菜顺序及菜点名称，了解每道菜品的主要原料、制作技法、风味特色及食用方法，以保证准确无误地进行上菜服务。

5. 物品准备

宴前物品准备主要是准备宴席所需的各类餐具、酒具及用具；备齐菜肴的配料、作料；备好酒品、饮料、茶水；准备相应数量的口布、台布、餐巾纸、茶水等。席上菜单每桌一份至两份放于桌面，重要宴席则人手一份。

6. 宴席摆台

宴席摆台应在开席前1小时完成，按要求铺台布，下转盘，摆放餐具、酒具、餐巾花，并摆放台号或按要求摆放席次卡。

7. 摆放冷盘

在宴席正式开始前5~15分钟摆上冷盘。摆放冷盘时，要根据菜点的品种和数量，注意品种色调的分布、荤素的搭配、菜盘间的距离等，使得整个席面整齐美观，增添宴席气氛。

8. 全面检查

宴席准备工作全部就绪后，宴席主管应在宴席开始前进行全面仔细检查。检查的目的是确保宴席顺利举行，检查内容包括环境卫生、餐厅布局、桌面摆设、餐用具的配备、设备设施的运转、服务人员的仪容仪表等；检查工作必须在客人到来之前进行，以便查出问题时有足够时间去解决。

（二）宴间就餐服务

宴间就餐服务，是宴席餐饮服务三大环节中时间最长、内容最复杂的服务活动。中式宴席宴间就餐服务因酒店规格、经营理念、接待风范不同而不同，其主要程序依次为：热情迎宾—宾客入席—斟倒酒水—上菜服务—席间服务。

1. 热情迎宾

迎宾员应在宾客到达前迎候在宴席厅门口，宾客到达时，要热情迎接，微笑问好，大型宴席还应引领宾客入席。迎宾服务方式有夹道式、领位式、站立式服务三种。如宴席厅设有休息室，当接待贵宾时，可迎接贵宾进入室内就座，为客人送上茶水或饮料。宴席正式开始时，再请贵宾入席。

2. 宾客入席

值台员在宴席开始前，应站在各自的服务区域内等候宾客入席。当宾客到来，服务员要面带微笑，欢迎宾客，并主动为宾客拉椅让座。宾客入席后，帮助宾客铺餐巾，除筷套，并撤掉台号、席次卡等。

3. 斟倒酒水

为宾客斟倒酒水，应先征求宾客的意见。具体操作时，应从主宾开始，再到主人，然后按顺时针方向依次进行。斟酒特别讲究服务礼节和规范，应注意及时添加酒水。

4. 上菜服务

上菜服务是宴间就餐服务中最为重要的环节之一，它有做好上菜准备、确定上菜位置、把握上菜时机、注意上菜节奏、遵守上菜顺序、细心端送菜品、艺术摆放菜点、娴熟展介菜品、完成跟进服务等服务内容。

上菜准备工作主要是检查上菜工具的清洁状况和准备情况，熟悉菜单和菜名，了解宴菜菜品数量及上菜顺序，仔细核对上菜台号，避免上菜出错。

上菜时要选择正确的上菜位。大型宴席上菜应以主桌为准，先上主桌，再按桌号依次上菜，绝不可颠倒主次；每上一道新菜，要向宾客介绍菜名、风味特点及食用方法。

如有热菜使用长盘，盘子应横向朝主人。整形菜的摆放，应将鸡、鸭、鱼头部一律朝右，脯（腹）部朝向主宾。所上菜肴，如有作料的，应先上作料后上菜。

宴席上菜应控制好上菜节奏，要主动地为宾客分汤分菜，上新菜前要先撤走旧菜。如盘中还有分剩的菜，应征询宾客是否需要添加，在宾客表示不再需要时方可撤走。

5. 席间服务

宴席席间服务除上菜服务外，还有撤换餐具、更换小毛巾、加菜服务、酒水服务、水果服务及其他服务内容。

在整个宴席期间，要勤巡视，勤斟酒，勤换骨碟、烟灰缸，细心观察宾客的表情及示意动作并主动服务。

（三）宴后收尾工作

1. 结账送客

宴席结束时，宾客起身离座，服务员要主动为其拉开座椅，疏通走道，要征求宾客意见，提醒宾客带好自己的物品，及时将衣帽或提包取递给宾客。与此同时，要清点好消费酒水总数以及菜单以外的各种消费。付账时，若是现金可以现收交收款员，若是签单、签卡或转账结算，应将账单交宾客或宴席经办人签字后送收款处核实，及时送财务部入账结算。

2. 收台检查

在宾客离席时，服务员要检查台面上是否有未熄灭的烟头，是否有宾客遗留的物品，宾客全部离开后立即清理台面。清理台面时，按先餐巾、毛巾和金器、银器，然后酒水杯、瓷器、刀、叉、筷子的顺序分类收拾。凡贵重物品要当场清点。

3. 清理现场

所有餐具、用具要回复原位，摆放整齐，并做好清洁卫生工作。待全部宴席服务工作结束时，服务领班要做最后清查，保证下次宴席可顺利进行。

中式宴席服务基本程序如图 7–4 所示。

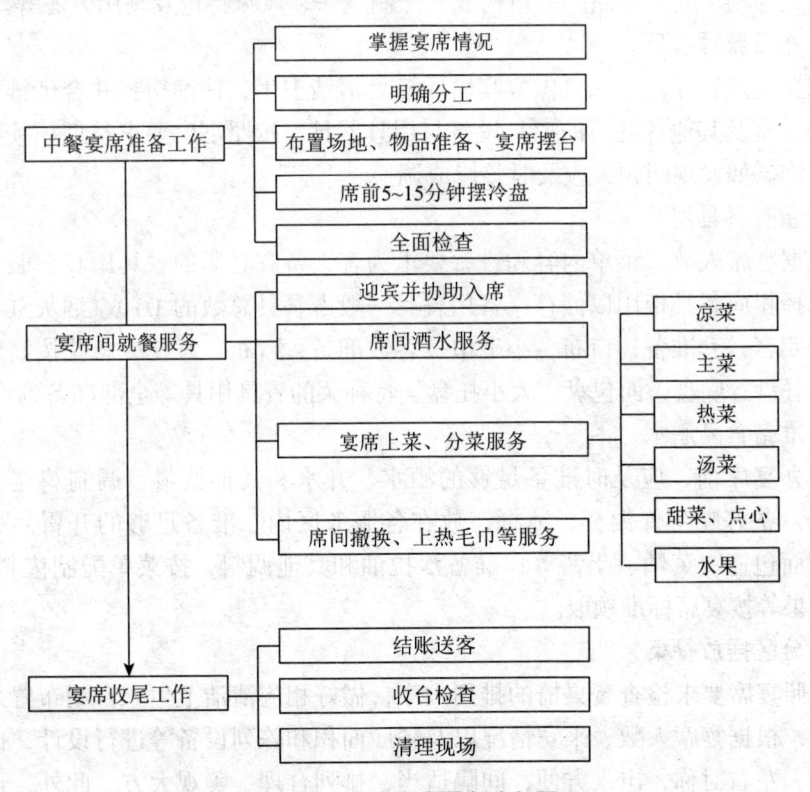

图 7–4　中式宴席服务流程图

二、西式宴席服务

西式宴席服务主要有法式宴席服务、俄式宴席服务、英式宴席服务、美式宴席服务等，其服务程序和礼节仪式都有严格要求，与中式宴席相比有着较大区别。就其总体服务程式而言，主要分宴前准备工作、宴间就餐服务和宴席结束服务三大环节。

（一）宴前准备工作

西式宴席宴前准备工作主要包括明确工作任务、布置整理餐厅、备齐餐具用具、准备食品酒水、分区摆放餐桌、完成餐台布置、全面检查完善等工作环节。

1. 明确工作任务

明确工作任务是指通过召集员工会议，布置工作任务、明确岗位职责和行为规范。服务人员既要了解宴席举办单位、宴席规格、服务标准、参加宴席人数和桌数、来宾身份、宗教信仰、饮食习惯和特殊要求等，还须熟悉当天宴席菜单内容和菜式结构、宴席菜品的原料构成、烹制技法、风味特色及食用方法等。

2. 布置整理餐厅

布置整理餐厅，要认真做好宴席厅各处清洁卫生，仔细检查并合理排列宴席厅、休息室及其他各处所的家具设备与用具器具，按照宴席要求整理相关陈设及绿化装饰。如发现问题，应及时整修或调换。

3. 备齐餐具用具

根据宴席人数、菜单内容和进餐要求为客人备齐必需的餐具用具、服务用品等，选择相应餐具柜用以储存。备用餐具一般占餐具总数的1/10，烟灰缸、牙签等物按四客一套准备，口布、小毛巾按客数准备，台布、鲜花或瓶花按宴席台数准备。餐盘、底盘、面包盘、大小托盘、特种菜的餐具用具等全部准备到位。

4. 准备食品酒水

举办宴席前，应及时准备足够的酒水、开水和其他饮料，调制鸡尾酒、多色酒等。备好咖啡保温杯、冰桶，放在各服务区内。准备足够的开胃品、新鲜面包、面包篮、黄油、果酱等；准备沙拉油和其他调料，按菜单配制佐料。茶、烟、水果等按宴席标准领取。

5. 分区摆放餐桌

按照宴席要求检查餐桌椅的排列次序，做好相应清洁卫生。台型布置采用长桌形式，根据宴席人数、来宾情况以及餐厅面积和陈列设备等进行设计，做到美观适用、左右对称，出入方便，间隔适当，排列合理、美观大方。此外，还需编制每席台号，划分餐桌区域。

6. 完成餐台布置

西式宴席摆台通常选用毡、绒等软垫物按台型尺寸铺垫台面，用布绳扎紧后再铺宴席台布。台布要平整美观、尺寸合适，颜色有白、黄、粉红、红和红白格子色，以白色最为普遍。西式餐具摆放取决于宴席服务方式和宴席菜点食用要求。摆台时要用干净的托盘端出餐具，盘碗要拿其边沿，杯要拿底部或杯脚，刀、叉、勺要拿把柄。台布、垫子及各种餐具用具特别注重清洁卫生。

7. 全面检查完善

宴席主管在各项工作准备就绪后，对清洁卫生、环境布置、席面布置、物品准备、服务人员仪容仪表等进行全面检查，为宴席开餐服务做好精细准备。

（二）宴间就餐服务

西式宴席宴间就餐服务主要有引宾入席、酒水服务、上菜服务、台面服务、冰水服务、巡视服务等工作内容。

1. 引宾入席

开宴前，主管应带领迎宾员提前在宴席厅门口迎候来宾。遇见宾客时热情欢迎，主动招呼问好，迅速引领安排客人到自己的座位就座。遵循“先宾后主、女士优先”的原则，帮助客人拉椅入座，为客人铺上餐巾，递上茶水。

2. 酒水服务

西式宴席的酒水服务顺序是，先女后男，先宾后主；服务手法是，服务员使用右手从客人右侧为宾客提供酒水。具体操作规范是，客人落座后，服务员要主动询问客人需要何种开胃酒；如客人一时难以决定，则应主动介绍相关酒水、饮料。在客人用餐期间，应为客人提供佐餐酒服务。佐餐酒以葡萄酒为主，须根据不同菜肴加以配置。如客人在宴席结束时需饮用餐后酒，服务员应主动向客人推荐利口甜酒、白兰地和一些混合饮料，及时为客人提供餐后酒服务。香槟酒可在餐前、餐间或餐后搭配任何食品饮用，服务时应事先询问服务时间，注意开瓶、斟酒等操作规范。

3. 上菜服务

西式宴席上菜服务特别注重上菜顺序、上菜位置及上菜要求。其上菜顺序是：开胃菜（头盘）—汤—沙拉—主菜—甜点和水果—餐后饮料（咖啡或茶）。待客人用完后撤去空盘，再上另一道菜肴。确立西式宴席的上菜位置，大多遵循“右上左撤”的原则，服务方向按顺时针方向绕台进行，以免打扰客人，并方便服务操作。

西式宴席菜点的上菜服务要求为：一是上主食时，要在宴席开席前几分钟摆上黄油，将面包放入装有餐巾的面包盘内。面包可在任何时候与任何菜肴相配，并要保证面包盘内总有面包。二是上开胃菜时，应从客人右侧端上各色冷菜，将盘子放在客人面前看盘的中央。冷盘（如鹅肝排、鱼子酱等）餐盘必须事先冷冻。三是上清汤或肉汁汤，应上到客前正中，汤匙放在垫碟右边。为保持温度，盛器必须加热，上席时要提醒客人小心；带汤的汤盅上席后要揭去其盖，防止汤汁、菜汁洒在桌上或客人衣物上。四是上主菜时，应根据主菜选配相应餐具，如吃牛排要配牛排刀，吃龙虾要配龙虾开夹和海味叉，吃鱼要配鱼刀、鱼叉等。主菜摆放在餐台正中位置，将肉食最佳部位朝向客人。蔬菜、沙司盘等，放在客人左侧。五是上甜点、水果时，应在客人左右两边摆上客用甜品叉、勺，从客人右手边端上甜点。水果摆在水果盘里上席，同时跟上洗手盅、水果刀、叉。六是上饮品时，应在客人右手边放咖啡杯或茶具，随餐服务的咖啡或茶必须不断供应，但添加前应先询问客人，注意从客人右边依次斟满。

4. 台面服务

西式宴席的台面服务非常讲究，其服务规范主要表现为：同步上菜，同步撤盘；保持餐具用具清洁卫生，绝不用手触碰食物；规范餐具用具使用，保持热菜食用温度；餐盘摆放精准，依菜补置餐具；因菜配置调味酱料，及时做好跟料服务；全程提供周到服务，（客人食用龙虾、乳鸽、肉蟹等时）及时递送洗手盅与香巾；水果、咖啡等上菜及时准确，摆放整齐有序。

5. 冰水服务

西式宴席的冰水服务要求主要表现为：先冷却矿泉水，使其温度达到 4℃左右；将玻璃水杯预凉，当着客人面打开矿泉水瓶，倒入杯中，由客人决定是否加入冰块或柠檬片；用冰夹或冰勺将冰块盛入玻璃水杯中，放于客人桌上，再将装有冰块的水壶加满水，将水杯递给客人。提供冰水时可用柠檬、酸橙等装饰冰水杯，时刻保持冰水安全卫生。

（三）宴席结束服务

西式宴席结束服务工作与中式宴席服务收尾工作基本相同，各项服务均要准确、适时、细心、周到，服务人员通过规范服务，给宾客留下美好记忆。

西式宴席服务基本程序如图 7–5 所示。

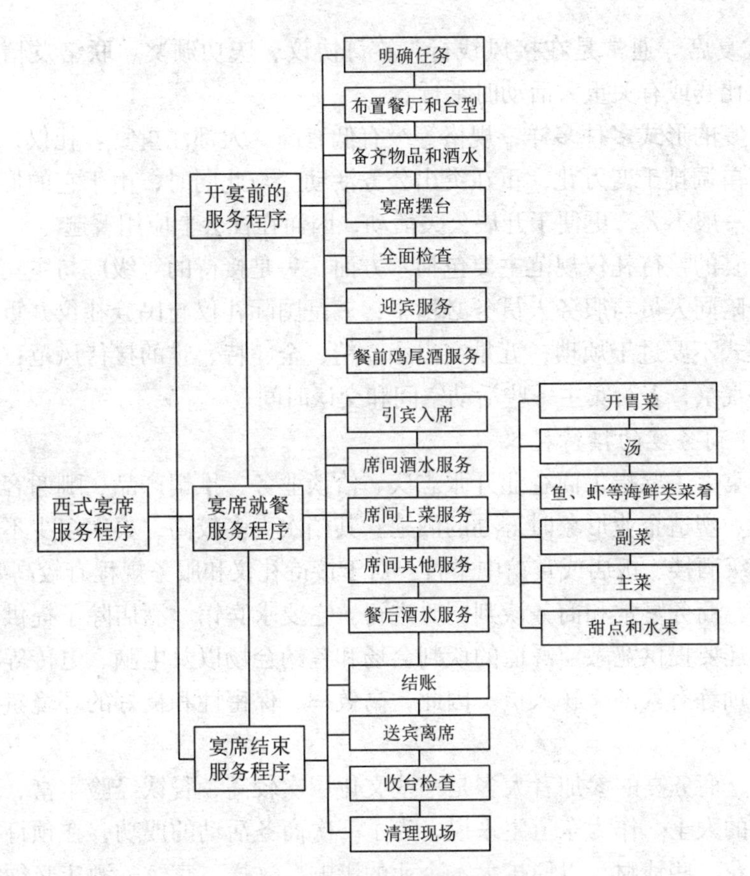

图 7–5 西式宴席服务流程图

三、宴席服务礼仪

在以经营宴席业务为主的餐饮企业中，无论是宴席预订、菜单设计、餐室美化、菜品制作，还是接待服务、运营管理，粗看似乎与“礼”无关，实则“礼食”的气氛相当浓郁。古语称：“设宴待嘉宾，无礼不成席。”举宴人花费大量钱财，追求的是幽雅舒适的环境、丰美可口的酒菜、宾至如归的氛围。有了这三者，“食礼”方能落到实处，敦亲睦谊的目的才能实现。从这个意义上讲，餐饮企业承办酒宴，在讲求经济效益的同时，务求待客以礼，以便更好地实现其社会效益。

（一）公务宴的接待礼仪

公务宴是指政府部门、事业单位、社会团体以及其他非营利性机构或组织因交流合作、庆功庆典、祝贺纪念等有关重大公务事项接待国内外宾客而举行的餐桌服务式宴席。通常是在接风饯行、签订协议、庆功颁奖、联络友情、酬谢赞助、演出比赛或有关重大活动时举行。

公务宴的形式多种多样，规格等级有低有高，大都注重宴客礼仪，讲究服务规范，席单调排千变万化，重在突出公务活动。与此同时，由于它的形式较为灵活，规模一般不大，更便于开展公关活动，因而在社会上应用普遍。

公务宴的接待礼仪规范主要包括六方面：一是接待的等级应与主宾的身份相称；二是陪同人员与服务人员务必精干；三是国际礼仪与民族礼仪并重；四是宴席服务程式不要过于烦琐；五是突出小、精、全、特、雅的接待风范；六是着意烘托友好气氛，多给宾主一些活动空间和交谈时间。

（二）商务宴的接待礼仪

商务宴席主要指工商企业开张志庆、洽谈业务、推销产品、酬谢客户、进行公关活动、塑造企业形象时筹办的酒筵。其档次大多较高，桌次多少不等，经常在中、高级酒楼、饭店或宾馆中举行，对于接待礼仪和服务规程有较高要求。

首先，商务宴常和商务谈判同时进行。它要求宾馆、酒店除了提供洁净的餐室之外，还要提供宽敞、舒适的谈判会场和签约会场以及电脑、电传等现代化办公设备和训练有素的文秘人员。因此，高效率、保密性和良好的环境氛围，十分重要。

其次，商务宴的参加者大多是一些文化层次较高、餐饮经验丰富、烹饪审美能力较强的人士。作为东道主来说，为了一次商务活动的成功，在预订宴席时往往愿意多花一些钱财，以便扩大本企业的影响。这样，宾馆、酒店必须能够拿出一流的设施、一流的饭菜和一流的服务，否则就很难满足这种高消费的需求。

最后，从商者都有一种趋吉避凶的心态，追求好的口彩，期盼“生意兴隆通四海，财源茂盛达三江”。所以，承接此类宴席，要更为注意商业心理学、市场营销学和公共关系学的运用，着意营造一种“和气生财”“大发大旺”的环境气氛，在菜单的编排和菜名的修饰上多下一些功夫。

（三）亲情宴的接待礼仪

亲情宴，是指民间个体之间以情感交流为主题的餐桌服务式宴席，主要有人生仪礼宴（如红白喜宴）、岁时节日宴（如团年宴）、迎送酬谢宴（如迎送宴）等类型，其接待服务礼仪十分讲究。

1. 红白喜宴的接待礼仪

红白喜宴是指民间个体举办的诞生礼、成年礼、婚嫁礼、寿庆礼或丧葬礼时置办的酒宴。一般都有告知亲朋、接受赠礼、举行仪式、酬谢宾客等程序，多在酒楼、饭店举办，接待要求各不相同。其接待礼仪详见第4章第二节“人生仪礼宴菜单设计”。

2. 团年宴的接待礼仪

团年宴包括元旦团拜后的聚餐和除夕、春节的家庭团年饭两种类型，近年来不少企事业单位和家庭都在酒楼、饭店中预订宴席，力求风光、火爆。

团年宴的接待首重气氛。首先，餐厅应当张灯结彩，播放欢快乐曲，并悬挂祝颂标语，向客人敬献贺年卡与鲜花。其次，桌面、餐具、台布乃至服务员的工作服，都宜为红色，充满喜气洋洋的情调。菜品应突出乡土风味，多用“吉语”，力求丰盛大方，使席面多彩多姿。最后，要多用“敬辞”和“祝颂语”向客人致意，祝愿宾客明年更为兴旺。

3. 迎送宴接待礼仪

接风饯行宴常见于亲朋好友之间的送往迎来，多在客人到达的当日或客人离开的前夜分别举行。其席面大多精致，陪客一般不多，席上免去了许多礼俗，重在宾主之间推心置腹的交谈，有“酒逢知己千杯少”的情味。它要求服务人员尽量减少干扰，给宾主们更多的自由空间。这类宴会酒水的需求量大，服务员事前应做好准备。

4. 乔迁宴的接待礼仪

乔迁宴多是普通家庭祝贺新房落成或搬迁新居时举行的答谢亲友、乡邻、领导、同事的中型宴聚活动。这种酒席，南方盛于北方，农村盛于城市，普通居民盛于公务员。

农村的乔迁喜宴，多在自家操办，其礼仪来自民间，朴素而富于人情味。城镇的乔迁喜宴，多在购房、分房、装修完毕、搬入新家布置妥当后举行，常去酒店举办宴席。乔迁宴会属于喜宴，接待礼仪的要旨是祝贺、欢庆，故而各个服务细节都应当与此相吻合。

（四）便宴的接待礼仪

便宴指零星顾客三五相邀，临时点菜就餐的便餐席。其特点是：顾客人数多少不等，所点菜品一般不多，消费层次属于中档偏下。宾客对象复杂，饮食需求各异，临时设置酒宴，接待任务零散纷繁。

便宴的接待程序包括热情迎宾、导引入座、送茶递巾、礼貌询问、介绍菜点、开单下厨、台位摆设、上酒布菜、餐间服务、准确结算、征询意见、致谢送别等十多道环节，通常由迎宾员、引座员、值台员、传菜员、收银员分工协作完成。要求服务人员具有较强的观察能力、组织能力和应对能力，善于处理各种复杂的关系，维护餐厅“窗口”形象。

便宴接待服务的关键是以礼相待，一视同仁，诚信无欺，任劳任怨。在接待服务过程中，一忌以貌取人，二忌以消费数额取人，三忌轻慢外地客和农村客，四忌敷衍了事。具体操作时，如能防止这些问题出现，“食礼”也就展现出来。

四、宴席服务实施方案的编制

宴席服务实施方案，又称宴席服务计划书，是指宴席服务部门接到宴席任务通知书之后，为圆满完成宴席服务工作而制订的计划书。一般情况下，餐饮企业的常规宴席服务因已形成固定的接待模式，无须另行编制详尽的宴会服务实施方案，而高规格的重要宴席，因接待任务艰巨，礼节仪程周全，社会影响深远，所以餐饮企业高度重视此项工作。编制宴席服务实施方案需在了解宴席接待任务的基础上，完成如下主要工作内容。

（一）宴席场地布置计划

宴席场地布置计划涉及宴席台面摆设布置、舞台布置、宴席厅布置等，规划具体计划时需准确绘制宴席台型设计图、桌次编号及座位图。这其中，宴席台面摆设布置包括 VIP 席台面摆设布置和副桌台面摆设布置，其台型、布件、中心台饰、台面布局图及服务桌的布置等，均有具体要求。

舞台布置主要包括舞台背景布置和舞台场地布置两方面。舞台背景有舞台喷绘背景和舞台投影背景之分，舞台场地布置涵盖盆栽绿化布置、致辞台的布置等，需在场地布置计划书中做出清晰说明。

宴席厅布置包含地毯铺设、盆栽绿化、灯光音响设置布置及其他布置等，需根据宴席主题、主办单位或个人要求逐一落实。

（二）餐用具准备计划

宴席餐用具是宴席服务中使用量最多的物件，其使用量应根据宴席规格、宴席菜肴、宴席人数来确定。具体操作方法是以一桌的餐用具数量乘以桌数计算实际需求量，再加上一定的备用量，以备宴席人数增加或餐用具损坏时替补。宴席餐用具准备计划表如表 7–5 所示。

表 7–5　宴席餐用具准备计划表

名称	规格	实际需求量	备用量	总计	备注

（三）酒水准备计划

酒水是宴席食品消费的重要组成部分，其用量计划应根据举办者意愿、宴席类型来估算。其计算方法是以一桌的基本需求量乘以桌数，再加上一定的备用量，计算出需要准备的数量。实际使用时，随用随开，以免造成不必要的浪费。宴席结束时，宴席值台员要对每种酒水的实际使用量进行计数，或由提供酒水的吧台计数，以保证结账时准确无误。宴席酒水计划表如表 7–6 所示。

表 7–6　宴席酒水计划表

品名	单位	规格	分桌数量	准备数量	备注

（四）布件及相关物品准备计划

宴席布件使用量应根据宴席桌数加上预留量来计算。宴席桌数是实际的需要量，预留量是为防止布件有破损或宴席中被污损做规划之用的。如餐巾、毛巾、布筷套放在餐用具计划中，则此处不再列入计划。宴席布件计划表如表 7–7 所示。

表 7–7　宴席布件计划表

类别	名称	颜色	尺寸	实际用量	准备数量	备注
台布						
台裙						
椅套						
餐巾						
毛巾						
布筷套						

除布件外，宴席接待和餐台台面装饰需要使用的其他物品，如休息室服务时需要提供的茶水饮品、鲜果、干果、毛巾、挂衣架等，花台造型所需要的插花花材等，西式宴席餐台摆台所需的烛台装饰品等，都要列入物品准备计划表中。

（五）宴席台型家具使用计划

宴席台型家具使用计划是根据宴席台型设计要求和宴席桌数来制订的。如中式宴席主桌的特大台型、西式宴席台型、自助餐宴席的菜台和吧台等，大多是拼接而成的，需要若干种基本台型；副桌如用圆桌，则需要活动支架、桌面、转台及转圈等。宴席台型家具使用计划表如表 7–8 所示。

表 7-8　宴席台型家具使用计划表

名称	规格	需求量	备注

（六）布置宴席厅的设备物品计划

制订宴席厅布置的设备物品计划，应根据宴席举办单位或举办人的需要，分别制订舞台布置物品计划、宴席厅盆栽绿化计划、宴席厅电器使用计划、宴席厅舞池物品计划、宴席厅办公设备计划、宴席厅其他物品使用计划等。宴席厅除设计好灯光、音响和控制室外，还有因不同宴席活动需要备用的活动式设备和物品，在正式举办宴席之前，应根据宴席举办单位或举办人的诉求，预先做出设备物品计划。

（七）人员分工及完成任务时间计划

宴席部主管需根据宴会任务要求明确迎宾、值台、传菜、供酒、衣帽间等岗位职责；依照服务人员的技能水平、特长和实际工作需要进行合理分工，确立各岗位的人员名单、人数，明确其工作职责、任务内容、服务程序、服务方法、完成任务的时间、服务中的注意事项；明确各岗位的责任人、负责人及其具体职责；明确宴席服务过程中督导指挥人员及其职责等。

（八）宴席服务应急预案

为圆满完成各项宴席服务任务，应对宴席服务工作中出现的重大问题与突发事件，在编制宴席服务实施方案时，还应考虑到应急预案的制订。对于宴席服务过程中有可能出现的重大问题，应料事在先，一旦发生突发事件，应在最短的时间内用最恰当的方法予以解决。

第五节　宴席营销管理

宴席营销是指通过一定方式将宴席产品信息传递给顾客，并促成顾客进行宴席消费的活动。宴席营销分为内部营销和外部营销两种形式，有人员传递信息和非人员营销等基本销售方法。开展积极有效的宴席营销活动，能吸引客源，提高设施利用率，提高宴席销售量，获取最大的经济效益和社会效益。

根据丁应林主编《宴会设计与管理》关于宴席营销管理相关内容，现将宴席人员推销方法与程序、广告推销方法与程序及宴席其他推销方法介绍如下。

一、人员推销的方法与程序

宴席营销形式是指将有关宴席信息传递给消费者的方式和渠道，它可分为人员传递信息和非人员营销两大类。人员传递信息是宴席营销的一种主要方式，包括派推销员与消费者面谈的劝说形式，通过社会名人和专家影响目标市场的专家推销形式，通过公众口头宣传而影响其相关群体的社会影响形式等。

（一）人员推销的方法

人员推销是专职推销人员或宴席部工作人员与顾客或潜在顾客接触、洽谈，或通过向顾客提供满意的服务，向宴席部的客户提供信息，使顾客一次或多次来本店宴席部举办宴席的过程。人员推销相对于非人员推销，更具有可信性。人员推销包括推销员推销和全员推销。

推销员是直接向顾客介绍宴席经营项目和特点，同时征求顾客消费意见的人员。推销员的工作，是企业和顾客的桥梁。推销员不但要尽力为顾客提供各种便利的服务，而且需要注意反馈市场信息，维护和树立宴席厅的良好形象，提高宴席厅的竞争能力。

全员推销是发动宴席部每个成员都投入促销活动中，这当中除专职推销员外，还包括宴席厅经理、厨师和服务人员。

（二）人员推销的程序

专职推销人员在进行宴席营销时，应按照以下基本程序开展工作：

1. 收集信息

通过收集信息发现潜在的客户，并进行筛选。宴席推销员要建立各种资料信息簿，建立宴席客史档案，注意当地市场的各种变化，了解本市的活动开展情况，寻找推销的机会。

2. 计划准备

在上门推销或与潜在客户接触前，推销员应做好销售访问的准备工作，确定本次访问的对象、要达到的目的，列出访问大纲，备齐销售用的各种有关餐饮的资料，如菜单、宣传小册子、照片和图片等，并对酒楼饭店近期的宴席预订情况有所了解。

3. 着重介绍宴席产品和服务

介绍宴席产品和服务时要着重介绍餐饮产品和服务的特点，针对所掌握的对方需求来介绍，引起顾客的兴趣，突出本饭店所能给客人的好处和额外利益，还要设法让对方多谈，从而了解顾客的真实要求，反复说明自己的菜品和服务最能适应顾客的要求。在介绍宴会产品和服务时，还要借助于各种资料、图片以及餐厅或宴席厅的场地布置图等。

4. 商定预订和跟踪销售

要善于掌握时机，商定交易，签订预订单。一旦签订了订单，还要进一步保持联系，采取跟踪措施，逐步达到确认预订。即使不能最终成交，也应通过分析原因，总结经验，保持继续向对方进行推销的机会，便于以后的合作。

5. 处理异议和投诉

碰到客人提出异议时，餐饮销售人员要保持自信，设法让顾客明确说出怀疑的理由，再通过提问的方式，让他们在回答提问中自己否定这些理由。对客人提出的投诉和不满，首先应表示歉意，然后要求对方给予改进的机会，千万不要为赢得一次争论的胜利而得罪客人。

二、广告推销的方法与程序

在宴席营销过程中，除依托人员传递信息外，实施非人员营销形式越来越常见。非人员营销形式，包括通过各种大众传播媒介的推销，宴席厅装潢气氛设计，独特而吸引顾客的环境促销，以及通过特殊事件而进行促销等。以下是广告推销的方法与程序，可供参照。

（一）广告推销的方法

广告推销是指利用广告媒介推销宴席产品和服务的方法。广告推销具有覆盖面广、持续时间较长的特点。广告推销因媒介众多，而且每一媒介都有自己的优缺点，因而需要认真选择，才能使宴席产品和服务的宣传达到最佳效果。宴席广告通常通过下列形式来进行推销：

1. 免费广告

免费广告主要是由信用卡公司提供的。当酒店为信用卡公司的客户，拥有某信用卡公司的信用卡时，应及时与他们取得联系，希望他们为其刊登广告。

2. 路旁广告牌

路旁广告牌能将广告的内容传递给人们。如果这些广告牌位于市中心的道路两侧，看到这些广告牌的除了车主和乘客以外，还有众多的过往行人。

3. 传媒广告

传媒广告是指利用现代传媒如电视、报纸、电台等进行宴席推销的方式。传媒广告特别是电视广告，具有很强的视觉冲击力，印象深刻，容易激发人们的消费欲望。

4. 直邮广告

直邮广告就是酒店将宴席产品和服务信息印制成宣传品，直接邮寄给顾客和潜在顾客的形式。直邮广告更具有个性，提供的信息容量比较大，阅读率高于其他广告，能提供询问复函的联系通道，有助于提高公众对酒店及宴席的认知。

5. 酒店内部广告

酒店内部广告是指饭店利用自己的宣传媒介和公共活动空间，向在店顾客推销宴席产品和服务的形式。酒店内部广告利用的是酒店自身资源，大都惠而不费又无所不在，繁简应视情形而定。

（二）广告推销的程序

利用广告推销宴席，主要有以下工作程序。

1. 确定广告推销的实际效益

在酒店宴席销售中，约有 75% 的生意是顾客自己找上门来的，其他 25% 是依靠业务人员进行推销和广告推销得到的。虽然不同的酒店比例可能会不同，但是依靠推销直接获得的宴席生意，与酒店宴席销售中所占的份额及其收益应该相匹配。酒店应根据市场调研，通过对本酒店利用广告获得的宴席销售收益的数据统计和分析，来确定需要或是不需要广告推销，需要选择何种媒介，投放多少经费来做广告推销。

2. 确定宴席广告推销的目标

宴席广告推销的目标应该与饭店营销目标及餐饮总目标相一致。广告目标不同，广告的主题及其内容也会有区别。特别要强调的是，广告内容要真实，不能有虚假承诺，不能设销售陷阱让顾客上当。

3. 凸显酒店的宴席风格和特点

无论何种形式的广告，都要把酒店要传达的宴席信息作为核心内容，并与其宴席风格和特点融为一体，并且据此撰写广告提纲、脚本和广告词。同时，要凸显酒店的宴席风格和特点，要站在大众的立场，从目标顾客的需要出发，使宴席信息成为他们最想得到的，宴席风格和特点也是他们所企求的，而广告的艺术形式又正是他们所喜闻乐见的。

4. 确定宴席广告的预算

广告预算费用的多少要根据酒店宴席经营的需要及其实际的经济实力来确定，并不是说花钱越多广告收益就越好，反之则不好。广告投入的多少要考虑不同媒介的广告其信息承载量的大小、覆盖的广度、信息传达的深度和准确度、预期效果。只有选准了，花钱才是值得的。

5. 选准承办广告制作的公司

当确定了广告媒介和广告形式后，要选择有经济实力、社会美誉度高的广告公司来承办。先由广告公司根据酒店的目标、意图来设计样稿、样图和画面，再由广告公司做设计陈述，酒店相关领导和人员与相关专家共同会审，通过后，再付诸实施。

6. 跟踪调查广告推销的效果

广告散发出去后，要及时进行效果跟踪调查，一是要调查广告的社会影响力；二是要调查并统计广告影响酒店宴席销售的直接效果。根据调查结果，对照预期的广告推销目标，查找并分析成败的原因，以便调整和谋划更好的广告推销策略，使其能收到积极的宣传和推销效果。

三、宴席推销的其他方法

（一）利用特色服务推销

将推销寓于提供的特色或额外服务中是常见的宴席推销方法。利用特色服务推销宴席，主要有知识性服务、附加服务、表演服务和优惠服务等几种形式。知识性服务是指在宴席厅里备有报纸、杂志、书籍等以便客人阅读，或者播放相关节目，或者进行有奖知识问答、有奖猜谜活动等。附加服务是指派送小礼品。例如，给女士送一枝鲜花，或者幸运抽奖，等等。表演服务是指用乐队伴奏、钢琴演奏、歌手助唱、民俗表演、卡拉 OK、时装表演等形式起到丰富宴席内容的作用。优惠服务是指通过提供让顾客能直接享受的实在的优惠，以达到推销宴席的目的。

（二）利用节日进行推销

推销的实质是抓住各种机会甚至创造机会吸引客人，以增加销量。各种节日是难得的推销时机，宴席部一般每年都要做推销计划，尤其是节日推销计划，使节日的推销活动生动活泼，取得较好的推销效果。

（三）展示实例及试吃

展示实例，是指在宴席厅橱窗里陈列宴席现场照片或陈列一些鲜活的生猛海鲜、特色原料等，以此来吸引顾客，从而推销自己的宴席产品。

试吃，是指宴席厅为了特别推销某种菜肴，采用让顾客免费品尝或按折扣消费的方法进行促销。大型宴席常采用试吃的方法来吸引客人，将宴席菜单上的菜肴先请主办人来品尝一下，取得认可，也使客人放心。提供一桌宴席免费试吃，也属一种折扣优惠行为。

（四）名人效应

餐饮企业邀请知名人士来宴席厅设宴或赴宴，并充分抓住这一时机进行宣传，给名人们拍照、题字签名留念，在征得名人同意后，把这些相片、题字签名挂在餐厅里，以增加宴席厅知名度，树立宴席厅形象，吸引慕名而来的宴席消费者。

思考与练习

1. 独立于餐饮部的宴席部一般设置哪些部门？有何主要职责？

2. 试简述宴席的预订程序和预订方式。

3. 宴席菜品的生产设计有哪些要求？

4. 中式宴席服务的准备工作包括哪些内容？

5. 试述中式宴席的服务程序。

6. 中式商务宴、亲情宴具有哪些服务礼仪要求？

7. 利用广告推销宴席有哪些设计程序？

8. 专职推销人员进行宴席营销有哪些推销方法？

9. 自定主题，完成一项中式宴席餐饮服务实施方案设计全案，提交 Word 或 PPT 文案。

第8章

宴席成本与质量控制

在宴席生产运营活动中，筵席宴会的预订、生产、服务与营销管理具有一套完整的工作标准，宴席工作人员依照相关标准完成好各个环节的工作任务，可确保整个宴席业务工作有条不紊地进行。本章将重点介绍宴席产品成本核算与定价、宴席成本控制、宴席菜品生产和服务标准及其质量控制。

第一节　餐饮产品成本核算与定价

从事宴席生产与经营，核算宴席的餐饮成本，确定酒宴的销售价格，是宴席设计、生产、服务与营销工作的一项重要环节，必须遵守一定的操作规则。只有综合考虑企业、市场、顾客三方面的影响因素，采用合理的核算方法定价，消费者才会觉得物有所值，餐饮企业才能赢得应有的经济效益和社会声誉。

一、餐饮产品成本的构成

餐饮产品（各式饮食品）成本，即餐饮业用于制作和销售饮食品时所耗费用或支出的总和，它可划分为生产、销售和服务等三种成本。在饮食行业里，由于餐饮经营的特点是生产、销售、服务统一在一个企业里实现，除原材料成本，其他如职工工资、管理费用等，很难分清属于哪个环节，很难分别核算，所以，餐饮产品的成本只以构成饮食产品的原材料耗费和烹制过程中的燃料耗费为其成本的基本要素，不包括生产经营过程中其他的一切费用。原材料和燃料以外的其他各种费用，均另列项目，纳入企业的经营管理费用中计算。

餐饮产品成本的计算公式可表述为：

餐饮产品成本＝原材料成本＋燃料成本

＝主料成本＋配料成本＋调料成本＋燃料成本

餐饮产品的原材料成本包括构成菜品的主料、配料、调料耗费和这些原材料的合理损耗；在加工制作过程中包裹菜点的材料费；在外地采购原料的运输费用；

在外单位仓库储存冷藏原料的保管费等。

餐饮产品的燃料成本，包括宴席产品制作过程中所消耗的煤炭、煤气、燃油、电力、木柴等各种燃料的实际耗费。

例：三五酒店生产油爆腰花1份，用去了净猪腰225克，用去的调配料计价约3.3元，燃料费为0.5元，若鲜猪腰的市场售价为64元/千克，净料率为75%，试计算该菜的原材料成本和产品成本。

解：根据题意可知：

主料的毛料重量为：$225 \div 1000 \div 75\% = 0.3$（千克）

主料成本为：$0.3 \times 64 = 19.2$（元）

原材料成本为：$19.2+3.3 = 22.5$（元）

产品总成本为：$22.5+0.5 = 23$（元）

答：该菜的原材料成本为22.5元，产品成本为23元。

二、餐饮产品价格的核算

价格是商品价值的货币表现。合理核算餐饮产品的价格，既可实现宴席成本核算的目的，又有助于编制相关筵宴菜单。

（一）餐饮产品价格的构成

餐饮产品价格应包括从生产到消费的全部支出和各环节的利润、税金。由于餐饮产品在加工和销售过程中，除原材料成本和燃料耗费可以单独按品种核算外，其他各种费用很难分开核算。所以，只把原材料耗费和燃料耗费作为产品成本要素，而将生产经营费用、税金和利润合并在一起，称为“毛利（又称毛利额）”，用以计算餐饮产品的价格。因此，餐饮产品（菜品）的价格构成，通常用下列公式表示：

餐饮产品价格＝餐饮产品成本＋生产经营费用＋税金＋利润

＝餐饮产品成本＋毛利额

餐饮产品的毛利额，是由所消耗的生产经营费用、税金以及利润构成的。

1. 生产经营费用

生产经营费用包括加工生产和销售餐饮产品过程中所支付的人事费（员工工资、福利、工作餐费等）、折旧损耗费（资产设备的折旧费、小件物品的耗用、用具器具等损耗）、维修费（保养及维修设备的材料和费用）、水电费（水费、电费）、营销广告费（餐饮广告、餐饮推销等）、办公费（办公用品、通信费用、邮费、会务费等）、财务费用（贷款利息等银行费用）、其他支出项目（公关费、书报资料费、不可预见的费用）等项目，一般应按同种经营类型、同等企业正常经营的中等合理费用水平计算。

2. 税金

餐饮企业的经营税金应根据营业收入按国家税法规定的税率计算，主要有营业税和工商税等费用。其计算公式为：

税金＝营业收入 × 工商税率

3. 利润

利润又称纯利，主要包括加工生产和消费服务的利润，它与生产经营费用和税金相加，即为毛利。预期的经营利润通常都应计入菜品价格之中，其计算公式为：

利润＝产品价格 -（产品成本＋生产经营费用＋税金）

餐饮企业从事饮食品经营活动，其最终目的是获取较好的经济效益和社会效益。定价越高，其利润空间越大，但并不是定价越高，就一定能获得高额利润。只有综合考虑客人的消费心理、餐饮市场的供求关系、产品及设施的质量、就餐环境的优劣、接待服务的水平、市场竞争的状况、饮食品的成本、生产经营费用以及企业上缴的税金等因素，科学合理地确定饮食品价格，才有可能获得较高的利润。

（二）餐饮产品毛利率及计算

餐饮产品的价格要体现价值规律和供求关系，在保持相对稳定的基础上，坚持以合理成本、费用、税金加合理利润的原则制定餐饮价格。

餐饮产品的价格主要由餐饮产品成本及其毛利率所确定。所谓毛利率，即毛利额与成本、与销售价格的比率，它有成本毛利率与销售毛利率之分。销售毛利率指毛利额占产品售价的百分比，成本毛利率指毛利额占产品成本的百分比。其计算公式分别为：

销售毛利率＝毛利额 ÷ 产品售价 ×100%

成本毛利率＝毛利额 ÷ 产品成本 ×100%

例：艳阳天酒店生产宴席一桌，销售价格为2200元，在生产过程中，耗用的主料成本为937元，配料成本为223元，调料成本为30元，燃料费用为10元，试计算该宴席的成本毛利率和销售毛利率。

解：产品成本为：937+223+30+10 ＝ 1200（元）

毛利额为：2200-1200 ＝ 1000（元）

成本毛利率为：1000 ÷ 1200 × 100% ＝ 83.33%

销售毛利率为：1000 ÷ 2200 × 100% ＝ 45.45%

答：这桌宴席的成本毛利率为83.33%，销售毛利率为45.45%。

毛利率是根据酒店的规格档次及市场供求情况规定的毛利幅度，故又称计划毛利率。销售毛利率与成本毛利率均可表示餐饮产品的毛利幅度，由于财务核算中许多计算内容都是以销售价格为基础的，所以，我国多数地区常以销售毛利率来计算和核定餐饮产品的价格。如无特别申明，通常所说的毛利率均指销售毛利率。

与销售毛利率联系紧密的有成本率。所谓成本率，即产品成本占产品售价的百分比。其计算公式为：

成本率＝产品成本 ÷ 产品售价 ×100%

毛利率＋成本率＝1

（三）餐饮产品销售价格的核算

在精确地核算餐饮产品成本和合理地核定了毛利率后，就可以核算出餐饮产品的销售价格。

由于毛利率有销售毛利率和成本毛利率之分，计算餐饮产品价格的方法通常有销售毛利率法和成本毛利率法两种。

1. 销售毛利率法

销售毛利率法，又称内扣毛利率法，是运用毛利与销售价格的比率计算菜品价格的方法。其公式可表述为：

餐饮产品售价＝餐饮产品成本 ÷（1- 销售毛利率）

例：小四川酒家生产鱼香肉丝一盘，用去猪肉 250 克（每千克售价 52 元），用去的冬笋丝等配料计价 2.2 元，用去的食油、鱼香味汁等调料计价 2 元，如果该菜的燃料费用为 0.4 元，销售毛利率为 45%，试计算该菜的销售价格。

解：原材料成本为：250 ÷ 1000 × 52+2.2+2 ＝ 17.2（元）

产品成本为：17.2+0.4 ＝ 17.6（元）

销售价格为：17.6 ÷（1-45%）＝ 32（元）

答：该酒家鱼香肉丝的售价为 32 元。

用销售毛利率法计算菜品价格，对毛利额在销售额中的比率一目了然，有利于管理，是餐饮业物价人员、财会人员计算菜品价格所普遍采用的方法。

2. 成本毛利率法

成本毛利率法，又称外加毛利率法，是以产品成本为基数，按确定的成本毛利率加成计算出价格的方法。用公式可表述为：

产品售价＝产品成本 ×（1+ 成本毛利率）

例：顾客在某星级酒店预订宴席一桌，售价为 3600 元。如果该酒店的成本毛利率为 125%，试问该宴席的产品成本应为多少元？若冷菜、热炒大菜、点心和水果分别占宴席成本的 16%、70%、14%，试计算这三类菜品所要耗用的成本。

解：宴席产品成本为：3600 ÷（1+125%）＝ 1600（元）

冷菜成本为：1600 × 16% ＝ 256（元）

热炒大菜成本为：1600 × 70% = 1120（元）

点心水果成本为：1600 × 14% = 224（元）

答：该宴席的产品成本应为1600元，其中，冷碟、热炒大菜、点心水果的成本分别为256元、1120元和224元。

用成本毛利率法计算饮食品价格，简便实用，它是餐厅厨务人员经常使用的计价方法。

三、餐饮产品的定价方法

餐饮产品的定价方法较多，用毛利率公式计算菜品价格的方法使用最广泛，习称为毛利率法。此外，跟随定价法、系数定价法等方法也时常使用。

（一）毛利率定价法

毛利率定价法主要有成本毛利率法（即外加毛利率法）和销售毛利率法（即内扣毛利率法）两种，两种方法均以饮食品成本为基础，再根据餐饮企业规定的成本毛利率或销售毛利率来计算价格。

例：某大众餐厅生产口蘑菜心一份，总成本为12元，若其成本毛利率为60%，则其销售价格为多少元？若在星级酒店以相同的生产工艺制作此菜，假设该酒店规定的销售毛利率为60%，则其销售价格应为多少元？

解：大众餐厅的销售价格为：12 ×（1+60%）= 19.2（元）

星级酒店的销售价格为：12 ÷（1−60%）= 30（元）

餐饮产品成本相同的饮食品，若由不同层次的餐饮企业来经销，由于各自规定的毛利率不同，故其销售价格有着一定的区别。

（二）跟随定价法

所谓跟随定价法，又称随行就市法，就是以同业竞争对手的价格为依据，对餐饮产品进行定价的方法。这种定价方法尤其适合经营质态相同的餐饮企业。

跟随定价法还适用于随市场变动灵活定价。一些节令性原料，在其大量上市之前，以此制成的餐饮产品价格较高；待其大量上市后，价格自动向下调整。此外，在经营的旺淡季、不同的营业时段，可以推出不同的销售价格，以吸引顾客，刺激消费。

（三）系数定价法

所谓系数定价法，即以饮食品的产品成本乘以定价系数，得出餐饮产品的销售价格。这种方法既适合于单个的菜肴定价，也可运用于宴席及套餐的定价。这里的定价系数，是该企业计划成本率的倒数。

例：格林豪泰酒店生产宴席一桌，用去的产品成本总计1280元。已知该酒店规定的成本系数为2.5，试计算该酒席的销售价格并验证“定价系数，即企业计划成本率的倒数”。

解：销售价格为：1280 × 2.5 = 3200（元）

毛利额为：3200–1280 = 1920（元）

销售毛利率为：1920 ÷ 3200 × 100% = 60%

成本率为：1–60% = 40%

成本率 40% 的倒数即为 2.5（定价系数）。

第二节 宴席成本控制

成本控制，是指为了将实际发生的成本保持在管理部门预先规定的成本计划及其允许限度内所采取的评价过程和行动。宴席成本控制是宴席管理职能的一部分，贯穿于宴席产品生产与销售的全过程。宴席成本控制的目的在于根据各项成本的发生情况，分析实际成本与计划成本之间的差异，为宴席经营者做出正确判断；实施科学合理的宴席成本管理措施，以确保宴席产品的质量，提升宴席经营的效益。

就我国大中型餐饮企业的宴席生产运营情况看，宴席成本控制主要体现为原料成本控制、菜品酒水成本控制、人力成本及能耗成本控制以及其他方面成本控制几方面。

一、原料成本控制

在宴席生产运营活动中，原料成本控制主要表现为菜单设计控制原料成本、原料采购控制成本、仓储保管及申领发放控制原料成本等方面。

（一）菜单设计控制原料成本

宴席菜单在整个宴席运营过程中起着计划和控制作用。宴席菜单是采购原料、筵宴制作和接待服务的重要依据，烹饪原料的采购、宴席菜品的制作、餐饮成本的控制等全都根据宴席菜单来确定。宴会部设计各式宴席菜单应充分考虑食品原料的产地、季节、品种、部位、价格、主辅料配比等因素，力求所选原料精准、齐全、质优、价廉。通常情况下，丰富菜式花色品种，合理选用多种食材，把握荤素料食材的用量比例，突出地方名优特色食材，增大造价低廉又能烘托席面的高利润菜品，灵活安排边角余料以求物尽其用，这些都是通过菜单设计控制原料成本的有效措施。

（二）原料采购控制成本

原料采购控制成本，是宴席成本控制最为直接方法，主要包括规范采购控制原料成本、物流运输控制原料成本、验收检查控制原料成本等工作内容。

规范采购控制原料成本主要通过制定规格标准、严控采购数量、掌控合理价格等措施来实现。为有效降低采购供应成本，餐饮企业应根据宴席菜品的质量标准，制定采购原料的规格标准，使采购原料的形状、规格、色泽、重量、质地、气味、水分、成熟度、新鲜度、营养指标、卫生指标等符合质量要求。严控采购数量，是指根据酒店宴席业务量的需要、仓库条件、资金情况、市场供应状况、原料特点等，定出原料最高库存量与最低库存量，既保证原料的正常使用，又不致造成积压。掌控合理价格，是指通过核定进料价格，严把原料价格关，用尽可能低的价格，获得尽可能好的食物原料，从源头上控制宴席成本。

物流运输控制原料成本要求防止交叉污染、避免变味变质、缩短运输时间、减少运输损耗。验收检查控制原料成本包括检查数量、检查质量、检查价格等内容。验收人员要严格依据采购规格书规定的标准，对所有购入的原料进行全面、仔细检查，并正确填写进货日报表等有关表单。

（三）仓储保管及申领发放控制原料成本

仓储保管控制原料成本，要求酒店管事部门建立制度专人负责、分类分库定点存放、保持适宜储存环境。建立原料储藏保管、入库出库、原料领取制度，食品原料变质及过期食品的报废制度，加强储存原料管理；严格区分原料性质，进行分类保存，保持适宜储存环境。每种原料应有固定的存放位置，严格按标准、规定存放食品原料。每批次入库原料都应注明进货日期，坚持“先进先出”的原则，及时调整原料的位置，始终保持原料清洁、卫生、安全，符合菜品烹制的质量要求，减少原料腐烂或霉变损耗。

申领发放控制原料成本，要求建立申领制度、规范原料发放程序。酒店管事部门的申领制度有领料单制度、专人领用制度、申领审批制度、领料时间与次数规定等，要求相关工作人员严格按领发料制度领取原料。仓库保管员在账务管理上，要利用电脑打出数量、金额控制的仓库账。每日原材料发出后，在分类存放货架上设卡登记，并经常与账簿核对，做到账卡相符。

二、菜品酒水成本控制

宴席的销售直接以宴席菜品酒水成本为定价依据，合理控制宴席菜品酒水成本，是实现餐饮企业经营效益的主要手段，对宴席经营管理具有重要的意义。

（一）菜品成本控制

加强宴席菜品成本管理，必须努力降低菜品加工损耗，控制宴席菜品成本。宴席菜品生产成本控制主要包括加工环节控制生产成本、组配环节控制生产成本、烹调环节控制生产成本、装盘环节控制生产成本等四个方面。从原料的初加工到切配、烹调直至装盘，应严格按照餐饮企业所制定的标准，采用最适合的加工工艺，减少加工过程中人为因素造成的损耗。

1. 加工环节控制生产成本

宴席原料加工有初加工与细加工之分。初加工主要由厨房水台岗负责完成，其工作内容包括鲜活原料的初加工、干货原料的涨发加工、整形原料的分档取料等。细加工是对初步加工的原料进行切割成形及腌渍糊浆处理，主要由厨房案台岗负责完成。

为保证原料质量符合宴会使用要求，提高出净率，降低净料成本，厨房管理人员应在宴席菜品加工环节制定合理加工标准，如原料质量标准、出净率标准、刀工处理标准、菜品用料标准、干货涨发标准等。厨务人员应严格执行加工操作程序，保持食品原料应有的精确率，合理推算原始原料的数量，通过严格执行标准来控制生产成本。

2. 组配环节控制生产成本

宴席菜品组配主要由案台岗负责完成。其工作内容包含两方面：一是根据菜品质量要求，将菜点的主料、配料及调料进行有机配合，以供厨房炉台岗进行烹制调理；二是根据宴席菜品组配原则，将冷菜、热菜（含汤菜）、点心、水果等进行合理配合，使之成为一席完整佳肴。

宴席组配环节的生产成本控制，要求符合投料标准，遵守操作规范，综合利用原料，注重品种变换。符合投料标准，即宴席菜品组配既要符合单份菜品用量规格，又要确保主配料调配得当。遵守操作规范，要求配菜人员严格按照标准食谱或菜肴配制规范进行操作，严禁出现用量不足、分量过多、比例失调、以劣充优、错配漏配、桌号混乱等现象发生。综合利用原料，是指配料时应遵循“因料施艺”“物尽其用”的菜品组配原则，尽可能降低原料成本。注重品种变换，即要注意宴席菜品之间冷热、干稀、荤素、咸甜、菜点间的合理组配，丰富菜式品种，体现“席贵多变”的筵宴菜品组配原则。

3. 烹调环节控制生产成本

烹调环节是将加工组配的烹饪原料加工为菜点成品的重要阶段，它分烹制与调理两方面，主要由炉台岗负责完成。烹制，即给烹饪原料加热，使之由生变熟，这其中，火候的掌控非常关键。调理，主要指调和菜品滋味，还包括调质、调色和调香。烹调，是烹制与调理的有机结合，它对宴席菜品生产成本的控制起着重要作用。

宴席菜品的烹调可分为冷菜制作、热菜制作、面点制作等。规范菜品制作工艺流程，合理控制调料用量，确保菜品感官风味品质，注重烹调操作安全卫生，力求不出或少出残次废品，以利于有效控制烹调过程中的食品成本。

4. 装盘环节控制生产成本

菜品装盘是菜品制作工艺流程中的最后一道环节，主要由荷台岗负责完成。菜品装盘环节的生产成本控制，要求打荷工作人员根据标准菜谱的制作流程适时装盘，适度盘饰，以保证菜肴装盘的准确性。特别是大型高端宴会，必须按照既定规范合理装盘，以免增加宴席菜品的生产成本，影响酒店的经营效益。

（二）酒水成本控制

宴席酒水成本控制主要体现在酒单设计、酒水采购和验收等方面。

1. 酒单设计控制成本

宴席酒单设计应根据酒店目标市场客源的喜好和消费能力选择酒水品种、合理确定售价。酒单应内容完整，精美适用；酒水应特色鲜明，定价合理。

2. 酒水采购和验收控制成本

宴席酒水采购应指定专人负责完成，加强采购岗位监控，避免腐败现象发生。酒水的采购数量可采用定期订货法，以保持酒店各种酒水的合理存货数量。酒水的牌号控制必须应客所需，当宾客需要某种牌号的酒水时，酒店必须供应指定牌号的酒水，否则，可供应通用牌号的酒水。宴席酒水的采购特别注重价格因素，在选择同等质量的酒水的同时，价格最低的供应商是酒店的首选。

酒水验收人员应按照清单仔细清点酒水数量，查明酒水质量，核实酒水价格和生产日期。酒水的质量验收主要是检验其是否为正宗产品，严防购入假冒伪劣产品，影响餐饮企业声誉。

三、人力成本及能耗等其他成本控制

在宴席成本控制中，不仅要抓好宴席原材料、菜品酒水的成本控制，还要抓好人力成本及其他经营费用的控制，只有将宴席成本各个方面控制在合适的水平上，宴席成本控制才能实现预期的总目标。

（一）人力成本控制

餐饮业是一种以手工操作为主的劳动密集型产业，人力成本在营业收入中所占比例较大。特别是随着社会经济发展，工资水平不断上升，人力成本控制的必要性和紧迫性愈加明显。宴席人力成本控制，属宴席成本控制的一项重要内容。由于宴席经营具有淡旺季的差异以及宴席业务不固定的特点，所以必须制定劳动定额，控制人员数量，合理安排人力，加强员工培训。

为合理控制人力成本，充分调动员工的工作积极性，酒店通常对正式员工聘用人数进行严格控制，制定劳动定额，控制人员数量。宴席员工聘用人数的计算方法为：将月平均营业额除以每人每月的产值，便得出应雇用的正式员工人数。这种计算方法适合于同一地区同类宴席经营的餐饮企业。

合理安排人力，加强员工培训，是酒店经常使用的人力成本控制方法。为最大限度发挥员工工作效能，酒店在配备工作人员时通常因业务需求设岗，因岗量才设人；不断优化岗位组合，合理制订人员安排表；适时开展员工培训，努力提高员工职业素养和工作效率。

为适应宴席旺季时节大量的人力需求，宴会部除合理安排正式员工外，还经常雇用经过训练的临时工、钟点工，以有效节省人事费用，将人事成本降至最低。

（二）能耗等其他成本控制

在经营费用中，除了人工成本可控之外，水电费、燃料费等能耗成本及其他成本也属可控项目。如水电成本控制，在营业费用中占有很大的比例，如能从细微处入手，采取切实有效的节水节电的管制措施，将水电费用降到最低，长时间坚持下来，也可大大降低经营费用。其他如燃料费、器皿损耗费、办公用品费等事务费用，只要思想重视，管理措施到位，费用水平也会下降。通常情况下，餐饮企业能耗及其他相关成本控制措施主要有四项：一是培养节约意识、养成节约习惯；二是严格控制宴会易耗品费用；三是合理控制广告促销费用、交通费用；四是对高端设备设施重点管理，合理控制维修费用。如果酒店以制度为保障，以成本定额为目标，适时采用奖励处罚机制，令员工时时刻刻、事事处处从细微之处着手，将宴席各项费用降低到最为合理的水平，则宴席成本控制定能取得理想效果。

第三节　宴席产品质量控制

在进行宴席成本控制的同时，必须注重宴席产品的质量控制。两者贯穿于宴席产品生产与销售的全过程，不可偏颇。

一、宴席产品的质量标准

宴席产品的质量标准主要指宴席菜单设计的质量标准与宴席菜品的质量标准，现简要介绍如下：

（一）宴席菜单设计的质量标准

宴席菜单设计质量标准包括菜单种类、菜品组合、外观设计以及利润控制等质量标准。

1. 菜单种类

一些大中型餐饮企业，设有种类不同的各式套宴菜单，就其种类而言，应做到不同类型、不同档次的宴席菜单种类齐全；不同使用时间及不同设计性质特点的宴席菜单齐全。

2. 菜品组合

（1）宴席所列菜名命名规范、分门别类，体现上菜顺序。

（2）宴席菜品的总价与宴席的预订价格基本相吻合。

（3）菜品及其排列方式要能展现宴席的特色风味，整套菜品的风味特色必须鲜明。

（4）真正符合订席人的合理要求，如实按照协议操作，尽可能做到因人配菜。

（5）宴席菜品，特别是核心菜品（如头菜、座汤、彩碟、首点等），要能突出宴会主题。

（6）菜单所体现的节令性与制作宴席的季节相一致。

（7）确保食物原料多样化，烹调方法多样化，花色品种多样化。真正体现“席贵多变”的设计原则。

（8）符合宴席生产的各种客观性要求，尽量发挥本店厨师及设备设施的专长，尽可能地展示本店的特色风味。

（9）菜品营养搭配符合膳食平衡的要求。

3. 外观设计

（1）外观精美，图案鲜明，设计风格与酒店风格相协调，有艺术特色和纪念意义。

（2）封面封底印有酒店名称、店徽标志、宴席厅名称、电话号码、地址。菜单尺寸大小合适。菜单内外无涂改、污迹、油迹，清洁卫生。

（3）菜品类别顺序编排合理，排列美观。菜名字体选用合适，大小清晰，易于辨认，符合识读习惯和美学要求。

（4）设计点菜式宴席菜单，部分酒店为顾客提供宴席点菜菜单。宴席点菜菜单应配有菜品名称、主要原料、烹制方法和产品特点的简单中文和外文说明，便于客人选择。

4. 利润控制

菜单中菜品毛利率的掌握应根据市场供求关系、酒店的等级规模、目标顾客、同类酒店宴席价格水平等多种因素来综合确定。其基本规律是：主食产品毛利率较低，冷碟、面点毛利率持中，热菜毛利率较高，加工精细、工序复杂、工艺难度较高、特色风味鲜明的工艺造型菜肴毛利率可更高。

（二）宴席菜品的质量标准

1. 原料采购

（1）食物原材料符合食品卫生要求。

（2）采购渠道正当，鲜活原料保证新鲜完好。

（3）原料色泽、质地、弹性等感官质量指标符合要求，无变质、过期、腐坏、变味的食品原材料用于制作宴席。

（4）所有原料采购必须做到质量优良、数量适当、价格合理、符合宴席菜品生产需要。

2. 原料选用

（1）各类原料的选择应与产品风味相适应。

（2）主料、配料、调料的选择根据菜品烹制要求确定。

（3）选择原料的部位准确，用料合理，数量充足。

3. 切配加工

（1）原料初加工要做到取料准确、下刀合理、成形完整、清洁卫生、出料率高，并确保营养成分尽可能少受损失。

（2）涨发原料应发足发透、择洗干净，冷冻原料解冻彻底。

（3）原料细加工符合菜品风味要求，密切配合烹制需要。

（4）同种风味、同类产品的原料加工要做到合理下刀，物尽其用，做到整齐、均匀、利落。

（5）原料加工过程中，把好质量关，不符合烹制要求的原料不做配菜使用。

（6）尽量避免因原料加工不合理而影响产品质量的现象发生。

（7）根据菜品风味要求，掌握菜肴定量标准，按主料、配料比例标准配菜。

4. 烹制调理

（1）各种菜品根据风味要求和烹制程序组织生产。

（2）主料、配料、调料投放顺序合理、及时；火候、油温、成菜、出菜时间掌握准确，保证炉灶产品烹制质量。

（3）装盘符合规定要求，形式美观大方，注意装盘卫生。

5. 成品质量

宴席菜品的成品质量与菜单设计所要求的菜品风味指标相一致，符合客人的感官要求。关于菜品的质量评审标准，本书第2章第一节“菜品质量要求与评审”已做详细介绍，这里不再赘述。

二、宴席产品的质量控制

宴席产品质量控制所涵盖的范围较广，这里仅介绍宴席产品的生产效率控制、宴席菜品的质量控制、宴席酒水的质量控制及宴席产品质量问题的处理办法。

（一）宴席产品生产效率控制

宴席菜品必须严格按照宴席预订要求、宴席菜单内容及菜品烹调工艺流程来组织生产。由于宴席菜品以热菜为主，大多要求现烹现吃，讲究“一热三鲜”，所以，宴席菜品生产“以求定供”显得特别重要。

在宴席菜品的生产过程中，应特别注重效率，将工作效率与生产质量连为一体。中式宴席菜品的切配加工及烹制调理方法比较复杂，菜品风味较独特，非一般西餐菜品所能比拟，但相对于西式菜肴而言，生产效率较低。解决中式宴席的生产效率问题，主要的途径是调整宴席结构，控制菜品数量，并且预先做好准备工作。原料初加工、半成品制作、冷菜烹制与装盘都可以提前预制，部分热菜的细加工和初步熟处理也可以提前准备，这样就大大缩短了宴席的现场制作时间，相应地提高了工作效率。

（二）宴席菜品质量控制

针对宴席菜品的质量管理，大型餐饮企业采用全面质量管理方法来进行管理。全面质量管理主要有三个特点：一是对宴席菜肴的制作过程进行全方位的质量控制，从原料采购的质量控制开始，到运输、储存、保鲜、初加工、切配、烹调、装盘、上菜、分菜、桌边服务，实施全过程、一条龙的质量控制与管理。每项作业、每道工序，一直到整个生产流程，都有一套完整的控制预案，包括现场检测、督导、质量偏差反馈控制等计划与措施。二是对关键环节、薄弱环节预先制订一些有针对性的防范措施，在人力资源、技术、设备等方面对关键环节、薄弱环节给予加强和照顾。三是餐厅的所有员工全员参与产品质量管理，每个员工在酒店产品质量管理部门的指导下，积极参与制定各部门、各班组、各岗位的岗位职责和工作质量标准，并接受上级质量监督与管理。

（三）宴席酒水质量控制

宴席酒水的质量控制主要分为两个部分：外购酒水的质量控制与自调酒水的质量控制。外购酒水的质量一般来说是由厂家负责，但由于市场上假冒伪劣产品屡禁不绝，而且掺杂使假的技术也越来越高超，因此外购酒水质量控制的主要工作就是在采购酒水时加强对假冒伪劣产品的甄别，确保正规厂家生产、风味品质达标，符合保质时期。至于自制酒水的质量控制，应确保使用优质原料，并抓好自制酒水生产加工的标准化管理和规范化操作。例如，鸡尾酒的调制要严格按配方、调制方法和调制程序来制作。泡茶、调制咖啡除了注重原料本身品质外，工具设备、加工技术与操作方法都会影响到茶或咖啡的质量，甚至泡茶或调制咖啡的水温都有具体要求。

（四）宴席产品质量问题处理

在宴席运营过程中，有时会出现宴席产品质量问题。处理诸如顾客要求退菜、换菜或原菜品返回厨房重新烹制等产品质量问题，应视具体情况灵活对待。

如果因宴席中的食物原料腐烂变质或存有异味，因摘洗不尽或其他原因导致菜品中出现毛发、虫卵、砂石、柴油等异物时，宴席厅主管、经理应向客人表示歉意，征得客人同意后，免费重新更换或改做其他菜品，恳请客人原谅。

如果出现因烹制火候不足或加热过度而导致菜品不熟或焦煳，因调味不当导致菜品滋味不正或口味太重，因烹饪原料变更或者用料不足而影响风味品质等现象，宴席厅主管应即时查明原因，向客人表示歉意，在征得客人同意后，做出变更处理。

如果出现因客人不了解菜肴风味特色而误认为菜肴不熟或调味失当以致难以食用的情况时，服务员应有礼貌地说明菜肴风味特色、烹制方法和食用方法，使客人消除顾虑。

服务管理人员处理以上情况，要求态度和蔼真诚，语言流利准确，语意表达清楚，力求客人理解和接受，避免事态升级造成不良影响的事件发生。

第四节 宴席服务质量控制

就宴席运营过程而言，宴席具有宴席预订、菜品制作、接待服务及营销管理这四个前后承接的环节。特别是接待与服务，通常要求预订准确，准备充分；厅堂美观，铺台规范；服务热情、主动、细致、礼貌而又周全。

一、宴席服务的质量标准

（一）中式宴席服务的质量标准

中式宴席服务的质量标准包括宴席准备、宴席厅布置、宴席铺台、任务布置、迎接客人以及宴席其他服务质量标准。

1. 宴席准备工作

（1）宴席开始前，宴席厅主管召集服务员讲解宴席性质、规格、出席人数、开宴时间及服务要求。

（2）服务员熟悉宴席服务工作内容、服务程序、质量要求。

（3）具体明确人员分工及其任务分配，大型宴席以图示方式标明人员分工情况。

（4）宴席菜单酒水单内容清楚。

（5）服务员能熟悉菜单，掌握主要菜品的风味特色、主要原料、烹制方法等，便于上菜时主动向客人介绍。

2. 宴席厅布置

（1）宴席组织者在宴席举办当天，提前1~3小时组织服务人员做好宴席厅的布置工作。

（2）布置方案根据主办单位要求、宴席性质、酒宴规格确定。

（3）宴席厅的布置做到餐桌摆放整齐、横竖成行、斜对成线。

（4）台型设计根据宴席规模和出席人数确定，做到主桌或主席区位置突出，席间客人进出通道宽敞，有利于客人进餐和服务员上菜。

（5）花草、盆栽和盆景摆放位置得当，整洁美观。

（6）需要使用签到台、演讲台、麦克风、音响、聚光灯的大型宴席，设备配置安装及时，与宴席厅餐桌摆放相适应。

（7）整个宴席厅布置做到环境美观舒适，设备使用方便，清洁卫生，台型设计与安装、餐桌摆放整体协调。

（8）衣帽间、休息室整理干净，厅内气氛和谐宜人，能够形成独特风格。整个宴席厅使客人有舒适感、方便感。

3. 宴席厅餐台质量标准

（1）正式开餐前整理宴席厅台面、清理宴席厅卫生。

（2）台面餐具、酒具、茶具摆放整齐、规范，造型美观。菜单、席次牌、调味品摆放位置得当。

（3）主桌或主席区座次安排符合主办单位的要求。

（4）高档宴席客人姓名卡片摆放端正。

4. 迎接客人

（1）宴席厅迎宾领位员身着旗袍或制服上岗，服装整洁，仪容仪表端庄。

（2）迎接、问候、引导语言运用准确规范，服务热情礼貌。

（3）客人来到宴席厅门口，协助主办单位迎接，安排客人入位。

（4）引导贵宾到休息室，提供茶水、香巾，服务主动热情。

（5）宴席开始前引导客人入宴席厅，座次安排适当。

5. 茶水、香巾服务

（1）客人来到餐桌，服务员拉椅让座主动及时。

（2）递送餐巾、除去筷套、送香巾、斟茶服务动作规范，照顾周到。

6. 上菜服务

（1）正式开宴前5~15分钟上凉菜。

（2）菜点摆在转盘上，荤素搭配、疏密得当、排列整齐。

（3）客人入座后，询问宾客用何种酒水或饮料，斟酒规范，不溢出。

（4）客人祝酒讲话时，服务员停止走动。

（5）上菜品时报菜名，准确介绍菜品风味特色、烹制方法或典故来历。

（6）掌握上菜顺序和节奏，选好位置，无碰撞客人现象。

（7）上的菜点需要用手直接取食时，应同时上一次性手套、茶水和洗手盅。

（8）上菜一律使用托盘，动作规范。

7. 分菜派菜服务

（1）开宴过程中分菜派菜及时。

（2）每上一道主菜，先将菜点摆在餐桌上，报出菜点名称，再移到服务桌上分菜。

（3）分菜派菜准确，递送菜肴讲究礼仪程序。

（4）将派菜后的剩余菜点整齐摆放在桌面上。

（5）随时清理台面。

8. 用餐巡视服务

（1）用餐服务过程中，加强巡视，照顾好每一个台面。

（2）每上一道新菜，适时撤换骨盘，保持桌面整洁。

（3）适时撤换香巾，续斟酒水饮料。

（4）上甜点或水果前，除留下酒水杯外，撤下其余餐具及洗手盅。

（5）最后递送香巾，主动及时为客人斟上热茶。

9. 餐后服务

（1）主办单位宣布宴席结束后，服务员主动征求客人意见。

（2）客人离开，移椅送客，配合主办单位告别客人，欢迎再次光临。

（3）客人离开后，快速清理台面。

10. 结账收款

（1）准备收款设备与用品。收款台位置适当，台面美观舒适，方便客人结账；配收款机、信用卡机、程控电话；收款传票、簿本、报表、书写工具等办公用品齐全，取用方便，能够适应宴席厅收款服务需要。

（2）账单准备。收到宴席预订单，按宴席厅或单位编号、台号分类；账单内容审核清楚、准确；宴席菜点、饮料、其他消费及服务费分项核算准确，输入电脑，操作规范；客人结账前，将各宴席账单准备齐全，等候服务员前来结账。

（3）收款服务。客人示意结账，服务员从收款台取得账单，用账单夹呈送至客人面前，礼貌地将账单递给主客或要求结账的客人；客人用现金结账，账款当面点清，找回零钱交给客人，向客人表示感谢；客人用信用卡结账，收款员使用压卡机压卡后请客人签字，并礼貌地交还信用卡，向客人表示感谢。

（4）账款交接。桌面服务员收款后，账单、现金交回收款处，双方当面点清、审核无误；交接手续完善。

（5）账单问题处理。在结账收款过程中，如客人反映账单不符，服务员应迅速回应客人疑问，与客人一起核对所上食品、饮料和其他收费标准，并立即同收款员联系。因工作失误造成差错，应立即向客人道歉，及时修改账单。因客人不熟悉收费标准或算错账，应小声向客人解释，态度诚恳，语言友善，不使客人难堪。

（二）西式宴席服务的质量标准

西式宴席服务的质量标准包括宴席准备工作、宴席厅设计、台型布置、宴席台面与座次安排、接待环境的美化、迎接客人以及西式宴席其他服务质量标准。

1. 宴席的准备工作

（1）正式开宴前宴席厅主管集合服务人员讲解宴席性质、接待规格、出席人数、开宴时间、主办单位要求、人员分工，任务布置具体明确。

（2）迎宾领位员、桌面服务员熟悉西式宴席工作内容和服务程序。

（3）服务员熟悉宴席菜单，掌握上菜顺序。

（4）宴席服务所需的各种餐具、酒具和服务用品准备齐全，摆放整齐。

2. 宴席厅设计

（1）厅堂设计与客人所订西式宴席类型、规格、出席人数、主办单位对设备与台型要求相适应。

（2）做到环境设计美观，设备、台面摆放位置适当，整体布局协调。

（3）整个宴席厅用餐环境典雅大方、舒适方便、气氛宜人，符合主办单位要求。

3. 台型布置

（1）根据客人出席人数和主办单位要求选择台型。

（2）宴席台型美观、大方、舒适、方便，台面整洁，厅内客人通道宽敞。

（3）大型宴席设主席区，中小型宴席设主台或主桌。

（4）主席区或主台位置突出、布置精心、形象美观，与整个台型设计相适应，具有美感效果。

4. 宴席台面与座次安排

（1）开宴前 1~2 小时组织服务人员按照西式宴席标准铺台。

（2）台衬、台布铺设平整、美观，餐具、茶具、酒具、桌花及烟缸、席次牌等摆放整齐、规范，台面美观典雅。

（3）座次安排根据主办单位的要求确定。

（4）国宴或重要宴席，主席区或主台的座次设人名牌，座次安排合理，体现礼仪规格。

5. 接待环境的美化

（1）宴席厅门前设存衣处、宾客休息室，门前整洁、美观、舒适。

（2）宴席厅入门处布置花草、屏风。

（3）厅内根据宴席规格和主办单位要求设签到台、演讲台、麦克风、音响、射灯等设备，摆放整齐、美观，与整个厅堂布置协调一致。

（4）整个接待环境具有吸引力，客人有舒适感。

6. 迎接客人

（1）迎宾员面带微笑，协助主办单位主动、热情地在门口迎接客人。

（2）客人来到宴席厅，如是贵宾先引领到贵宾休息室，提供茶水或餐前鸡尾酒服务。

（3）快速、准确引导客人入座。

（4）遵守先主宾后随员、先女宾后男宾的礼仪规范。

7. 酒水服务

（1）客人祝酒前，服务员为客人斟香槟酒。斟酒八成满，不溢出。

（2）客人祝酒讲话时，服务员停止走动。

（3）酒水员为客人续斟酒水要及时。

（4）开宴过程中，所上菜点与酒水匹配，冷菜上开胃酒，汤菜上雪利酒，海味上白葡萄酒，肉类上红葡萄酒。

（5）酒水选用与主办单位的要求相适应。

8. 上菜服务

（1）上菜遵守操作程序，掌握上菜节奏与时间，采用分餐服务方式。

（2）报出菜名，介绍产品风味与特点。

（3）每上一道菜，撤去上一道菜的餐具，清理台面，及时摆上与新上菜点相匹配的刀叉、盘碟，服务细致。

（4）分菜派菜均匀，递送菜点讲究礼仪顺序。

（5）操作技术熟练，没有汤汁洒在桌上或客人衣物上的现象发生；上水果、甜点前，撤去除酒水杯外的餐具，摆上新的餐具。

（6）为客人斟酒或饮料及上水果或甜点及时，摆放整齐。

（7）上菜、派菜服务及最后上香巾、咖啡或红茶服务均做到准确、熟练、服务规范。

9. 桌面巡视服务

（1）开宴过程中，照顾好每一个台面的客人。

（2）撤换清理台面餐具，递送香巾、撤换烟缸，递送、撤走洗手盅，添加酒水、饮料等各项服务均做到适时、准确、耐心，操作规范。

（3）各项服务保证让客人满意。

10. 餐后服务

（1）客人用餐结束，服务员移椅，征求客人意见，递送衣物主动、及时。

（2）告别语言运用准确、规范。

（3）客人离开，协助主办单位欢送客人，欢迎再次光临。

（4）客人离开后，清理台面，撤出临时安装的设备，迅速整理餐具。

二、宴席服务的质量控制

宴席服务的质量控制主要分为计划、实施、检查和处理四个环节，有立规、培训、检查、巡视、协调、督导、调控、反馈等质量控制方法，现分述如下。

（一）宴席服务质量控制环节

1. 计划阶段

在宴席服务质量控制的计划阶段，宴席组织者必须对整个宴席过程的各项要求进行周密策划。主持召开工作会议，下达宴席具体任务，并落实到人，使每位参加宴席活动的工作人员都清楚地了解宴席的要求、自己的工作内容、工作程序及标准。

2. 实施阶段

在宴席服务质量控制的实施阶段，宴席服务人员应按计划要求，布置厅堂，准备餐用具，做好各项宴席准备工作。在宴席服务过程中，严格按照宴席要求，操作规范，提供周到、热情的宴席服务。

3. 检查阶段

在宴席服务质量控制的检查阶段，宴席组织者及各级宴席负责人，应认真检查服务员的工作情况，检查是否按照宴席计划要求，提供了准确的服务。在督导过程中，如发现服务人员工作疏漏或未严格按计划要求实施，应及时加以纠正，防止影响扩大。

4. 处理阶段

在宴席服务质量控制的处理阶段，宴席运营管理人员要总结宴席服务工作，对好的方面加以表扬，对出现的问题加以点评，以防下次再犯。

总的说来，宴席服务的计划、实施、检查和处理四个阶段中，只有严格管理，规范行为，将具体工作落到实处，抓好每个环节的质量控制，宴席接待工作才能顺利圆满地完成。

（二）宴席服务质量控制方法

1. 立规

立规，即建立宴席服务程序与规范。宴席服务程序与规范是宴席服务所应达到的规格、程序和标准。根据酒店的档次和宴席目标市场，制定出适合酒店宴席服务各岗位（如迎宾、引座、点菜、传菜、酒水服务）的全套服务程序与规范；规定每个环节服务人员的动作、语言、时间要求、用具、程序、意外处理、临时要求等。

2. 培训

员工上岗前，必须进行严格的基本功训练和业务知识培训，只有经过相关职业技术培训，取得一定技能资格的人员才能上岗从事服务工作。入职以后，还应利用淡季和空闲时间进行继续培训，以提高业务技能水平。

3. 检查

服务质量检查要围绕服务规格、就餐环境、仪表仪容和工作纪律四项内容寻找和发现问题，逐项检查，突出重点。具体操作时，可制作相应表格，既作为常规管理的细则，又可将其量化，作为餐厅与餐厅之间、员工与员工之间竞赛评比或员工考核的参考标准。

4. 巡视

开餐期间，管理人员应始终站在餐饮接待第一线，不停地在宴席厅巡视，通过亲身观察判断、监督、指挥员工按规范程序服务。巡视时要做到腿勤、眼明、耳聪、脑灵，边巡视边指挥控制，如发现偏差，应及时予以纠正。

5. 协调

大型宴席服务人员较多，员工之间的工作协调需要现场指挥来完成。如协调不力，导致某一环节脱节，会影响整场宴饮接待效果。各工作人员要具有团队精神，当某一服务人员需要替补时，相关岗位的其他员工应及时补上，以免出现服务漏洞。

6. 督导

督导管理人员应加强对少数服务员不遵守规范、简化或改变服务规程的错误行为进行监督，或提醒、或暗示、或批评、或以某种方式及时进行纠错，通过监督引导，确保宴席服务工作取得理想效果。

7. 调控

宴席服务调控，主要包括掌控上菜速度、把握宴席节奏、协调厨房与餐厅关系、处理意外事件发生、安排人力资源等，所有服务调控工作都需听从现场指挥调度。

8. 反馈

宴席服务反馈，主要指通过质量信息反馈，找出服务工作在准备和执行阶段的不足，采取相应措施调整下一餐次的服务管理方式，提高服务质量，确保顾客高度满意。每次大型宴饮接待工作完成后，应召开简短的服务工作总结会，及时收集相关信息，完善服务质量控制。

第五节　宴席卫生和安全控制

产品质量、安全卫生和服务风范是衡量餐饮服务业经营管理水平的三个基本要素。特别是安全卫生状况，工商管理部门、卫生防疫部门对此都有硬性规定，宴席举办方、赴宴嘉宾及社会各界对此高度关注，各级各类酒楼饭店无不采取有效措施加以控制。

一、宴席卫生控制

（一）食品安全卫生控制

宴席食品安全卫生控制，必须严格执行《中华人民共和国食品安全法》，对宴席的原材料、加工工艺、半成品及成品卫生和安全进行严格管理。

1. 把控选料关

选用宴席食品原料，应优选无污染的绿色食品原料，保证食物原料绝对安全；优选无毒、无害、无农药残留的食物原料，杜绝使用腐败变质的食品；严禁选用国家明文规定的受法律保护或严令禁用的动植物原料，如大鲵、河豚等品种。食品饮料确保在保质期内饮用，过期食品禁止供应。采购符合卫生标准的食品原料，选择定点生产或经销单位购买，遵守严格的检查和验收制度。

2. 把控加工关

在宴席菜品加工、生产、制作过程中，其加工技法、操作方式、生产环境要符合安全卫生要求，遵守生产过程中的程序、规范，防止宴席产品受到污染。原料的腌制、添加剂的用量不能超标。努力控制超时烟熏、高温油炸、反复烧烤类食品的数量。烹饪加工必须遵守操作规范，防止烹烧不透的现象发生。

3. 把控销售关

宴席冷菜、热菜、点心、水果、酒水等，在销售消费过程中，因其销售环境、消费方式、售卖用具、宴饮时间、服务员个人卫生等因素的影响，可能构成食品消费前的污染，或在售卖消费过程中出现事故，因此必须加强销售消费方面的安全卫生管理。

4. 把控服务关

宴饮服务方式因酒宴主题特色不同而各异。由聚餐制向分餐制、自选式的转化，有助于缩短用餐时间，既卫生雅致，又有利于服务员实行规范化服务，从而提高服务档次。

总之，宴席食品安全卫生控制，是宴席安全卫生工作的重中之重，必须引起高度重视。由原料到成品，应实行“四不制度”：采购员不买腐烂变质的原料，保管验收员不收腐烂变质原料，加工人员不使用腐烂变质原料，服务员不售卖腐烂变质食品，切实加强饮食卫生管理。

（二）宴席环境卫生控制

1. 餐厅内卫生

餐厅内卫生要做到“凡客人看得见的地方都要一尘不染”。具体说来，要做到“三光”（玻璃窗、玻璃台面、器具光亮）、“四洁”（桌子、椅子、四壁、陈设清洁），餐厅整洁雅净，空气清新，无蚊无蝇，无卫生死角。

2. 地面、墙壁及门窗卫生

宴席厅地面应保持洁净。大理石地面要天天清扫，定期打蜡上光；木地板地面除用布巾擦净之外，还要定期除去旧蜡，上新蜡并磨光；地毯应每天吸尘，如有污渍，应立即用抹布蘸上洗涤剂和清水反复擦拭，直至干净为止。

墙壁应无尘、无污染，定期除尘；壁纸要定期用清水擦拭，以保证清洁美观。门窗应做到窗明几净，每周擦拭一次，使其无灰尘、污点，保持洁净明亮。

3. 餐桌椅及陈设卫生

餐桌、餐椅应整齐干净，每餐用完后要及时清理，保持转盘干净明亮，无灰尘油腻。桌布要一餐一换，保持洁净。灯具、挂画、装饰品等陈设也应保持整洁干净。

4. 休息室、工作场所及公共场所卫生

休息室、卫生间要选派专人定期清扫，经常保持洁净，清洁雅致。工作场所要保持员工工作地点的室内外清洁卫生，包括厨房、备餐室、储藏室卫生及室外的日常卫生。公共场所的卫生控制应做到：定人、定时间、定区域、定包干区域、定质量、定期检查，划片分工、包干负责，做到处处有人清洁，时时保证卫生。

（三）餐具用品卫生控制

1. 餐具安全

为保证餐饮器具安全卫生，餐厅应配备专门的消毒设备，确保餐具件件消毒；餐具完整安全，无缺口破损；餐具数量足够，可供周转。

2. 餐具卫生

餐具卫生要求做到“四过关”：一洗、二刷、三冲、四消毒；保证无油腻、无污渍、无水迹、无细菌，防止受到二次污染。未经消毒或消毒不合格的餐具不可混放，以免交叉污染。柜门必须封闭严密，开启灵活，内部光滑洁净，不得藏污纳垢。注意员工操作卫生，拿取餐具不得因手不干净或其他用品不洁净而导致餐具受到二次污染。

（四）员工个人卫生控制

1. 执行制度

酒店员工必须严格遵守国家及酒店制定的各项卫生制度，要始终坚持如一，做到人前人后一个样，检查不检查、忙时与闲时一个样。

2. 安全上岗

酒店新进员工就业前必须通过体检，在岗人员也要定期进行体检。若患上传染病或皮肤病，则要暂时调离一线服务岗位，或改做不与食品、顾客接触的工作，直到病愈方可恢复服务工作。

3. 个人卫生

所有员工必须保持个人清洁卫生，做到“四勤”：勤洗手剪指甲、勤洗澡理发、勤洗衣服被褥、勤换工作服。上班时要穿工作服、戴工作帽，做到衣冠勤洗勤换，保持挺括整洁。接触有病顾客或沾染污物后，必须认真洗手消毒。

4. 行为规范

服务人员不许正面对着食品或顾客咳嗽、打喷嚏，禁止随地吐痰，不准口叼香烟、用手抹汗、擦鼻涕、抓头发、搔头皮等，时刻注意服务形象。

二、宴席安全控制

（一）设备设施安全

宴会设施设备安全体现在多个方面。餐厅在建筑装潢过程中，要使用绿色安全建材。吊灯与餐厅悬挂物要牢靠；地砖不能打滑以免摔跤；餐具不能破损，以免划伤客人。酒店要加强餐厅建筑装饰质量管理，严防由于疏忽或偷工减料而带来安全隐患，对装修不合格的工程要坚决返修。要经常对餐厅各种设备设施进行检查维修，如发现天花板松脱掉落、灯具下坠、座椅不牢固、地板凸凹不平等现象，应及时处理，避免引发安全事故，造成不堪设想的后果。

（二）消防安全

酒店是消防事故的多发部门，煤气、柴油、酒精等易燃物品和各种电器设备，都是容易引起火灾的不安全因素。

一直以来，防火是酒店的头等大事。酒店建筑要使用阻燃材料，要有完善的消防安全器材和保安措施，房门与过道要有安全通道示意图，备有紧急安全通道。酒店要有消防预警机制，员工懂得消防器材使用和失火时及时疏散的消防常识，并定期进行消防培训和演习；必须加强易燃物品使用和保管，防止由于电线老化、安装不合格、超负荷用电等引起安全事故。

（三）食品安全

作为宴席食品，理应无毒无害。如果因为进货渠道不正确，误购有毒有害食品，不但损害顾客健康与安全，还会严重影响酒店的社会声誉。因此，酒店应加强进货渠道管理，严防不合格食品进入酒店，杜绝有毒有害食品用于宴席。关于宴席食品安全卫生要求，本教材第 2 章第一节“菜品质量要求与评审”已做介绍，这里不再赘述。

（四）顾客人身财物安全

酒店作为顾客宴饮就餐、社会交往的消费场所，必须保障顾客的人身财物安全，防范财物被盗、人身伤害等事件。

通常情况下，酒店通道处、人员集散处要有摄像头，全天进行监视；要有贵重物品保管制度和相关措施。顾客参加宴席，有时会将随身携带的钱包、提包、手机、衣帽、文件等物品置于座椅上或餐桌旁，起身离席时易将物品遗失。鉴于赴宴者人多手杂，服务人员有责任和义务看护好顾客的物品；清场时若发现顾客遗留的物品，应及时上交有关部门，联系顾客领取。

酒店要加强服务员的业务技能培训和心理素质训练，努力提高服务人员业务水平；防止与杜绝服务人员由于不小心或技能不娴熟，在服务过程中烫伤顾客、弄脏顾客衣物等事故发生。

（五）宴席安全问题处理

在宴席接待服务过程中，有时会突发一些意外事件，特别是在出现宴席安全卫生问题时，宴会工作人员应及时做出正确反应，妥善进行处置，以保证宴饮活动顺利进行。

1. 菜肴汤汁洒出后的处理

在宴席服务过程中，如菜肴汤汁洒在餐桌上，服务员应立即向客人表示歉意，迅速用干净餐巾垫上或擦干净，以免影响客人进餐。

若操作不小心，使菜肴汤汁洒在客人身上，应立即向客人道歉，态度诚恳。同时，用干净毛巾替客人擦拭，并征求客人意见，必要时为客人提供免费洗涤服务。若是由于客人粗心，将汤汁洒在衣物上，服务人员也要迅速上前主动为客人擦拭，并安慰客人。

2. 客人被食物噎住时的处理

因某种原因客人被食物噎住，服务员要留心观察，一旦发现，迅速送一杯茶水请客人喝下。若客人情况较严重，应马上请医生前来处理。

3. 客人醉酒时的处理

在服务过程中，服务员应留心观察客人饮酒动态、表情变化，针对具体情况适时做出适当劝阻。如果个别客人饮酒过量，发生醉酒情况，宴席厅主管应立即到现场，让客人安静，搀扶客人离开宴席厅，帮助客人醒酒，以免影响其他客人进餐。

4. 客人损坏餐用具后的处理

在宴席服务过程中，个别客人或带小孩的客人打坏餐具、茶具或酒具，服务员应迅速到场，请客人不必惊慌介意。主动快速擦拭桌面、清理残缺餐具、换上新的餐具。服务热情、耐心，不使客人难堪。损坏餐用具的费用应按饭店规定处理，并向客人做出相应说明。

思考与练习

1. 宴席菜品成本控制有哪些方法与具体措施?

2. 宴席菜单设计有哪些质量标准?

3. 宴席服务质量控制具有哪些环节和措施?

4. 宴席产品质量控制涵盖哪些内容?

5. 中式宴席服务具有哪些质量标准?

6. 宴席安全卫生控制涵盖哪些内容?

7. 某餐厅生产便宴一桌，厨房投入的原材料成本为 224 元，燃料费为 16 元，若规定的毛利率为 40%，则其销售价格及成本毛利率分别是多少?

8. 某酒店为 1000 位客人供应桌餐，接待标准是 120 元 / 人，酒店规定的销售毛利率为 45%。试问：厨房生产这套桌餐菜品应投入多少成本? 餐厅的销售毛利额为多少元?

9. 某单位拟于 2021 年 8 月 8 日下午 6—8 时在南京蓝天大酒店白云宴席厅举办商务酬谢宴 5 桌。接待标准为 3200 元 / 桌（酒水费用另行结算）。举办方要求以简约时尚宴席招待客人，宴前举行简短的迎宾活动仪式。

请同学以南京蓝天大酒店宴席设计师的身份完成宴席主题设计文案（阐明宴席策划运作总体思路，务求特色鲜明、创意独特）。已知武昌蓝天大酒店规定的销售毛利率为 55%，试计算本次接待工作应投入多少生产成本，获取多少销售毛利额?

（1）宴席主题风格设定。

（2）主题宴席设计要点。

（3）宴席成本价格核算。

参考文献

［1］陈光新 . 中国餐饮服务大典［M］. 青岛：青岛出版社，1999.

［2］陈光新 . 中国筵席宴会大典［M］. 青岛：青岛出版社，1995.

［3］丁应林 . 宴会设计与管理［M］. 北京：中国纺织出版社，2008.

［4］杜莉 . 中国烹饪概论［M］. 北京：中国轻工业出版社，2016.

［5］方爱平 . 宴会设计与管理［M］. 武汉：武汉大学出版社，1999.

［6］贺习耀，黄美忠 . 旅游包餐菜单设计［J］. 中国食品，2008（05）.

［7］贺习耀，罗林安 . 筵席与菜单设计课程理实一体化教学探索［J］. 现代企业教育，2014（24）.

［8］贺习耀，闻艺 . 传统中餐筵席浪费诱因探析及革新对策［J］. 食品安全导刊，2015（33）.

［9］贺习耀 . 餐饮菜单设计［M］. 北京：旅游教育出版社，2014.

［10］贺习耀 . 从鄂东庆典围席的演变看荆楚风味宴席革新［J］. 饮食科学，2018（07）.

［11］贺习耀 . 湖北黄冈文化主题宴设计研究［J］. 荆楚学刊，2015（02）.

［12］贺习耀 . 湖北三国文化宴设计探析［J］. 武汉商学院学报，2015（04）.

［13］贺习耀 . 荆楚风味全鱼席设计探析［J］. 四川旅游学院学报，2015（05）.

［14］贺习耀 . 荆楚风味筵席设计［M］. 北京：旅游教育出版社，2016.

［15］贺习耀 . 荆风楚韵筵席之创意设计［J］. 商品与质量，2013（06）.

［16］贺习耀 . 人生仪礼宴菜单设计浅析［J］. 中国商界，2010（11）.

［17］贺习耀 . 顺应餐饮发展趋势 努力革新传统筵席［J］. 中外食品工业，2014（08）.

［18］贺习耀 . 寺观素菜传承与发展研究［J］. 武汉商业服务学院学报，2013（05）.

［19］贺习耀 . 天门九蒸宴创新发展研究［J］. 武汉商学院学报，2020（04）.

［20］贺习耀 . 宴席设计理论与实务［M］. 北京：旅游教育出版社，2010.

［21］贺习耀 . 中华年节筵席菜单设计探析［J］. 中国东盟博览，2012（06）.

［22］贺习耀 . 中式套餐菜单设计分析［J］. 四川烹饪高等专科学校学报，2013（04）.

[23] 李勇平 . 餐饮服务与管理 [M]. 大连：东北财经大学出版社，2004.

[24] 林德荣 . 餐饮经营管理策略 [M]. 北京：清华大学出版社，2007.

[25] 卢永良 . 中国楚菜大典 [M]. 武汉：湖北科学技术出版社，2019.

[26] 茅建民 . 主题筵席设计与制作 [M]. 北京：中华书局，2012.

[27] 潘东潮，贺习耀 . 中国年节筵席 [M]. 武汉：湖北科学技术出版社，2014.

[28] 邵万宽 . 菜单设计 [M]. 北京：高等教育出版社，2008.

[29] 王美萍，杨柳 . 餐饮成本核算与控制 [M]. 北京：高等教育出版社，2010.

[30] 吴克祥 . 餐饮经营管理 [M]. 天津：南开大学出版社，2005.

[31] 姚伟钧 . 长江文明之旅长江流域的饮食生活 [M]. 武汉：长江出版社，2015.

[32] 叶伯平 . 宴会概论 [M]. 北京：清华大学出版社，2015.

[33] 张红云 . 宴会设计与管理 [M]. 武汉：华中科技大学出版社，2018.

[34] 张水芳 . 餐饮服务与管理 [M]. 北京：旅游教育出版社，2012.

[35] 周妙林 . 宴会设计与运作管理 [M]. 南京：东南大学出版社，2009.

[36] 周宇，颜醒华，钟华 . 宴席设计实务 [M]. 北京：高等教育出版社，2003.